Die Fortschritte der chemischen Forschung

erscheinen zwanglos in einzeln berechneten Heften, die zu Bänden vereinigt werden. Ihre Aufgabe liegt in der Darbietung monographischer Fortschrittsberichte über aktuelle Themen aus allen Gebieten der chemischen Wissenschaft. Die „Fortschritte" wenden sich an jeden interessierten Chemiker, der sich über die Entwicklung auf den Nachbargebieten zu unterrichten wünscht.

In der Regel werden nur angeforderte Beiträge veröffentlicht, doch sind die Herausgeber für Anregungen hinsichtlich geeigneter Themen jederzeit dankbar. Beiträge können in deutscher, englischer oder französischer Sprache veröffentlicht werden.

Es ist ohne ausdrückliche Genehmigung des Verlages nicht gestattet, photographische Vervielfältigungen, Mikrofilme, Mikrophoto u. ä. von den Heften, von einzelnen Beiträgen oder von Teilen daraus herzustellen.

Anschriften:

Prof. Dr. E. Heilbronner, Zürich 6, *Universitätsstraße 6* (Organische Chemie).

Prof. Dr. U. Hofmann, 69 Heidelberg, *Tiergartenstraße* (Anorganische Chemie).

Prof. Dr. Kl. Schäfer, 69 Heidelberg, *Tiergartenstraße* (Physikalische Chemie).

Prof. Dr. G. Wittig, 69 Heidelberg, *Tiergartenstraße* (Organische Chemie).

Dipl. Chem. F. Boschke, 69 Heidelberg, *Neuenheimer Landstraße 28–30* (Springer-Verlag)

Springer-Verlag

69 Heidelberg 1, Postfach 3027
Fernsprecher 4 91 01
Fernschreib-Nr. 04-61 723
New York, Fifth Avenue 175
Fernschreib-Nr. 0023-222 235

1 Berlin-Wilmersdorf, Heidelberger Platz 3
Fernsprecher 83 03 01
Fernschreib-Nr. 01-83 319

Inhaltsverzeichnis

5. Band   1. Heft
                                                                                                       Seite

Ried, W. und *H. Mengler*   Zur präparativen Chemie der Diazocarbonylverbindungen............................... 1

Jerosch Herold, B. und *P. Gaspar*   Entwicklung und präparative Möglichkeiten der Carben-Chemie............................ 89

Willems, J. F.   Formation of Heterocyclic Nitrogen Containing Thioxo Compounds with Thiosemicarbazides .. 147

Die Wiedergabe von Gebrauchsnamen, Handelsnamen, Warenbezeichnungen usw. in diesem Heft berechtigt auch ohne besondere Kennzeichnung nicht zu der Annahme, daß solche Namen im Sinne der Warenzeichen- und Markenschutz-Gesetzgebung als frei zu betrachten wären und daher von jedermann benutzt werden dürften.

Zur präparativen Chemie der Diazocarbonylverbindungen

Professor Dr. W. Ried und Dr. H. Mengler

Institut für Organische Chemie der Universität Frankfurt a. M.

Inhaltsübersicht

	Seite
1. Eigenschaften der Diazocarbonylverbindungen	2
2. Darstellung von Diazocarbonylverbindungen	11
Diazoketone, Bis- und Tris-diazoketone	11
Diazoessigester, Diazofettsäureester und Bisdiazoester	11
Diazo-diketone und Tris-diazo-triketone	13
Chinondiazide	15
Vinyloge Diazocarbonylverbindungen	19
3. Thermolyse und Photolyse	20
Allgemeines	20
Photolyse und Wolffsche Umlagerung der o-Chinondiazide	20
Photolyse der p-Chinondiazide	21
Thermolyse der o-Chinondiazide	22
2-Methylen-dioxole	22
Ketene aus Diazocarbonylverbindungen und Abfangreaktionen	25
Ketocarbene aus Diazocarbonylverbindungen und Folgereaktionen	26
4. Einwirkung von Ketenen auf Diazocarbonylverbindungen	33
a) Auf o-Chinondiazide	33
b) Auf Diazoketone	43
5. Einwirkung von Cyanallen auf Diazoketone	48
6. Einwirkung von Senfölen auf Diazoketone	52
7. Einwirkung von Thiophosgen auf Diazoketone	54
8. Umsetzung von Diazoketonen mit aromatischen Aldehyden	56
9. Reaktion von Diazoketonen mit C=C-Doppelbindungen	57
10. Reaktion von Diazoketonen mit Alkinen	58
11. Umsetzung von Diazoketonen mit Arinen	59
12. Umsetzung von Diazocarbonylverbindungen mit Triphenylphosphin	60
13. Umsetzung von Diazocarbonylverbindungen mit Trisaminophosphinen	69
a) Mit o-Chinondiaziden und Diazoketonen	69
b) Mit p-Chinondiaziden	73
14. Reaktion von o-Chinondiaziden mit Enaminen	74
15. Einwirkung von Bortrifluorid-Ätherat auf Diazoketone	75
16. Beständige aliphatische Diazoniumsalze	78
17. Einwirkung von Halogenen auf Chinondiazide	78
18. Einwirkung von Neutralsalzen und Mineralsäuren auf Bisdiazoketone	79
19. Umsetzung von Diazoketonen mit Diaroylperoxyd	80
20. Umsetzung von Diazoketonen mit Diazoäthan	80
21. Ringerweiterung mit Diazoketonen	80
22. Cyslisierung von 2-Cyan-ω-diazo-acetophenon	81
23. Cyslisierung von 2-Nitro-ω-diazo-acetophenon	81
24. Die Kupplung von o-Chinondiaziden mit Aldehyd-Arylhydrazonen	81
25. Reduktion der o- und p-Chinondiazide	82
Literatur	83

Das Gebiet der Diazocarbonylverbindungen wird seit jüngerer Zeit in zunehmendem Maße sowohl nach der präparativen als auch nach der theoretischen Seite hin erweitert. Hier sollen die neuesten Entwicklungen unter Einschluß der Ergebnisse eigener Arbeiten aufgezeigt werden.

Basis und weitere Ergänzung sind auf dem Teilgebiet der Diazoketone die Publikationen von EISTERT *(1)*, HUISGEN *(2)*, WEYGAND und BESTMANN *(3)* sowie FAHR *(4—8)*; die Chinondiazide wurden in neuerer Zeit insbesondere von SÜS *(9, 10)*, HORNER *(11, 12)*, LE FÈVRE *(13)* und HUISGEN *(14)* bearbeitet.

Weitere Hinweise finden sich nachfolgend im Zusammenhang sowie in den Monographien von HOLZACH *(15)*, SAUNDERS *(16)* und ZOLLINGER *(17)*.

1. Eigenschaften der Diazocarbonylverbindungen

Die Bezeichnung „Diazocarbonylverbindung" (auch „Carbonyldiazoverbindung"), ein Oberbegriff, unter den sich die Chinondiazide (auch „Diazoanhydride", „Diazooxyde" oder „Diazophenole" bzw. „Diazonaphthole" und unzutreffend auch noch gelegentlich „1.2.3-Oxdiazole" genannt) sowie die Diazoketone und in gewissem Sinne auch die Diazocarbonsäureester einordnen, weist auf die Strukturelemente einer bestimmten Grenzstruktur dieser Stoffklasse hin. In Wirklichkeit zeigt jedoch die Carbonylgruppe infolge der benachbarten Diazogruppe keine Carbonylreaktion mehr. FAHR schlug daher die Bezeichnung „Ox-diazo-Verbindungen" vor *(5)*.

Die, verglichen mit den Diazoalkanen, ungewöhnlichen physikalischen und chemischen Eigenschaften dieser Diazoverbindungen werden durch den Einfluß der Carbonylgruppe auf die benachbarte Diazogruppe hervorgerufen. Dieser Einfluß ist bei α.α'-Dicarbonyl-diazo-Verbindungen besonders stark und äußert sich in einem relativ hohen Schmelzpunkt sowie in Farblosigkeit, guter Löslichkeit in polaren Lösungsmitteln und Beständigkeit gegen Säuren. Dies veranlaßte seinerzeit WOLFF *(18)* zur Annahme einer Diazoanhydrid-Struktur (1.2.3-Oxdiazol) im Unterschied zur Formulierung eines Diazoketons. So gibt WOLFF beispielsweise für Diacetyldiazomethan und Diazoaceton die Konstitutionen (1) und (2) an:

$$\begin{matrix} H_3C-C\diagdown_O\diagdown N \\ \|\| \\ H_3C-CO-CN \end{matrix} \quad (1) \qquad H_3C-CO-CHN_2 \quad (2)$$

Auch bei den Chinondiaziden hat man lange eine Ringstruktur angenommen und die o-Chinondiazide gemäß (1) als 1.2.3-Oxdiazole formuliert, während man den p-Chinondiaziden eine Siebenring-Struktur zuschrieb (3) und (4):

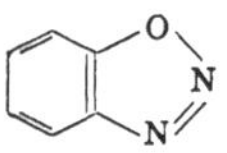

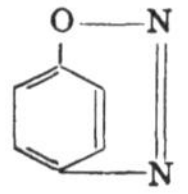

obwohl bereits WOLFF (19) eine chinoide Formel (5a) und (6a) und die Bezeichnung „Chinondiazid" vorschlug und BAMBERGER, sowie später KLEMENC (20) eine Zwitterionen-Formulierung als betainartige innere Diazoniumsalze (5b) und (6b) annahmen:

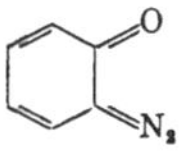

In der älteren Literatur wird die Bezeichnung „Diazoanhydride" auch für eine ätherartige Verbindung Ar—N=N—O—N=N—Ar (21) benutzt, für die HANTZSCH auch den Namen „Diazooxyd" verwendete. Wahrscheinlich sind jedoch alle Bambergerschen „Diazoanhydride" Diazonium-diazotate (17a).

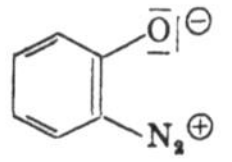

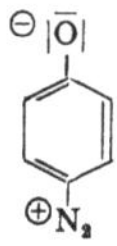

Auf die ehemals von CURTIUS für die —CHN_2-Gruppe in Diazoalkanen und Diazoketonen irrtümlich postulierte Dreiringformel, die inzwischen im Cyclodiazomethan (Diazirin) (22) und seinen Derivaten gefunden wurde, sei hier nur hingewiesen.

In neuerer Zeit konnte besonders IR-spektroskopisch gezeigt werden, daß allen untersuchten Diazocarbonylverbindungen die offene Struktur und nicht die eines 1.2.3-Oxdiazols zukommt (4, 5, 13). Dies geht aus dem Auftreten einer deutlichen Diazobande im Bereich 2188 cm^{-1} (4,57 μ) bis 2012 cm^{-1} (4,97 μ) hervor. Somit sind die Formulierungen (1), (3) und (4) unzutreffend. Für das Diacetyldiazomethan gilt H_3C—CO—CN_2—CO—CH_3 und für die Chinondiazide die mesomeren Strukturen (5) und (6). Trotzdem läßt sich damit nicht völlig ausschließen, daß in Sonderfällen ein 1.2.3-Oxdiazol-System existieren kann (5).

Bei den Schwefel-Analoga der Diazocarbonylverbindungen tritt jedoch keine Diazogruppe auf. Die typische Diazobande im oben genannten IR-Bereich fehlt. Es liegen nicht die Diazoniumthiophenolate — sondern die heterocyclischen 1.2.3-Thiadiazol-Verbindungen vor (5, 13, 23).

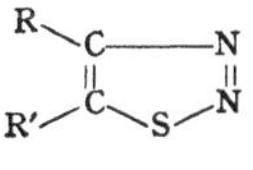

Diese Thiadiazole werden im Gegensatz zu den Diazoketonen durch starke Säuren nicht zersetzt, sie bilden Salze. Auch thermisch sind sie wesentlich stabiler als die Diazoketone (23).

Die Carbonylgruppe der Diazocarbonylverbindungen bewirkt eine stärkere Delokalisierung des Elektronensystems der Diazogruppe, wobei gegenüber den Diazoalkanen eine wesentliche Stabilisierung erreicht wird. Nach Untersuchungen von FAHR (4, 5) an nichtaromatischen Diazocarbonylverbindungen sind im wesentlichen nur die beiden Grenzstrukturen (7a) und (7b) am Grundzustand beteiligt:

$$\begin{array}{cc} \diagdown C-\overline{O}|^{\ominus} & \diagdown C=O \\ \| & | \\ \diagup C-N\equiv N| & \diagup C=N=\underline{\overline{N}} \\ \oplus & \oplus\ominus \\ (7a) & (7b) \end{array}$$

Man darf annehmen, daß das ungewöhnliche physikalische und chemische Verhalten der Diazocarbonylverbindungen auf ein Vorherrschen der enolischen betain-artigen Grenzstruktur (7a) zurückzuführen ist.

Der Anteil beider Grenzstrukturen am Grundzustand und damit das Verhalten des Moleküls lassen sich auf Grund der Bandenlage der $N\equiv N$- und der $C=O$-Schwingung abschätzen. Die $N\equiv N$-Bande wird mit zunehmender Anteiligkeit von (7a) hochfrequent und die $C=O$-Bande infolge Schwächung des Doppelbindungscharakters niederfrequent verschoben. Dabei wird das Maß der Anteiligkeit von (7a) und (7b) durch das Gesamtmolekül und darin wirksame Mesomerie- und Feldeffekte bestimmt.

Bei $\alpha.\alpha'$-Dicarbonyldiazoverbindungen (8) vermögen beide Carbonylgruppen die negative Ladung aufzunehmen. Die Ladungsverteilung hängt dabei von der Symmetrie der Molekel ab. Keto-carbonylgruppen sind als Ladungsträger wirksamer als Ester-Carbonyle (4).

$$\begin{array}{cccc} \diagdown C-\overline{O}|^{\ominus} & \diagdown C=O & \diagdown C\cdots O^{\delta(-)} & \\ \| & | & | & \\ C-N\equiv N| & \leftrightarrow & C-N\equiv N| & \leftrightarrow & C\cdots N\equiv N| & \quad (8) \\ | & \| & | & \\ \diagup C=O & \diagup C-\overline{O}|^{\ominus} & \diagup C\cdots O & \\ & & \delta(-) & \end{array}$$

Verbindungen der Art (9) und (10) bilden zwei getrennte resonanzfähige Systeme aus, die sich nur geringfügig beeinflussen, da β-ständige Carbonylgruppen praktisch nicht in die Resonanz einbezogen werden (5).

$$\begin{array}{cc} R-CO-CN_2-CO-CO-CN_2-CO-R & R'-CN_2-CO-CO-CN_2-R' \\ (9) & (10) \end{array}$$

Auf die schönen IR-spektroskopischen Untersuchungen von FAHR u. Mitarbb. über die Beziehung zwischen der Anteiligkeit der Diazonium-Grenzstruktur und der molaren integralen Absorption sei hier nur hingewiesen. Aus der molaren integralen Absorption und der Lage der Diazo-Valenzschwingung kann die Anzahl der in einer unbekannten Verbindung vorhandenen Diazogruppen bestimmt werden (6).

Tabelle 1

Formel	ν_{NN} [cm^{-1}]	ν_{CO} [cm^{-1}]	Lit.-Zit.
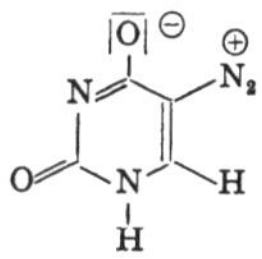 (Pyrimidin-Derivat)	2188	1689 1661	(4)
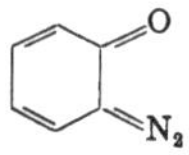 (Chinon-Diazo)	2140	1620	(11)
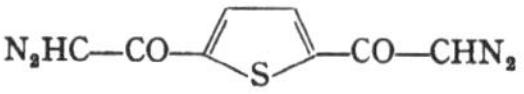 N$_2$HC—CO—(Thiophen)—CO—CHN$_2$	2135	1692	(113)
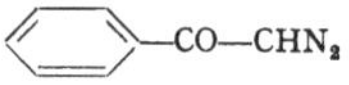 (Phenyl)—CO—CHN$_2$	2128	1613	(111)
N$_2$CH—CO—CO—CHN$_2$	2128	1621	(5)
C$_6$H$_5$—CO—CN$_2$—CO—C$_6$H$_5$	2128	1645 1631	(5)
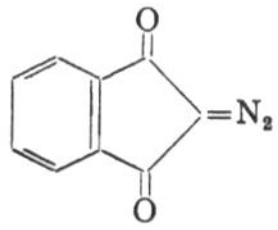 (Indandion-Diazo)	2128	1689	(46)
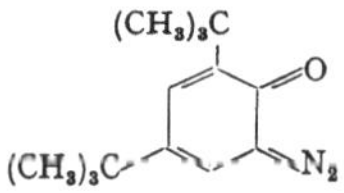 (CH$_3$)$_3$C-substituiertes Chinondiazid	2120	1622	(57)
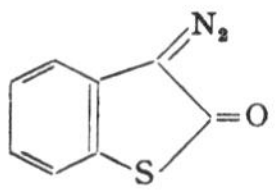 (Benzothiophen-Derivat)	2095	1625	(57)

Weiterhin wurde der Obertonbereich der Diazo-Valenzschwingung in die Untersuchungen mit einbezogen. Alle überprüften Diazoverbindungen zeigen zwischen 2,356 und 2,444 μ die gut ausgeprägte Bande des I. Obertones der asymmetrischen Diazo-Valenzschwingung (7).

Die Tabelle 1 gibt einen Überblick über die Lage der Diazo- und Carbonylbande bei einigen typischen Beispielen.

$$—CO—CH=\overset{\oplus}{N}=\underline{\overset{\ominus}{N}}| \rightleftarrows —CO—\overset{\ominus}{C}=\overset{\oplus}{N}=\underline{N}—H$$

Eine Tautomerie der Diazocarbonylverbindungen in dem Sinne, wie dies MILLER und WHITE (24) auf Grund des Auftretens eines isosbestischen Punktes vermuteten, liegt nicht vor, da Verbindungen des Typs R—CO—CN$_2$—R', die kein verschiebbares Wasserstoffatom enthalten, in Hydroxylgruppen-haltigen Lösungsmitteln dieselbe Erscheinung zeigen; es ist daher anzunehmen, daß die OH-Gruppe des Lösungsmittels über eine Wasserstoffbrücke an die Carbonylgruppe der Betain-Grenzstruktur (7a) addiert wird (5, 25).

Das Verhalten der Diazocarbonylverbindungen gegenüber Säuren. Das Verhalten der Diazocarbonylverbindungen gegenüber Säuren wird letztlich durch den Grad der Beteiligung der Grenzstruktur (7a) (S. 4) am Grundzustand bestimmt. Strukturelemente, die den Dreifachbindungsanteil der Diazogruppe erhöhen, stabilisieren das Molekül gegenüber elektrophilen Agentien, denn in der Betainform (7a) vermag der stark negativierte Carbonyl-Sauerstoff das angreifende Proton abzufangen. Nach FAHR kommt es dabei zur Ausbildung eines reversiblen Adduktes (11):

$$\begin{array}{c}\diagdown\!\!\!C\!-\!\bar{O}|^\ominus\\ \|\\ \diagup\!\!C\!-\!\overset{\oplus}{N}\!\equiv\!N|\end{array} \quad \underset{}{\overset{+H^\oplus}{\rightleftharpoons}} \quad \begin{array}{c}\diagdown\!\!\!C\!-\!\bar{O}\!\rightarrow\!H\\ \|\\ \diagup\!\!C\!-\!\overset{\oplus}{N}\!\equiv\!N|\end{array}$$

(7a)   (11)

Die Annahme von (11) wird dadurch gestützt, daß sich Diazocarbonylverbindungen vom Typ

RO—CO—CN$_2$—CO—(CH$_2$)$_n$—CO—CN$_2$—CO—OR

in kalter konz. Salzsäure glatt lösen und beim Verdünnen mit Wasser wieder ausfällen lassen (5).

Besonders stabil gegenüber Mineralsäuren (kalte konz. HCl) sind cyclische Diazocarbonylverbindungen, unter denen insbesondere das

$$\begin{array}{c} \text{Diazouracil structure} \end{array} \quad (12)$$

farblose, kristallwasserfreie Diazouracil (*12*) (es zeigt die kurzwelligste Diazovalenzschwingung von 4,57 μ = 2188 cm^{-1}) (5) sowie α.α'-Dicarbonyl-diazoverbindungen zu erwähnen sind.

Die Chinondiazide als spezielle cyclische Diazocarbonylverbindungen sind ebenfalls sehr stabil gegenüber Mineralsäure. Diazoketone hingegen setzen schon mit verdünnten Mineralsäuren sofort Stickstoff frei [vgl. (*1, 2, 3*)]. Die Bis-diazoketone werden jedoch im Unterschied zu den Diazoalkanen von kalter, wäßriger Benzoesäure und von Eisessig nicht angegriffen (5). Die erhöhte Stabilität von Diazoketonen und Diazo-diketonen gegenüber Eisessig beobachtete bereits STAUDINGER (26). Läßt man organische Säuren in der Wärme auf Diazoketone einwirken, so entstehen rasch die entsprechenden Ester der Acylcarbinole (1).

Trotz der gestuften Säureempfindlichkeit der Diazocarbonylverbindungen können diese für Aciditätsbestimmungen nicht herangezogen werden, da hierbei keine weiteren basischen Zentren (z. B. Carbonylgruppen) im Molekül vorhanden sein dürfen (27).

Das Verhalten der Diazocarbonylverbindungen gegenüber Basen. Die Einwirkung von Basen auf Diazocarbonylverbindungen wurde weniger untersucht. Aus den Arbeiten von WOLFF ist bekannt, daß Diacyldiazomethane, z.B. Diacetyl-diazomethan mit Natronlauge unter Diazoketonbildung aufgespalten wird (2, 18):

$$\begin{array}{c} H_3C-CO \\ | \\ H_3C-CO-CN_2 \end{array} \xrightarrow{NaOH} H_3C-CO-CHN_2 + CH_3-CO_2Na$$

Obwohl Diazoketone der allgemeinen Form $R-CO-CHN_2$ als recht alkali-resistent angesehen wurden (1), zeigten vereinzelte Beobachtungen, daß mit wäßriger oder alkoholischer KOH eine Veränderung eintritt (18, 28) (Benzoyldiazomethan ergibt eine Rotfärbung, Diazoaceton wird von konz. Alkali zersetzt).

Alkali-Empfindlichkeit des Restes R der Diazoketone verhindert die Durchführung des Arndt-Eistertschen Säureaufbaues nach dem Silberoxydverfahren (29).

Erst neuerdings haben YATES und SHAPIRO die Einwirkung von Alkali auf Benzoyldiazomethan sowie auf Azibenzil systematisch untersucht (30a). Dabei konnten sie bei der Einwirkung von Natriumhydroxyd in wäßrigem Dioxan oder Äthanol auf Benzoyldiazomethan die Bildung von Benzoesäure, Acetophenon, 3-Benzoyl-4-phenyl-pyrazol, 3-Benzoyl-5-hydroxy-4-phenylpyrazol, Blausäure, Hydroxylamin und Ammoniak nebeneinander feststellen. Dieselben Hauptprodukte werden auch bei der Einwirkung von äthanolischem Natriumäthylat gebildet.

Azibenzil reagiert mit Natriumhydroxyd in Wasser/Methanol/Äther zu Benzoesäure, Phenyldiazomethan, Diphenylessigsäure und Benzilazin. Mit methanolischer Natriummethylat-Lösung werden analoge Produkte erhalten.

Das Zustandekommen dieser Verbindungen aus dem Diazoketon wird mit Spaltung, Solvolyse, Reduktion und Kondensation erklärt (30a). Durch Einwirkung von Basen auf Diazocarbonylverbindungen wird partielle Stickstoffabspaltung mit anschließender Ketazinbildung katalysiert (30b, 43, 47)

Nachweis von Diazoketonen. Diazoketone werden oft als p-Nitrobenzoate der entsprechenden ω-Hydroxy-ketone charakterisiert. Dieses

Verfahren hat gewisse Nachteile (lange Reaktionszeit und geringe Ausbeute). Eine bessere Methode, die sich durch höhere Spezifität, kürzere Reaktionszeiten bei Raumtemperatur und höhere Ausbeuten auszeichnet, wurde von CROWTHER und HOLT (*31*) angegeben: Durch Reaktion mit p-Toluol-sulfonsäure-Monohydrat in Acetanhydrid werden unter Stickstoffentwicklung innerhalb weniger Minuten in über 70%iger Ausbeute die entsprechenden p-Toluolsulfonate erhalten. Diese werden durch ihre Schmelzpunkte charakterisiert. Die Reaktion hat auch präparative Bedeutung. Der ausschließliche Ablauf der Reaktion in Lösungsmitteln mit hoher Dielektrizitätskonstante (Acetonitril, Acetanhydrid, Essigsäure) deutet auf folgenden Weg:

$$R-CO-CHN_2 + HO_3S-C_6H_4-CH_3 \rightleftharpoons R-CO-CH_2\overset{\oplus}{N_2} + \overset{\ominus}{O_3S}-C_6H_4-CH_3$$
$$\downarrow -N_2$$
$$R-CO-CH_2-O-SO_2-C_6H_4-CH_3$$

In diesem Zusammenhang soll noch kurz auf *einige Eigenschaften, speziell der Chinondiazide*, eingegangen werden. Die Chinondiazide sind kristalline, gelb bis orangefarbene Verbindungen, die sich je nach der sonstigen Substitution zum Teil durch eine extrem hohe Lichtempfindlichkeit auszeichnen. Der Grundkörper und seine Alkylderivate sind am lichtempfindlichsten.

Die in ihren höheren Gliedern ebenfalls alle kristallinen und häufig gelb gefärbten Diazoketone zeigen meist nicht die hohe Lichtempfindlichkeit wie die Chinondiazide. Bei manchen Umsetzungen weisen die Diazoketone eine viel höhere Reaktivität auf als die Chinondiazide. Chinondiazide und Diazoketone sind der Thermolyse leicht zugänglich. Die Zersetzung unter Stickstoffentwicklung kann sich dabei unter Umständen bis zur Explosion steigern. Ein einfacher qualitativer Nachweis von Diazocarbonylverbindungen besteht daher im Verpuffen einer winzigen Substanzprobe, die man auf einem Spatel mittels einer sehr klein eingestellten Sparflamme erhitzt. Die Zeitdauer bis zur eintretenden Verpuffung — bei immer gleich gehaltenen Erhitzungsbedingungen — gibt einen ungefähren Überblick über die Zersetzlichkeit der Proben.

Bei sehr leicht zersetzlichen nitrosubstituierten Chinondiaziden ist bei der Prüfung des Zersetzungspunktes im Schmelzpunktapparat Vorsicht geboten!

Im übrigen wird auf die Photo- und Thermolyse noch eingegangen.

Durch Substitution mit Halogen oder Alkoxygruppen lassen sich die o-Chinondiazide stabilisieren. Im übrigen sind die Chinondiazide bei Lichtausschluß und Kühlung auf 0 bis $-20°$ C lange Zeit haltbar; das gilt ebenso für die Diazoketone. Will man o-Chinondiazide an Aluminiumoxyd chromatographieren, so muß hierzu mit Methanol desaktiviertes oder basisches Al₂O₃ benutzt werden, da an gewöhnlichem Aluminiumoxyd Zersetzung des Chinondiazids unter Stickstoffabspaltung erfolgt (*11*). Die chromatographische Reinigung von Chinondiaziden kann auch an Kieselgel durchgeführt werden (*63*). Die Chinondiazide können durch reduktive Desaminierung mit unterphosphoriger Säure nach KORNBLUM (*32*) mit 50—85%iger Ausbeute zu den Phenolen abgebaut werden (*11*).

Die Chinondiazide — beispielsweise entstanden durch Diazotierung von o- oder p-Aminophenolen — zeigen im allgemeinen gleiches Verhalten wie die Diazoniumsalze. Gegenüber letzteren sind die Chinondiazide jedoch wesentlich beständiger. Diese Stabilisierung, die die Sonderstellung der Chinondiazide als eigene Stoffklasse bedingt, wird durch die o- oder p-ständige Hydroxylgruppe verursacht. So setzt z.B. eine p-ständige Hydroxylgruppe die Zerfallsgeschwindigkeit des Benzoldiazonium-Ions in wäßriger Lösung um 3 Zehnerpotenzen herab (*2, 33*). Die Diazoniumgruppe wirkt äußerst stark acidifizierend auf die Hydroxylgruppe in o- oder p-Stellung, so daß in vielen Fällen bereits in mineralsaurer Lösung Dissoziation unter Phenolatbildung (Chinondiazid) erfolgt, wobei dann Mesomeriestabilisierung gemäß Formel (7a)/(7b) eintritt:

$$\overset{\ominus}{|\underline{\text{O}}}-\!\!\!\langle\!\!=\!\!\rangle\!\!-\!\!\overset{\oplus}{\text{N}}\!\equiv\!\text{N} \leftrightarrow \text{O}\!=\!\!\langle\!\!=\!\!\rangle\!\!=\!\overset{\oplus}{\text{N}}\!=\!\overset{\ominus}{\underline{\text{N}}} \quad \text{(bzw. o-Chinondiazid)}$$

Erfolgt die Chinondiazidbildung nicht direkt schon in der sauren Lösung beim Diazotieren, so wird die Hydrolyse der Benzoldiazoniumsalze durch alkalische Behandlung gefördert; dabei werden unter „Anhydrisierung" der intermediären „syn-Diazohydroxyde" direkt die Chinondiazide erhalten:

$$[\text{HO}-\text{C}_6\text{H}_4-\overset{\oplus}{\text{N}_2}]\overset{\ominus}{\text{Cl}} + \text{KOH} \rightarrow \text{O}=\text{C}_6\text{H}_4=\text{N}_2 + \text{KCl} + \text{H}_2\text{O}$$
(o- und p-Chinondiazid)

Die Nichtexistenz von m-Chinondiaziden ist schon allein aus Mesomerie-Gründen verständlich.

Das den Benzoldiazoniumsalzen, wenn auch mit gewissen Abstufungen, analoge Verhalten der Chinondiazide folgt aus voranstehenden Ausführungen. Sie sind z.B. der Sandmeyerschen und ähnlichen Reaktionen zugänglich, können aber keine Doppelsalze bilden.

Besondere Bedeutung kommt der *Kupplung der Chinondiazide mit Phenolen und Aminen* unter Bildung von Azofarbstoffen zu. Die Chinondiazide kuppeln mit Ausnahmen — je nach Substitution ist die Kupplung erschwert oder tritt gar nicht ein — in alkalischer Lösung rasch mit Resorcin und Phloroglucin zu tiefroten bis violetten Azofarbstoffen. β-Naphthol kuppelt unter diesen Bedingungen sehr langsam (*11*).

Chinondiazide kuppeln mit z.B. α-Naphthol in schwach alkalischem Gebiet vorwiegend in p-Stellung. Bei steigender Alkalität erfolgt zunehmend Kupplung in o-Stellung, die in stark alkalischem Bereich ausschließlich auftritt. Bei ZOLLINGER (17a) findet man nähere Angaben über die pH-Abhängigkeit des o/p-Verhältnisses.

Prinzipiell analog verläuft die Kupplung der Chinondiazide mit Aminoverbindungen.

Die bei der Kupplung entstehenden Hydroxy-azoverbindungen bilden mit Metallionen 1:1 und 1:2 Komplexe. Einzelheiten hierüber vgl. ausführlich bei ZOLLINGER (17a). Diese Verlackungsreaktion ist charakteristisch für o-Chinondiazide. Zur Überprüfung der Kupplungsfähigkeit hat sich in der Praxis die Durchführung der Reaktion als Tüpfelmethode auf Filterpapier bewährt (34):

> Man gibt einen Tropfen Diazolösung auf das Papier und läßt etwas einziehen; dann trägt man mittels einer Pipette die Lösung der Kupplungskomponente (Phloroglucin, Resorcin oder α-Naphthol in Alkohol oder Dioxan gelöst) strichförmig quer über den Fleck der Diazolösung und über dessen Begrenzung hinaus auf. (War die Diazolösung nicht klar, so erfolgt das Aufstreichen der Kupplungskomponente auf der Rückseite des Papiers.) Nun wird über einer mit conc. Ammoniak gefüllten, kleinen Weithalsflasche einige Minuten geräuchert; dabei tritt bei positivem Ausfall der Reaktion ein intensiver roter bis rotvioletter Farbfleck auf. (Außerhalb der Berührungszone der beiden Lösungen kann dabei die Wirkung der Ammoniakdämpfe auf die reinen Komponenten beobachtet werden, was in zweifelhaften Fällen eine Beurteilung der Reaktion erleichtert.) Trocknet man nun das Papier auf dem Dampfbad und gibt dann einen Tropfen Kupfersalzlösung auf den Farbfleck, so tritt die für Chinondiazide typische Farblackbildung ein. Ein Tropfen Essigsäure bewirkt eine Änderung des neu entstandenen Farbtones.

Die Azokupplung von Diazoketonen ist jüngst mit weiteren Beispielen belegt worden [vgl. (45, 46, 47a, 57)].

Analogverbindungen. Bezüglich Struktur und Darstellung entsprechen die Iminochinondiazide (15) den p-Chinondiaziden. Sie entstehen durch Abspalten von HCl aus 4-Arylamino-benzoldiazoniumchlorid mit Alkali.

In gewissem Sinn können auch Diazosulfone, z.B. (13) (47) als Analoga betrachtet werden:

(13)

2. Darstellung von Diazocarbonylverbindungen

Diazoketone, Bis- und Tris-diazoketone. Die Darstellung von Diazoketonen der allgemeinen Form R—CO—CHN$_2$ gelingt aus Säurechlorid und Diazomethan nach der von EISTERT (1) gegebenen Vorschrift. Weitere spezielle Darstellungsmöglichkeiten, insbesondere auch für cyclische Diazoketone sind bei WEYGAND und BESTMANN (3) aufgeführt. Von FAHR (5) wurde nach der Eistertschen Methode aus den entsprechenden Dicarbonsäure-dichloriden eine Reihe von Bis-diazoketonen dargestellt. Aus Oxalylchlorid (n=0) und Bernsteinsäuredichlorid (n=2) werden mit Diazomethan die zugehörigen Bisdiazoketone nur in mäßigen Ausbeuten gewonnen, während die übrigen Bisdiazoketone mit n≧3 in guter Ausbeute erhalten werden (N$_2$CH—CO—(CH$_2$)$_n$—CO—CHN$_2$).

Tris-diazoketone werden in gleicher Weise nach EISTERT erhalten, beispielsweise aus Trimesoylchlorid das 1.3.5-Tris-diazoacetylbenzol (35).

Bei der Darstellung von Diazoketonen aus α-Diketonen wurde neuerdings das Monohydrazon mit aktiviertem Mangandioxyd bzw. mit Calciumhypochlorit oxydiert (36). Soweit Vergleiche vorliegen, ist diese Methode, insbesondere bei Verwendung von Mangandioxyd, der Oxydation mit Quecksilberoxyd vorzuziehen.

Darstellungsmethode (36) 2-Diazo-2'.4'.6'-trimethylacetophenon

1,00 g 1-Mesitylglyoxal-2-hydrazon (37) wird in 15 ml Chloroform gelöst. Der Lösung werden 1,5 g „aktiviertes" Mangandioxyd (38) zugesetzt. Die Mischung wird dann 1 Std bei Raumtemperatur gerührt unter anfänglicher Kühlung zur Verringerung der exothermen Reaktion. Nach Abfiltrieren und Abziehen des Lösungsmittels wird in quantitativer Ausbeute 2-Diazo-2'.4'.6'-trimethylacetophenon Fp 59—61° C (Zers.) erhalten.

In jüngster Zeit wurde von HAUPTMANN u. Mitarbb. (5a) ein elegantes Verfahren zur Synthese von Diazomethylketonen ohne Anwendung von Diazomethan gefunden. Es verläuft nach folgendem Schema:

$$R-CO-CH_2-Br + 3 N_2H_4 \rightarrow R-CO-CH=N-NH_2 + N_2H_5Br + 2 NH_3$$
$$\downarrow + MnO_2$$
$$R-CO-\overset{\ominus}{C}H-\overset{\oplus}{N} \equiv N|$$

R: C$_6$H$_5$ oder subst. Phenyl-Rest

Die Ausbeuten bei der Hydrazon-Stufe liegen zwischen 50 und 70%, die der Dehydrierung zwischen 80 und 85%. Nach diesem Verfahren wurden bisher etwa 30 bekannte und unbekannte Diazoketone hergestellt.

Diazoessigester, Diazofettsäureester, Bisdiazoester. Zur gefahrlosen Darstellung von Diazoessigester werden N-Nitroso-N-acetyl-glycinester als stabile Ausgangssubstanzen empfohlen (39). WHITE und BAUMGARTEN

(*40*) erhalten durch Pyrolyse von N-Nitroso-urethanen (als Derivate von Glycin und Alanin) in ca. 70%iger Ausbeute Diazoessig- und Diazopropionsäureester:

$$C_2H_5-O-\underset{O}{\overset{\overset{N=O}{|}}{\underset{||}{C}}}-N-\underset{H}{\overset{\overset{R}{|}}{C}}-CO_2C_2H_5 \longrightarrow N_2\overset{\overset{R}{|}}{C}-CO_2C_2H_5 \quad \begin{matrix} R=H \\ \\ R=CH_3 \end{matrix}$$

Hochchlorierte Acyldiazoessigester wurden aus den entsprechenden Carbonsäurechloriden durch Umsetzung mit Diazoessigester dargestellt (*8*).

ω-Diazofettsäureester von $n=2$ bis $n=6$, die höheren Homologen des Diazoessigesters, wurden jüngst aus den entsprechenden Nitrosourethanen durch Einwirkung von Alkali erhalten (*41*). Diese höheren Homologen sind jedoch viel instabiler als der Diazoessigester, da die Konjugation durch eine oder mehrere Methylgruppen unterbrochen ist.

$$\underset{O=C\diagdown OCH_3}{ON\diagdown}N-(CH_2)_n-CO_2CH_3 \xrightarrow{\text{Alkali}} |N\equiv\overset{\oplus}{N}-\overset{\ominus}{C}H(CH_2)_{n-1}-CO_2CH_3$$

Monocarbonsäurehalogenide und Diazoessigester wurden bereits von STAUDINGER (*42*) unter Bildung von Dicarbonyl-diazoverbindungen umgesetzt. Von den Dicarbonsäure-dihalogeniden (Cl oder Br) wurde von STAUDINGER (*42*) nur das Oxalylchlorid ($n=0$) mit Diazoessigsäuremethylester zur Reaktion gebracht. FAHR (*5*) gelang es, die höheren Glieder der Dicarbonsäurehalogenide ($n=4$—7) mit Diazoessigsäuremethylester umzusetzen. Bei Verwendung von oberflächen-katalytisch wirkenden Stoffen (Siedesteinchen) lassen sich dabei die Bis-diazoester kristallin erhalten:

$$RO_2C-CN_2-CO-(CH_2)_n-CO-CN_2-CO_2R \quad (n=4\text{—}7)$$

Die Verwendung von Carbonsäure-dibromiden an Stelle der entsprechenden Dichloride führt zu höheren Ausbeuten, jedoch ist die Aufarbeitung schwierig und gefährlich.

Darstellungsmethode (nach E. FAHR) (*5*) *(aus Dicarbonsäure-dichlorid)*

Zu einem Gemisch von 0,01 Mol Dicarbonsäuredichlorid und 0,042 Mol Diazoessigsäure-methylester werden einige zerkleinerte Siedesteinchen gegeben. Das Gemisch wird einige Stunden bei Zimmertemperatur stehen gelassen und danach unter Feuchtigkeitsausschluß 1 Std auf 40° C und 6 Std auf 60° C erwärmt. Überschüssiger Diazoessigester und gebildeter Chloressigester werden im Hochvak. abdestilliert. Das zurückgebliebene dicke Öl wird unter Rühren mit dem gleichen Volumen Wasser und 2 n NaOH bis zur bleibenden schwach alkalischen Reaktion versetzt. Nach einiger Zeit beginnt die Kristallisation. Man filtriert und fällt aus heißem Methanol mit Wasser um.

Zum Beispiel $\beta.\beta'$-Dioxo-$\alpha.\alpha'$-bis-diazo-sebacinsäure-dimethylester ($n=4$), Ausbeute 51—60%, Fp 63,8—64,5° C.

Diazo-diketone und Tris-diazo-triketone. Neuerdings sind sehr schöne Methoden bekannt geworden, die, von Verbindungen mit aktiven Methylengruppen ausgehend, zu Diazocarbonylverbindungen führen, insbesondere zu solchen mit mehreren Carbonyl- bzw. Diazogruppen im Molekül, z. B. zu Diazo-diketonen und Trisdiazo-triketonen.

Es sind dies das von REGITZ angegebene Verfahren, bei dem die Einführung der Diazogruppe mittels Sulfonylaziden erreicht wird sowie die Methode von BALLI, bei der zu diesem Zweck Aziridiniumsalze Verwendung finden.

Wie REGITZ (43—47) fand, ist die von DOERING und DE PUY (48) zur Darstellung des Diazocyclopentadiens beschriebene Tosylazid-Reaktion verallgemeinerungsfähig und gestattet die Synthese vieler aliphatischer Diazoverbindungen. Das Syntheseprinzip ist bereits bei CURTIUS und EHRHART (43a) vorgegeben. Als Ausgangssubstanzen kommen solche in Frage, bei denen die Methylengruppe durch $>C=C<$, $>C=O$, $>SO_2$ oder Arylreste eine Aktivierung erfährt:

$$\underset{(14)}{\overset{R}{\underset{R'}{>}}CH_2} \xrightarrow[-RSO_2NH_2]{+RSO_2N_3} \underset{(15)}{\overset{R}{\underset{R'}{>}}C=N_2} \xrightarrow{+(14)} \underset{(16)}{\overset{R}{\underset{R'}{>}}CH-N=N-CH\overset{R}{\underset{R'}{<}}}$$

Die Umsetzung von Arylsulfonsäure-azid mit der CH-aciden Komponente geschieht in Gegenwart von Basen. Als solche sind je nach Protonenbeweglichkeit der Ausgangskomponente wäßriges Ammoniak, organische Amine, Alkali, Alkalialkoholate oder Lithiumalkyle geeignet. Es können dabei aber auch symmetrische Azoverbindungen (16) erhalten werden und zwar dann, wenn die Geschwindigkeit der Kupplung der Diazo-Verbindung (15) mit noch vorhandener Methylenverbindung (14) größer ist als die Bildungsgeschwindigkeit von (15). Die Azoverbindungen (16) können auch bei Umsatz von (14) mit einem halben Äquivalent Sulfonylazid erhalten werden. Ist in der Methylenverbindung (14) eine Estergruppe enthalten, so kann der Alkoxyrest durch das bei der Reaktion entstehende Sulfonylamid verdrängt werden.

Die Diazoverbindungen (15) (R=Aryl, R'=CO-Aryl oder CO-Alkyl) werden von dem Sulfonylamid teilweise in einer der Wolffschen Umlagerung entsprechenden Reaktion unter N_2-Abspaltung in die Carbonsäuresulfonylamide verwandelt (44).

Als Sulfonylazide kommen insbesondere p-Tosylazid und in Einzelfällen p-Methoxy-benzolsulfonylazid oder p-Nitro-benzolsulfonylazid in Betracht.

Darstellungsmethode (nach M. REGITZ) *(45 u. 45a). 2-Diazo-dimedon*

10 g Dimedon werden in einem Gemisch aus 25 cm³ Äthanol und 7,3 g Triäthylamin gelöst und auf 0° gekühlt. Unter magnetischem Rühren werden auf einmal 14,0 g Tosylazid zugesetzt, wobei die Temperatur auf 15—20° ansteigt. Es wird

25 min im Eisbad gerührt, wobei sich ein hellgelber Kristallbrei bildet (eventuell zur Kristallisation anreiben). Nach Zugabe von 25 cm³ Äther beläßt man noch 15 min im Eisbad und saugt ab. Ausbeute 6,7 g rohes 2-Diazo-dimedon vom Fp 100—102°. Das Filtrat wird mit 200 cm³ Äther versetzt und mit 4,0 g KOH in 200 cm³ Wasser gut geschüttelt. Die Ätherphase wird über $MgSO_4$ getrocknet (gut nachwaschen) und das Lösungsmittel i. Vak. entfernt. Der Rückstand wird in wenig Äthanol aufgenommen und gut gekühlt; die weißen Kristalle werden abgesaugt; Ausbeute 1,9 g vom Fp 102°. Gesamtausbeute an 2-Diazo-dimedon 73% d. Th. Nadeln (aus Äthanol) vom Fp 108°. — IR-Banden(KBr): $N≡N = 2257$ (schwach), 2193 (mittel), 2146 cm^{-1} (stark); $CO = 1672$, 1639 cm^{-1}.

Kürzlich gelang es REGITZ (47 a) erstmals ein α-Diazo-β-keto-sulfon darzustellen:

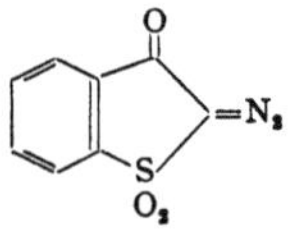

Versuche, die von DOERING angegebene Synthese (48) auf Phenole, Naphthole und CH-acide Heterocyclen zu übertragen lieferten symmetrische Azo-bis-Verbindungen (50, 51). Nur bei α- bzw. β-Naphthol konnten in geringer Menge die entsprechenden Chinondiazide nachgewiesen werden (50).

Die Darstellung von α-Diazocarbonylverbindungen nach der Tosylazid-Methode wurde jüngst auch von YATES (52) untersucht.

Die Einführung der Diazogruppe in Verbindungen mit aktivem Methylen kann nach BALLI (53) auch mit Azidiniumsalzen leicht erreicht werden. Als Azidiniumsalz kommt z. B. 2-Azido-3-äthyl-benzthiazolium-fluoroborat (17) in Frage, das in nachstehender Weise mit C—H-aciden Verbindungen (18) mit meist sehr hoher Ausbeute zu den Diazokörpern (19) reagiert.

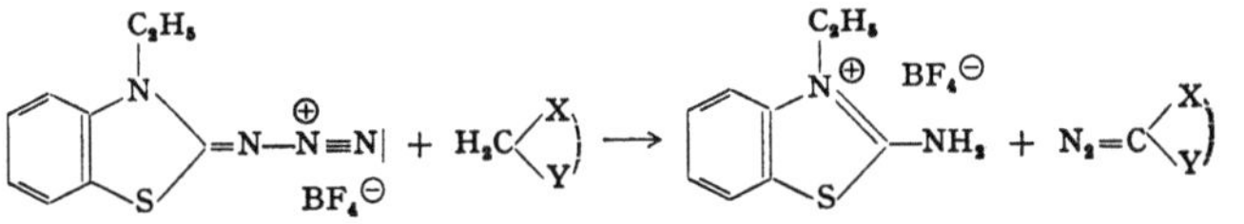

(17)　　　　　(18)　　　　　　(19)

Bei (18) handelt es sich meist um Ringverbindungen, in denen die C—H-Acidität durch die aktivierenden Gruppen $>C=O$, $>C=C<$, $—CN$ und $>C=N—$ (X, Y) verursacht wird. Sind im Molekül (18) mehrere aktive Methylengruppen enthalten, so kann die Diazogruppe mehrfach eingeführt werden. Somit läßt sich nach der Methode von BALLI beispielsweise aus Phloroglucin das entsprechende trifunktionelle Chinondiazid (20) darstellen:

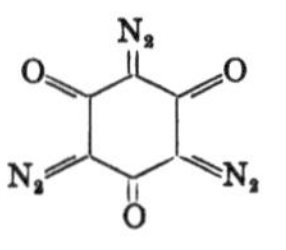

(20)

Darstellungsmethode (nach BALLI) *(54)*. *Tris-diazo-phloroglucin (20)*

Zu einer Lösung von 3,24 g (20 mMol) Phloroglucin-hydrat in 70 ml Methanol gibt man bei ca. 30° C unter gutem Rühren 17,52 g (60 mMol) 2-Azido-3-äthyl-benzthiazolium-fluoroborat *(55)*. Die sich gelb färbende Lösung wird nach 10 min auf 0° C abgekühlt, der sich bildende Niederschlag an Produkt abgesaugt und mit kaltem Methanol gewaschen, dann im Vakuum über Silikagel getrocknet. Ausbeute 3,92 g (96%). Gelbe Prismen aus Benzol Fp 220° C. Das Produkt ist wenig schlagempfindlich, detoniert jedoch heftig beim Erhitzen im abgeschlossenen Raum. Eine weitere Reinigungsmöglichkeit besteht in der vorsichtigen Sublimation im Vakuum bei 120° C.

Einen anderen Weg, um zu α-Diazo-β-dicarbonylverbindungen zu gelangen gibt HECK *(46)* an. Vicinale Triketone, z. B. Ninhydrin werden mit Arylsulfonsäurehydraziden umgesetzt, wobei unter Berücksichtigung bestimmter Bedingungen keines der möglichen isomeren Mono-p-tosyl-hydrazone, sondern direkt das 2-Diazo-1.3-diketon erhalten wird. Die Reaktion stellt eine spezielle Anwendung der Cava-Methode dar, auf die unten eingegangen wird. Als Arylsulfonsäurehydrazide kommen p-Tosylhydrazid, p-Methoxy-benzolsulfonsäure-hydrazid und p-Nitro-benzolsulfonsäure-hydrazid in Frage. Als Nebenprodukte treten die entsprechenden Di- und Trihydrazone auf.

Darstellungsmethode (nach HECK) *(46)*. *2-Diazo-indandion-(1.3)*

Zur Lösung von 3,0 g Ninhydrin in 20 ml warmem Methanol gibt man die Lösung von 6,2 g p-Tosylhydrazid in 80 ml warmem Methanol und erhitzt etwa 5 min unter Rückfluß. Dabei fällt ein gelber Niederschlag an, der abgesaugt und anschließend mit 100 ml Methanol ausgekocht wird. Die vereinigten methanolischen Lösungen werden eingeengt (Rotationsverdampfer). Beträgt das Gesamtvolumen noch etwa 30—50 ml, so wird zum Sieden erhitzt und vom Ungelösten abfiltriert, das mit obigem Rückstand vereinigt wird. Aus dem Filtrat kristallisiert nach einiger Zeit im Kühlschrank das 2-Diazo-indandion-(1.3) aus. Ausbeute 1,2—1,3 g (42—45%). Hellgelbe Nädelchen aus Methanol oder Äthanol, Fp 149° C.

Aus dem in Methanol schwerlöslichen gelben Rückstand (4,5 g) lassen sich durch Behandlung mit Benzol die Di- und Tri-hydrazone isolieren [vgl. *(46)*].

Chinondiazide. Unter den verschiedenen Diazocarbonylverbindungen nehmen die Chinondiazide hinsichtlich der mit ihnen durchführbaren Reaktionen einen bedeutenden Platz ein. Die Darstellung der o- und p-Chinondiazide erfolgt entweder aus den entsprechenden o- und p-Aminophenolen durch Diazotieren *(15)* oder aus den o- und p-Chinonen nach der Methode von CAVA *(56)*. Wie RIED und DIETRICH *(57)* zeigten, kommt dieser Reaktion von CAVA, die auf eine Beobachtung von BORSCHE und FRANK *(58)* zurückgeht, allgemeine Gültigkeit zu. Es sind damit isocyclische und heterocyclische Diazoketone aus den entsprechenden o-Diketonen sowie o- und p-Chinondiazide aus ein- und mehrkernigen o- und p-Chinonen der Synthese zugänglich. Bereits in einer vorausgegangenen Arbeit konnten SÜS, STEPPAN und DIETRICH *(10)* nach der

Cava-Methode aus hochkondensierten o-Chinonen die entsprechenden o-Chinondiazide erhalten.

Aus dem Diketon bzw. Chinon wird mit äquimolarer Menge Tosylhydrazid über ein Monotosylhydrazon unterschiedlicher Stabilität bei dessen Zerfall das cyclische Diazoketon bzw. das Chinondiazid neben Sulfinsäure-Anion gebildet:

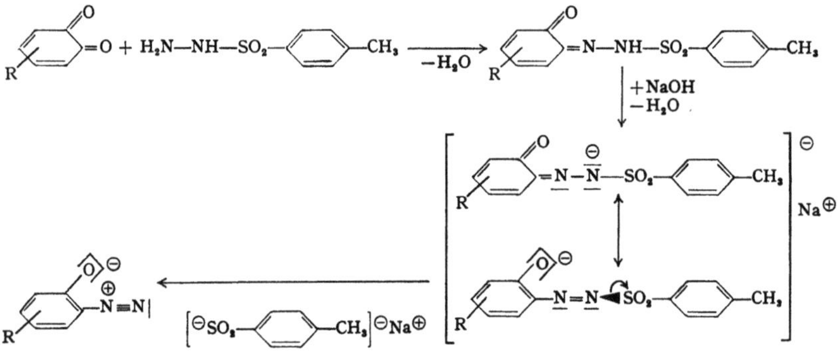

Die Monotosylhydrazone der höher kondensierten Chinone zerfallen schon in saurer Lösung in statu nascendi, da die Bildungstendenz der entsprechenden o-Chinondiazide als hoch mesomerie-stabilisierte aromatische Systeme sehr groß ist. Die Sulfonylhydrazone ein- und zweikerniger Systeme lassen sich oft isolieren; erst ihre Alkalisalze zerfallen spontan zu Chinondiaziden und Sulfinat-Ion. Bei den nichtaromatischen cyclischen Systemen sind die Hydrazone in allen Fällen faßbar und sehr stabil. Der Zerfall ihrer Alkalisalze erfordert mehrere Stunden (z. B. Thionaphthendiazoketon) (57)

Darstellungsmethoden. 4.6-Di-tert.-butyl-benzochinon-(1.2)-diazid-(2) (57)

1,9 g p-Tosylhydrazid (59) werden mit 1 ml konz. Salzsäure und 10 ml Methanol versetzt und der auf − 8 bis − 12° C gekühlten Lösung tropfenweise 2,2 g 4.6-Ditert.-butyl-benzochinon-(1.2) in 35 ml Methanol zugesetzt. Das nach anfänglichem Schmieren rasch auskristallisierende Hydrazon wird abgesaugt und mit wenig eiskaltem Methanol gewaschen. Sehr feine, orangegelbe Prismen. Ausbeute 3,1 g, Fp 89° C (Zers.). 15 g des reinen Tosylhydrazons werden in 60 ml Methylenchlorid gelöst und in einem Scheidetrichter mit 100 ml kaltem Wasser und 50 ml 1 n NaOH sowie einigen Stückchen Eis versetzt. Es wird ca. 2 min geschüttelt, wobei die spontan aufgetretene purpurne Färbung verschwindet. Die orangegelbe organische Phase wird abgetrennt, die wäßrige Schicht nochmals extrahiert und nach Trocknen der Auszüge über Na_2SO_4 das Lösungsmittel im Vakuum abgezogen. Das hinterbleibende dunkle Öl kristallisiert rasch durch. Ausbeute fast quantitativ, Fp 76° C. Orangefarbene Kristalle aus Petroläther bei − 60° C. Sehr leicht löslich in allen Lösungsmitteln, kuppelt nicht mit Phenolen.

3-Diazo-thionaphthenon-(2) (57)

3,2 g Thionaphthenchinon werden in 15 ml Methanol zum Sieden erhitzt und 3,7 g p-Tosylhydrazid zugegeben. Die rasch klar werdende Lösung wird abgesaugt und kristallisiert danach sofort durch. Ausbeute 4,0 g, Fp 176° C. Kanariengelbe Prismen aus Essigester.

2 g reines Tosylhydrazon werden mit 100 ml Methylenchlorid, 70 ml Wasser und 0,7 g NaOH, gelöst in 10 ml Wasser, versetzt und 4 Std bei Raumtemperatur mechanisch gerührt. Die organische Phase wird abgetrennt, die wäßrige Schicht nochmals mit wenig Methylenchlorid ausgeschüttelt und nach Trocknen der vereinigten organischen Lösungen über Kaliumcarbonat das Lösungsmittel abdestilliert. Die hochkonzentrierte warme Lösung wird mit überschüssigem Petroläther versetzt und weiter eingeengt. Beim Abkühlen erstarrt der Ansatz zu zentimeterlangen, derben orangebraunen Nadeln. Ausbeute 0,8 g (75%), Fp 68° C. Kuppelt mit Phenolen in rotvioletten Tönen.

4-Chlor-6-nitro-benzochinon-(1.2)-diazid-(2) (160)

22,5 g 4-Chlor-6-nitro-2-amino-phenol-hydrochlorid werden in 150 ml Wasser unter Zusatz von 50 ml konz. Salzsäure gelöst und unter Eiskühlung mit 6,9 g Natriumnitrit in 50 ml Wasser diazotiert. Das ausgefallene Chinondiazid wird gut mit Wasser, Methanol und Äther ausgewaschen und aus Äthanol umkristallisiert: 18,6 g (93%) rotbräunliche Nadeln, Zers.-P. 152—153° C.

Unterwirft man der Cava-Reaktion höher halogenierte p-Benzochinone, z. B. tetrahalogenierte p-Benzochinone wie Chloranil, so werden unter Austausch zweier o-ständiger Halogenatome in einem Schritt tosylierte, hydroxylhaltige Benzochinon-(1.4)-diazide erhalten (60): Dabei tritt der Sulfonylrest des Tosylhydrazids in die o-Stellung zur Diazogruppe und die bei der Hydrazonbildung freiwerdende OH-Gruppe wandert in die m-Stellung (21). Fluoranil und Bromanil reagieren im gleichen Sinne:

(21 a) X = F
(21 b) X = Cl
(21 c) X = Br

(21)

2.5-Dihalogen-benzochinone liefern den gleichen Verbindungstyp während 2.6-Derivate ohne Halogenaustausch zum Tosylhydrazon führen *(60)*.

Eine weitere ganz allgemeine Bildungsmöglichkeit für o- und p-Chinondiazide besteht darin, daß bei ein- und zweikernigen Diazoniumsalzen, die in o- oder p-Stellung zur Diazoniumgruppe stehenden Substituenten — als solche kommen Halogene sowie die Nitro- und die Sulfogruppe in Frage — durch Hydroxyl ersetzt werden, wenn noch ein weiterer Substituent dieser Art in o- oder p-Stellung steht. Beim Naphthalinsystem kann letzterer Substituent auch im Nebenkern stehen oder ganz fehlen. Diese Reaktion verläuft besonders leicht in Gegenwart von Bicarbonat, Carbonat, Acetat oder Ätzalkali; teilweise sogar in Gegenwart von Mineralsäure *(61)*.

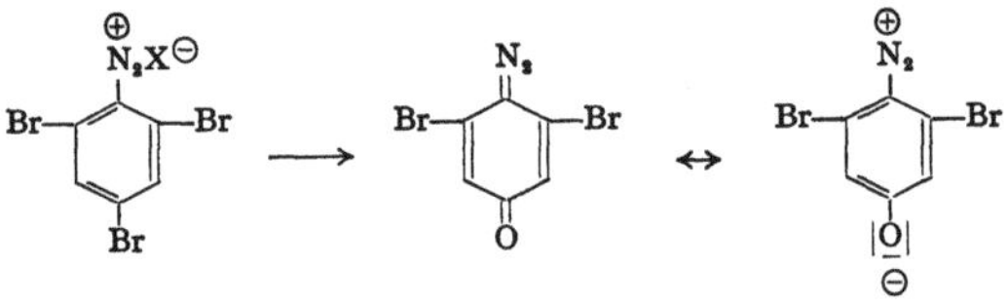

Jüngst berichteten NIKIFOROV und ERŠOV (62) über die Darstellung sterisch gehinderter Aminophenole und Chinondiazide: Von 2.6-Dialkyl-4-nitrosophenolen (22) ausgehend werden über das entsprechende Amin und dessen Diazotierung die p-Chinondiazide (24) in 59—72%iger Ausbeute erhalten.

Verbindungen vom Typ (24) zersetzen sich am Licht unter Stickstoffabspaltung und zerfallen beim Erwärmen stürmisch, diejenigen mit $R=R'=CH_3$ explosionsartig.

(24) mit $R=R'=C(CH_3)_3$ kann auch aus dem 2.6-Di-tert.-butyl-p-benzochinon (23) nach der Cava-Methode erhalten werden:

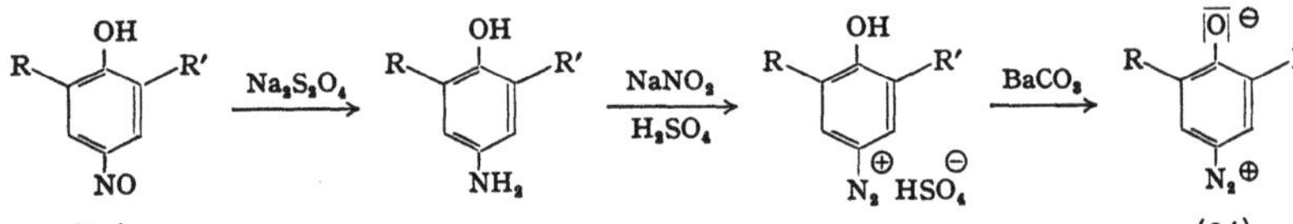

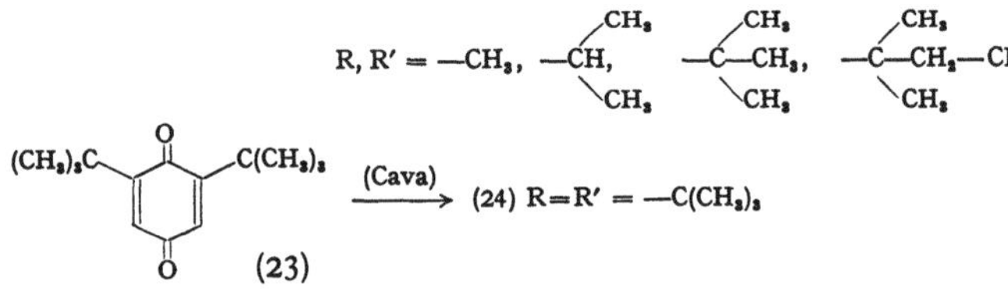

In der Anthrachinonreihe gelingt die Darstellung der zugehörigen p-Chinondiazide, z.B. Anthrachinondiazid (25), aus dem Anthrachinonmonoanil durch Einwirkung von Tosylhydrazid (63):

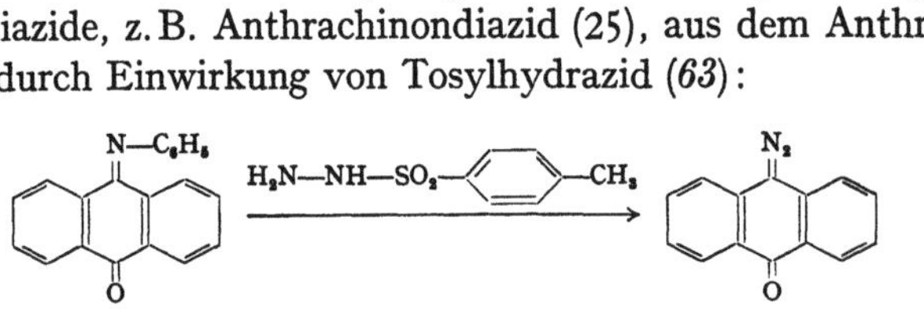

Diese Reaktion läßt sich auf Benzophenon-anil und Fluorenon-anil übertragen (63).

Darstellungsmethode. Anthrachinondiazid (63)

Man erhitzt 5 g Anthrachinonmonoanil und 5 g Tosylhydrazid nach Zugabe von einigen Tropfen Eisessig in 50 ml Methanol zum Sieden. Nach dem Abkühlen fallen 3,5 g braune Nädelchen aus. Es handelt sich um Anthrachinondiazid vermischt mit Anthrachinon. Die Trennung erfolgt chromatographisch an einer mit Kieselgel beschickten Säule. Als Lösungsmittel dient Benzol. Die Diazoverbindung wird in der Säule zurückgehalten und mit Methanol eluiert. Nach dem Eindampfen des Methanol-Benzolgemisches und Umkristallisieren aus Methanol erhält man reines Anthrachinondiazid als braune Kristalle. Ausbeute 1 g (25%), Fp 162—165° C (Zers.).

Das Anthrachinondiazid [9-Diazo-anthron-(10)] (25) wurde kürzlich auch von REGITZ (47) dargestellt, und zwar aus Anthron durch Umsatz mit p-Tosylazid in Gegenwart von Piperidin.

Vinyloge Diazocarbonylverbindungen. Als vinyloge Diazocarbonylverbindungen kann man die kürzlich von SEVERIN und DAHLSTRÖM (64) beschriebenen chinoiden Diazoverbindungen (26a und b) bezeichnen. Zu deren Darstellung wird p-Nitro-fluorbenzol mit dem Natriumsalz des Dimedons zu 2-p-Nitro-phenyl-dimedon umgesetzt, dieses zum Amin reduziert und anschließend diazotiert.

Aus der wäßrigen Lösung des Diazoniumsalzes wird mit Bicarbonat die Diazoverbindung erhalten. (26a) ist wesentlich stabiler als (26b); letzteres zersetzt sich innerhalb weniger Minuten und konnte daher nicht isoliert werden. (26b) kuppelt mit β-Naphthol zum Azofarbstoff.

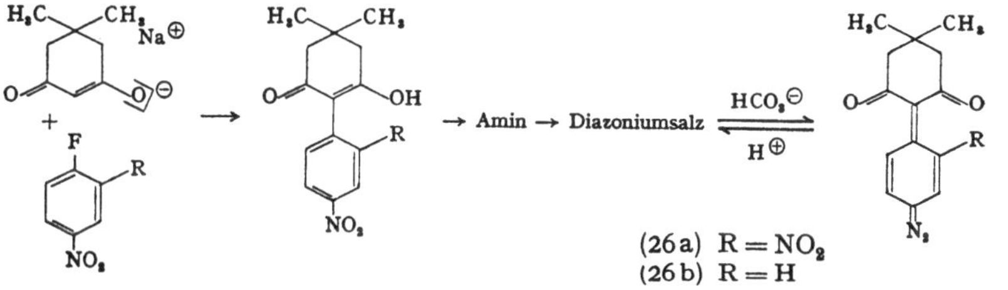

Das 9-Diazo-anthron-(10) (25) ist einerseits ein vinyloges α-Diazoketon, das durch die beiden ankondensierten Benzolkerne zusätzliche Mesomeriestabilisierung erfährt, andererseits ist (25) als p-Chinondiazid anzusehen (47).

RIED und JOHNE (65) versuchten, aus vinylogen Dicarbonylverbindungen über deren Mono-tosylhydrazone (Cava-Methode) sowie auch über deren Monoxime [Forster-Methode (66)] zu vinylogen Diazocarbonylverbindungen zu gelangen. Einige der eingesetzten Dicarbonylverbindungen liefern jedoch weder das Mono-tosylhydrazon noch das Monoxim, sondern es reagieren sofort beide Carbonylgruppen. Die Zersetzung des Terephthaldialdehyd-mono-tosylhydrazons mit Alkali führt zur Diazocarbonylverbindung. Diese ist jedoch nicht isolierbar, weil sie sofort unter N_2-Abspaltung polymerisiert.

Die Tabelle 2 gibt Literaturhinweise (Darstellung und Eigenschaften) für die wichtigsten Typen der Diazocarbonylverbindungen.

Tabelle 2

Verbindungstyp	Lit.-Zit.	Verbindungstyp	Lit.-Zit.
Aliphat—CO—CHN$_2$	23*	(cyclic C(=O)-C(=N$_2$)-C(=O))	45, 46, 53
N$_2$HC—CO—(CH$_2$)$_n$—CO—CHN$_2$	5, 23*		
Aromat—CO—CHN$_2$	23*		
Heterocyclus—CO—CHN$_2$	23*		
R—CO—CN$_2$—R'	43	R—CO—CN$_2$—CO—R'	5
R—CN$_2$—CO$_2$R'	39, 40		
RO$_2$C—CN$_2$—CO—(CH$_2$)$_n$—CO—CN$_2$—CO$_2$R	5	(o-chinondiazid) R—	10, 11, 14, 57
(indanon =N$_2$), (tetralon =N$_2$)	23*	(p-chinondiazid) R—⬡—R, N$_2$	47, 57, 63, 156

* Vgl. Tabellen 1—6 bei Lit.-Zit. (23).

3. Thermolyse und Photolyse

Über die Thermolyse und Photolyse von Diazocarbonylverbindungen liegt in der Literatur schon sehr umfangreiches Tatsachenmaterial vor, so daß hier auf diese Zersetzungsreaktionen nicht in allen Einzelheiten eingegangen werden kann. Es sei daher insbesondere auf die zusammenfassende Darstellung von SCHÖNBERG (67) verwiesen. Die bereits klassischen Arbeiten auf diesem Gebiet sollen deshalb hier nur in knapper Übersicht gestreift werden.

Wird den Diazocarbonylverbindungen die zur Anregung der Diazonium-Grenzstruktur (7a) (S. 4) nötige Energie zugeführt, so erfolgt Zerfall unter Stickstoffabspaltung. Diese Aktivierungsenergie kann durch Wärmezufuhr oder durch Belichtung aufgebracht werden. Metalle wie Silber oder Kupfer katalysieren die Stickstoffabspaltung. Bei diesem Zerfall entsteht intermediär ein Ketocarben, das entweder eine Wolffsche Umlagerung zum entsprechenden Keten erleidet oder eine andere Folgereaktion eingehen kann.

Die in der Gruppe der Diazoketone bekanntgewordenen Reaktionen dieser Art findet man bei WEYGAND und BESTMANN zusammengestellt (3).

Die *Photolyse der Chinondiazide* hat in der Diazotypie besondere technische Bedeutung erlangt. Die Aufklärung des chemischen Ablaufes dieser Lichtreaktion erfolgte durch Süs (9, 10). Bei Belichtung saurer Lösungen von *o-Chinondiaziden* geht das bei der Stickstoffabspaltung entstehende Ketocarben eine Wolffsche Umlagerung ein unter Ringverengerung zum Keten. Dieses bildet unter Wasseraufnahme die entsprechende Carbonsäure, die in alkalischem Medium mit unverändertem Chinondiazid zum Azofarbstoff kuppeln kann (Diazotypie) oder auch decarboxyliert wird.

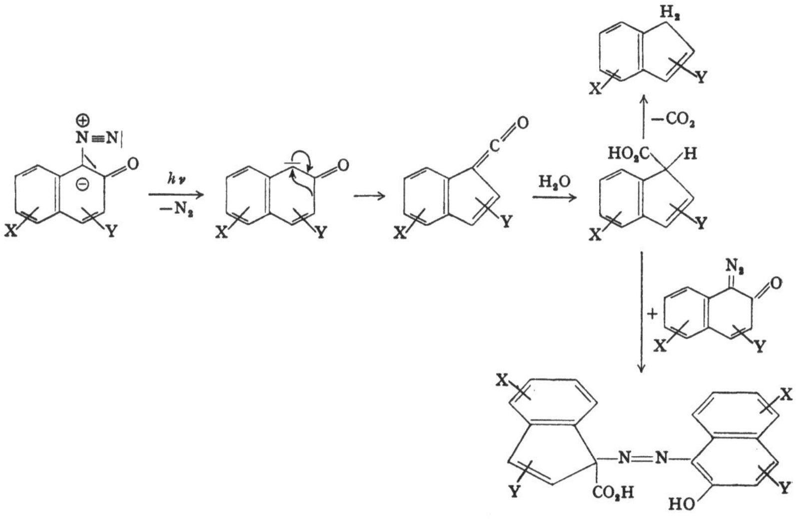

Diese Reaktion ist sehr allgemein anwendbar und gestattet die Darstellung von Derivaten des Indens, des Cyclopentadiens mit angegliederten heterocyclischen Ringen, von substituierten Indolen, Azaindolen und Pyrrolcarbonsäuren sowie von Bicyclooctadien-Derivaten. In analoger Weise werden aus Chrysenderivaten Cyclopentenophenanthrene erhalten. Nach der Süsschen Methode können somit Verbindungen erhalten werden, die auf anderem Wege oft nur schwer zugänglich sind.

Darstellungsmethode (nach Süs) *(68)*. *5-Methyl-inden-1-carbonsäure*

5,6 g 6-Methyl-naphthochinon-1.2-diazid-(1) werden in 350 ml Eisessig und 800 ml Wasser gelöst, die Lösung über Kohle filtriert und unter äußerer Kühlung an einer Kohlenbogenlampe belichtet. Ein Teil der Carbonsäure fällt während der etwa zwölfstündigen Belichtung aus. Durch starkes Einengen des Filtrates i. V. bei 10° C wird ein weiterer Teil Carbonsäure gewonnen. Beide Anteile werden vereinigt und zur Reinigung mit 10%iger NaHCO$_3$-Lösung digeriert. Bei Zugabe von Salzsäure fällt die Carbonsäure als weißer Niederschlag aus. Nädelchen aus Benzol, 2,5 g, Fp 195—196° C.

Beim *Zerfall der p-Chinondiazide* tritt naturgemäß keine Wolffsche Umlagerung auf, sondern es erfolgt Stabilisierung durch Polymerisation oder Abfangreaktionen *(69)*. So werden bei der Photolyse von p-Chinondiazid in Abwesenheit von Wasser und organischen Lösungsmitteln Produkte erhalten, die in organischen Lösungsmitteln völlig unlöslich sind; es wird folgende Polymerisation angenommen:

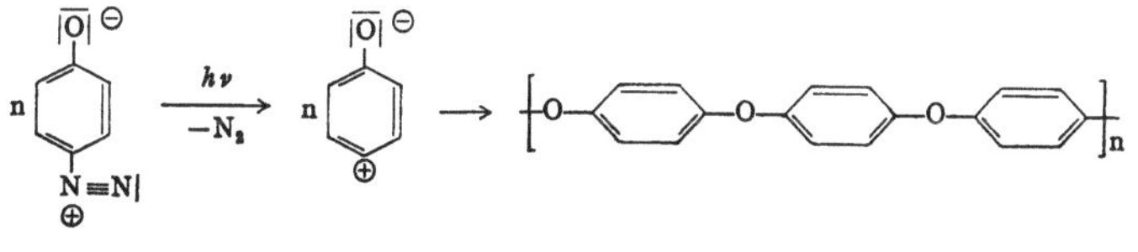

Führt man die Photolyse in Gegenwart von primären, aliphatischen Alkoholen durch, so werden unter Anlagerung der Alkohole an das Rumpfmolekül Monoäther erhalten:

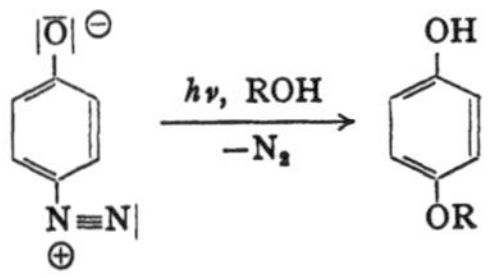

Bei Belichtung der p-Chinondiazide in Gegenwart aromatischer Kohlenwasserstoffe erfolgt Kernarylierung (69):

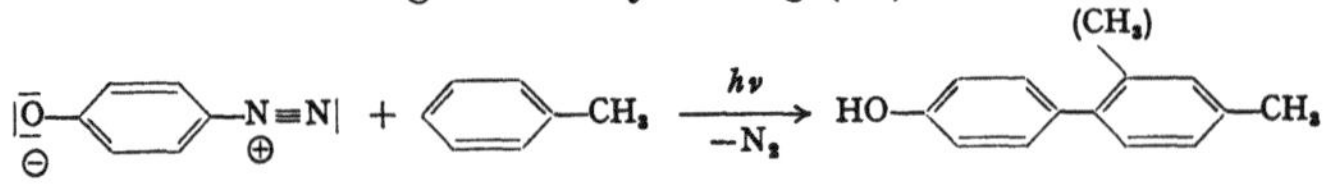

Thermolyse der o-Chinondiazide: 2-Methylendioxole (71). Die eingehende Untersuchung der Thermolyse von o-Chinondiaziden geschah durch RIED und DIETRICH. YATES und ROBB (70) hatten die bei der Thermolyse des Naphthochinondiazids erhaltene Verbindung als cyclisches Ketenacetal, somit als ein 2-Methylendioxol erkannt. Nun konnte gezeigt werden, daß alle o-Chinondiazide, auch heterocyclische, in diesem Sinne reagieren (71):

Das bei der Thermolyse primär gebildete Ketocarben reagiert in seiner mesomeren, 1.3-dipolaren Form mit dem aus demselben Ketocarben durch Wolffsche Umlagerung entstandenen Keten. Es erfolgt Ringschluß zu einem substituierten 2-Methylendioxol (27):

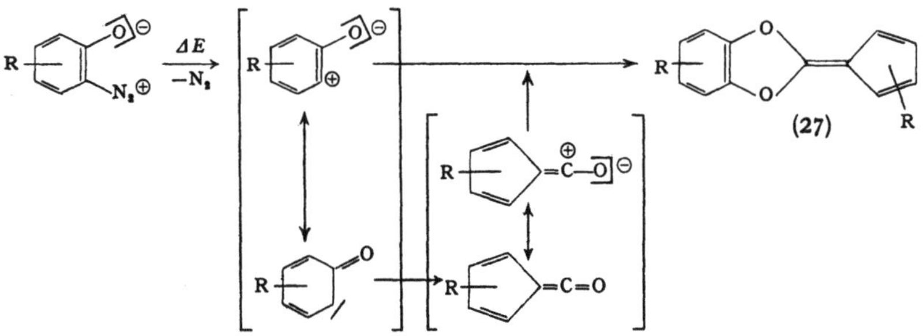

Diese Reaktion wurde in siedenden, wasserfreien Kohlenwasserstoffen (Xylol, Toluol) ausgeführt. Die trockene Zersetzung der o-Chinondiazide an heißen Metalloberflächen führte nur in Einzelfällen zu guten Dioxolausbeuten, sonst trat meist weitere Zersetzung ein (71).

Von einigen speziell substituierten o-Chinondiaziden konnte das Dioxol nicht dargestellt werden. Beim Chrysenchinondiazid läuft der Dioxolbildung aus sterischen Gründen eine Konkurrenzreaktion parallel (71).

Die Tabelle 3 zeigt einige Methylendioxole.

Tabelle 3. *2-Methylendioxole (71)*

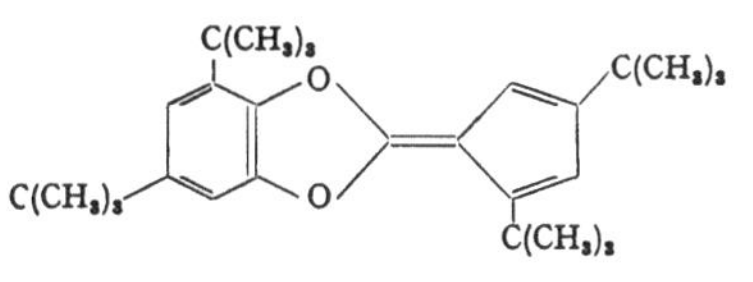

(27a) Fp 208° C; Ausb. 65%

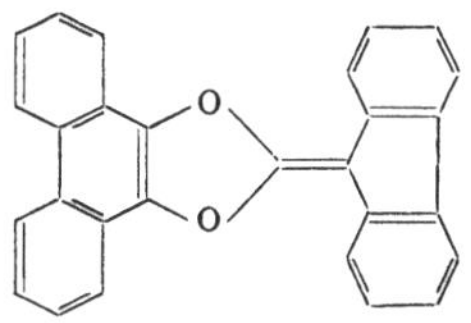

(27b) Fp 421° C; Ausb. 73%

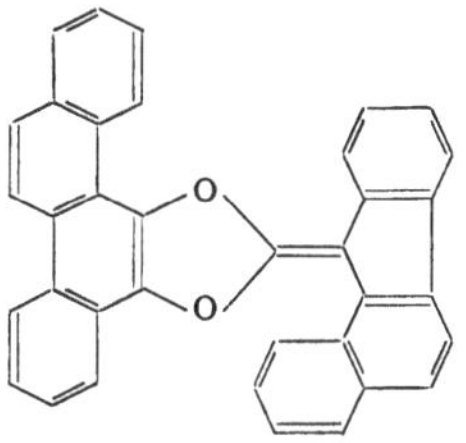

(27c) Fp 427° C; Ausb. 16%

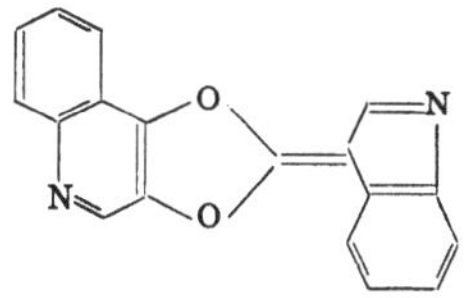

(27d) Fp 410—415° C; Ausb. 60%

Darstellungsmethode (71)

Zur thermischen Zersetzung von o-Chinondiaziden werden im allgemeinen zwei Methoden benutzt:

a) Eintropfmethode: Die Substanz wird in absolutem Xylol (notfalls in der Wärme) gelöst und aus einem Schlifftrichter langsam in siedendes Xylol getropft, das in einem kleinen Schliffkolben mit Steigrohr im Ölbad meist auf 160—180° C überhitzt gehalten wird. Die Lösung wird nach Beendigung des Eintropfens noch jeweils 1—2 Std im Sieden gehalten. Dabei kristallisieren die schwer löslichen Dioxole schon in der siedenden Lösung aus, in anderen Fällen tritt Kristallisation erst nach Kühlung ein.

b) Suspensionsmethode: Schwerlösliche Chinondiazide werden unter Xylol fein verrieben und in absolutem Xylol suspendiert. Diese Suspension wird dann in kleinen Anteilen in das überhitzt siedende Xylol gegeben.

2-[2.4-Bis-tert.-butyl-cyclopentadienyliden]-4'-6'-bis-tert.-butyl-
benzo[1'.2']-1.3-dioxol (27a)

6,0 g 4.6-Bis-tert.-butyl-benzochinon-(1.2)-diazid-(2) in 60 ml absolutem Xylol werden nach Methode a) in 30 ml siedendes Xylol getropft. Nach Einengen und Kühlen auf − 20° C über Nacht werden 3,5 g (65%) des gelben Dioxols isoliert und aus wenig heißem Benzol durch Zusatz von heißem Methanol umkristallisiert: feine hellgelbe Rautenbüschel, Fp 208° C.

Die 2-Methylen-dioxole zeigen hohe thermische Stabilität. Die Schmelzpunkte liegen meist über 200° C, bei den höher kondensierten Systemen sogar bis über 400° C. Im allgemeinen handelt es sich dabei um eine Zersetzung. Die große Festigkeit des Kristallgitters ist wohl durch den starren Bau der Dioxol-Molekel bedingt; letztlich ist die

Mesomerie des völlig durchkonjugierten Systems der Grund für die hohe Stabilität des Molekel.

Die Dioxole weisen durchweg eine gute Löslichkeit in chlorierten Kohlenwasserstoffen auf.

Entsprechend dem Fulven-Strukturanteil der 2-Methylendioxole sind diese durchweg gelb gefärbt [Diskussion des Farbverhaltens vgl. (71)], wobei mit steigender Ringanellierung die Farbintensität abnimmt. Der Eintritt eines N-Atoms in den Fulvenanteil bedingt Farblosigkeit.

In den 2-Methylendioxolen (27) ist das Strukturelement eines Enoläthers zweimal symmetrisch enthalten. Dies bedingt im IR-Spektrum das Auftreten zweier charakteristischer C=C-Banden, die in ihrer Intensität etwas verschieden, aber in ihrem Abstand voneinander weitgehend konstant sind. Für beide C=C-Schwingungen wurden durchschnittlich die Frequenzen 1691 ± 18 sowie 1648 ± 22 cm^{-1} gefunden. Die der Struktur C=C—O—C=C entsprechende Ätherbande liegt meist bei 1273 ± 6 cm^{-1}.

Bei der Einwirkung von Brom verhalten sich die 2-Methylendioxole wie Fulvenderivate: es erfolgt Substitution; die Fulvendoppelbindung bleibt erhalten.

Durch Kochen mit verdünnten Säuren gelingt die einseitige Aufspaltung des Dioxolringes, jedoch sind die einzelnen Dioxole sehr unterschiedlich empfindlich; einige sind dieser Reaktion nur unter drastischen Bedingungen zugänglich.

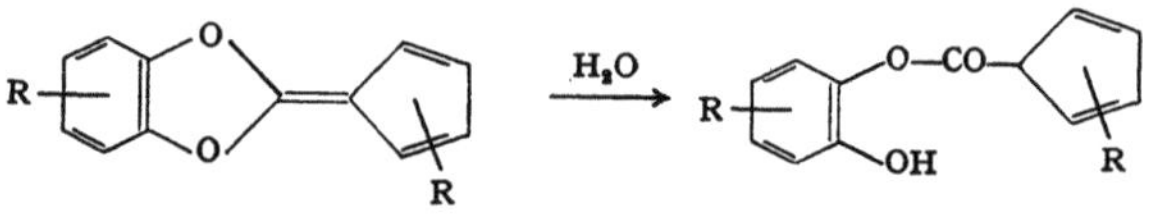

Durch Einwirkung von kalter konz. Schwefelsäure oder auch von wasserfreiem AlCl$_3$ oder FeCl$_3$ erfolgt unter Auftreten tiefer Färbungen doppelseitige Aufspaltung des Dioxolringes:

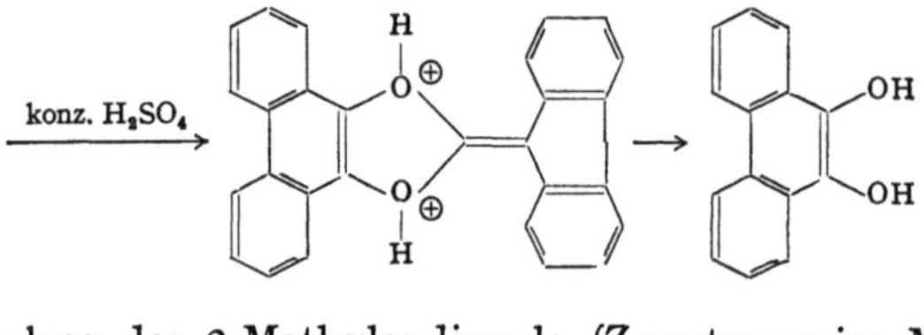

Bei der Pyrolyse der 2-Methylendioxole (Zersetzung im Metallbad bei ca. 450° C) wird in einer sicherlich radikalisch ablaufenden Reaktion spontan CO$_2$ abgespalten und der der „rechten" Molekülhälfte entsprechende Kohlenwasserstoff gebildet. Es findet somit eine Wasserstoffübertragung statt. Dabei bleibt es jedoch unklar, woher der Wasserstoff stammt und was aus der linken Molekülhälfte wird.

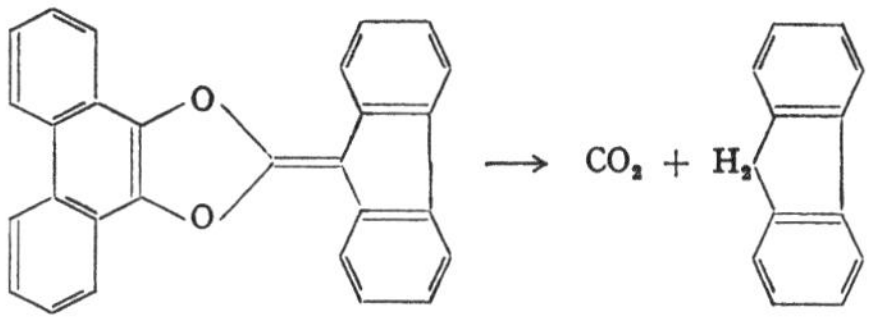

Zur präparativen Chemie der Diazocarbonylverbindungen

→ CO_2 + H_2

Die thermische Zersetzung des Acenaphthenchinondiazids (28) liefert kein Dioxol (72), sondern führt zu orangeroten Biacenaphthyliden-dion (29). Daneben entsteht Bis-acenaphthenchinon-ketazin (30) (73). Wird die Thermolyse von (28) in Lösung vorgenommen, so führt sie hauptsächlich zu (29), in der Schmelze vorwiegend zu (30):

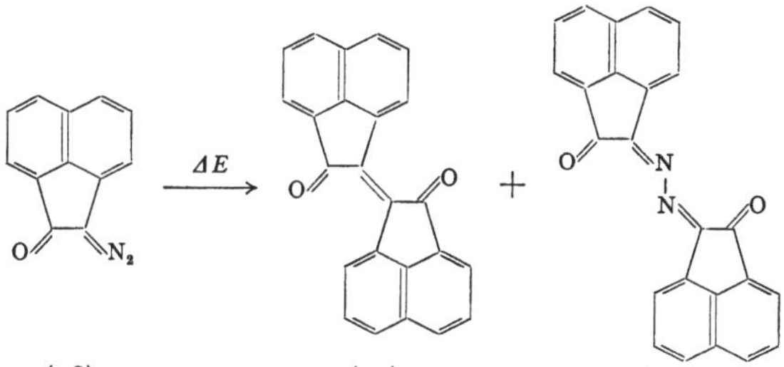

(28) (29) (30)

Die von Wolffscher Umlagerung begleitete Thermolyse oder *Photolyse von Diazoketonen und Chinondiaziden liefert Ketene*, von denen die meisten auf anderem Wege infolge ihrer Instabilität nicht erhältlich sind. Diese unbeständigen Ketene werden hier in situ erzeugt und lassen sich durch geeignete Reaktionspartner abfangen. Als Ketenfänger wurden beispielsweise o-Chinone eingesetzt, dabei wurden substituierte 3-Oxo-1.4-benzodioxane, z.B. (31) erhalten (74):

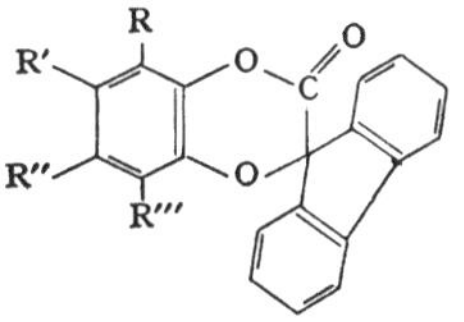

(31)   (a) $R=R'=R''=R'''=Cl$ bzw. Br (b)
        (c) $R=R''=tert.-C_4H_9$, $R'=R'''=H$

HORNER (12) beschrieb diese Reaktion am System Tetrachlor-o-chinon/Diphenylketen.

Findet nach der Stickstoffabspaltung keine Wolffsche Umlagerung zum Keten statt, z.B. beim Phenanthrenchinondiazid und Chrysenchinondiazid, so bilden sich aus o-Chinonen und Carben Chinonmonoacetale (32) (74):

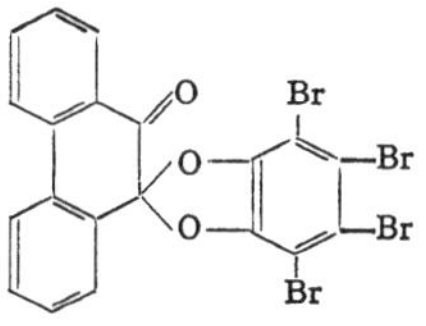

(32)

25

Die durch Photolyse von Diazoketonen bewirkte Ketenbildung wurde in einer Aldehydsynthese ausgenutzt: Die Photolyse von Diazoketonen in Gegenwart von 3.5-Dimethyl-pyrazol führt zu N_1-Acyl-3.5-dimethyl-pyrazolen. Diese können auch durch Thermolyse erhalten werden. Bei der nachfolgenden Hydrogenolyse mit $LiAlH_4$ werden die entsprechenden Aldehyde erhalten (75):

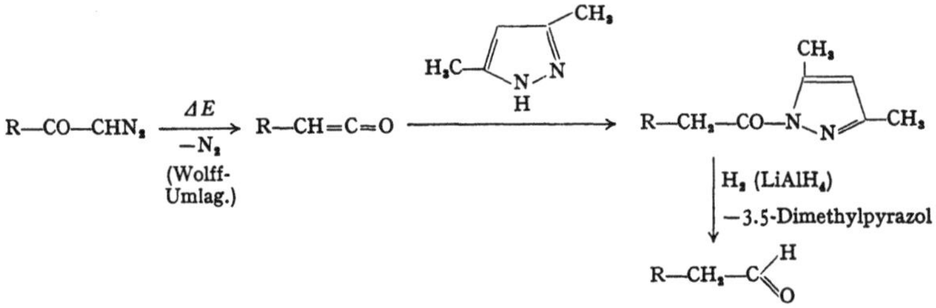

$$R-CO-CHN_2 \xrightarrow[-N_2]{\Delta E} R-CH=C=O \xrightarrow{} R-CH_2-CO-N \begin{array}{c} CH_3 \\ \diagup \\ N \end{array} CH_3$$

(Wolff-Umlag.)

$$\downarrow H_2 (LiAlH_4)$$
$$-3.5\text{-Dimethylpyrazol}$$

$$R-CH_2-C\begin{array}{c}H \\ \diagup \\ O\end{array}$$

In den letzten Jahren sind zahlreiche Arbeiten bekanntgeworden, die von Diazocarbonylverbindungen ausgehend über deren Thermo- oder Photolyse zu Folgereaktionen prinzipieller Art führen. Eine zentrale Rolle spielt hierbei das bei der Stickstoffabspaltung primär gebildete *Ketocarben*. In diesem Zusammenhang müssen vor allen Dingen die Ergebnisse HUISGENS Erwähnung finden.

Bei Verwendung geeigneter Diazocarbonylverbindungen und entsprechenden Reaktionsbedingungen gelingt es, die Wolffsche Umlagerung zu verzögern oder ganz zu unterbinden und das Ketocarben (76) als solches auf andere Systeme einwirken zu lassen. Wie nun HUISGEN zeigte, lassen sich diese Ketocarbene in ihrer zwitterionischen Grenzstruktur als 1.3-Dipole betrachten.

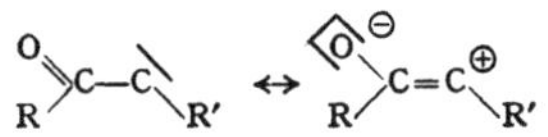

Sie lassen sich daher in einem Teil ihrer Reaktionen — neben anderen 1.3-Dipolen — in das allgemeine Schema der *1.3-Dipolaren Cycloaddition* (77—80) einordnen: Es werden dabei heterocyclische 5-Ringe gebildet.

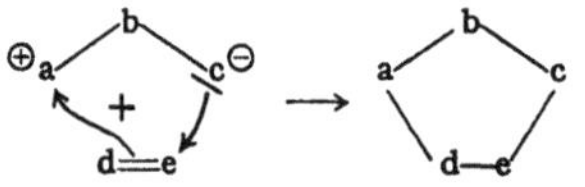

Nach HUISGEN (78) ist das Arbeiten mit Ketocarbenen möglich, wenn man von o-Chinondiaziden oder Diazoessigester ausgeht oder die Umlagerung der Ketocarbene mit Kupfer verlangsamt.

a) o-Chinondiazide. Bei den durch Thermolyse oder Photolyse aus den o-Chinondiaziden entstehenden Ketocarbenen ist die Geschwindigkeit der Wolffschen Umlagerung im Vergleich zu derjenigen offenkettiger Ketocarbene infolge Mesomeriestabilisierung geringer; die bei der Umlagerung auftretende Ringverengerung hebt den aromatischen Zustand auf, somit hat das aromatische Ketocarben eine etwas höhere Lebensdauer. Die Einführung elektronenanziehender Substituenten in den wandernden Rest verringert weiterhin die Umlagerungsfreudigkeit. So kommt z. B. beim 3.4.5.6-Tetrachlor-o-benzochinondiazid eine Wolffsche Umlagerung gar nicht mehr zustande. Die Thermolyse bzw. Photolyse dieses Chinondiazids [auch 4.6-Dichlor-o-benzochinondiazid-(2) sowie 4-Chlor-o-benzochinondiazid-(2) und Naphthochinon-(1.2)-diazid-(2) wurden verwendet] bietet daher eine ideale Ketocarbenquelle für zahlreiche Cycloadditionsversuche (78, 81—83) mit Dipolarophilen. Als solche kommen Systeme mit C=S-Doppelbindungen (Schwefelkohlenstoff, Phenylsenföl, Thiobenzoesäure-äthylester) bei Thermolyse und zum Teil bei Photolyse, ferner aliphatische Ketone (Cyclohexanon, Aceton) bei Photolyse, Nitrile (Benzonitril, α-Naphthonitril, Acetonitril, Cyanameisensäure-äthylester) bei Thermolyse und (bzw.) bei Photolyse, Azomethine (Benzalmethylamin) bei Thermo- und Photolyse (führt zum Benzonitriladdukt), Phenylisocyanat bei Thermolyse, Alkine (Phenylacetylen, Diphenylacetylen, Acetylendicarbonsäure-dimethylester, Phenylpropiolsäure-äthylester, 1-Phenyl-2-benzoylacetylen) bei Thermolyse sowie schließlich Alkene (Styrol, trans-Stilben, cis-Stilben, Dimethylfumarat, Dimethylmaleinat, Zimtsäure-äthylester, Bicyclo[2.2.1]-hepten-(2)-dicarbonsäure-(5.6)-dimethylester) bei Thermolyse in Frage (81—83).

Als Beispiele seien die Addukte des Tetrachlor-o-chinondiazids mit Schwefelkohlenstoff (33), mit Benzonitril (34) und mit Phenylacetylen (35) genannt (Tabelle 4).

Tabelle 4. *1.3-Cycloaddukte* (HUISGEN) *(81—83)*

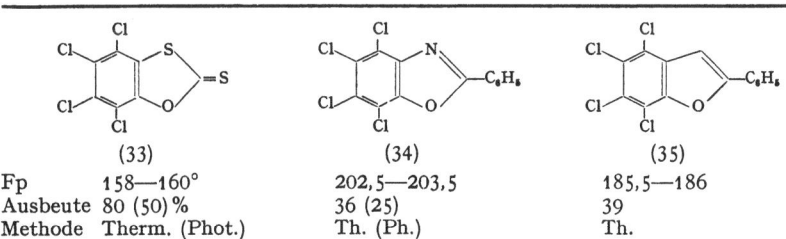

	(33)	(34)	(35)
Fp	158—160°	202,5—203,5	185,5—186
Ausbeute	80 (50)%	36 (25)	39
Methode	Therm. (Phot.)	Th. (Ph.)	Th.

Darstellungsmethode (nach HUISGEN) *(81)*. *4.5.6.7-Tetrachlor-2-phenyl-benzoxazol (34)*

a) Thermolyse: 3,44 g Tetrachlor-o-chinondiazid in 100 ml frisch destilliertem Benzonitril entwickeln in 165 min bei 130° C 96% Stickstoff. Überschüssiges Nitril wird unter 11 Torr abdestilliert, der teilkristalline Rückstand aus Benzol/Aceton umgelöst: 1,28 g (34) mit Fp 199—200° C. Aus dem Mutterlaugen-Rückstand destillieren bei 200—240° C (Bad)/0,05 Torr 2,5 g dunkelrotes Öl, dessen ätherische Lösung mit 2 n NaOH von sauren Anteilen befreit wird. Einengen der organischen Phase gibt weitere 0,32 g (34), zusammen 36%. Sublimation bei 160° C/0,0001 Torr, dann Umlösen aus Benzol/Aceton ergibt farblose verfilzte Nadeln, Fp 202,5—203,5° C.

b) *Photolyse*: 1,64 g Tetrachlor-o-chinondiazid in 75 ml Benzonitril spalten bei vierstündiger UV-Bestrahlung (wassergekühlte Quarz-Tauchlampe mit Quecksilber-Hochdruckbrenner Q 81 der Quarzlampen-Ges. Hanau) 97% Stickstoff ab. Obige Aufarbeitung ergibt 25% (34).

Erstmals gelang es DE JONGE u. Mitarbb. (*84*) das bei der Zersetzung von o-Chinondiaziden intermediär entstehende Ketocarben abzufangen, ehe es zur Wolffschen Umlagerung kommt. Bei der Photolyse in wäßriger Lösung gelingt es, bei Zusatz von Mineralsäure mit wachsender $H^{\oplus}$-Ionenkonzentration steigende Mengen des Phenols zu isolieren, da die Addition des Protons die Umlagerung unterbindet:

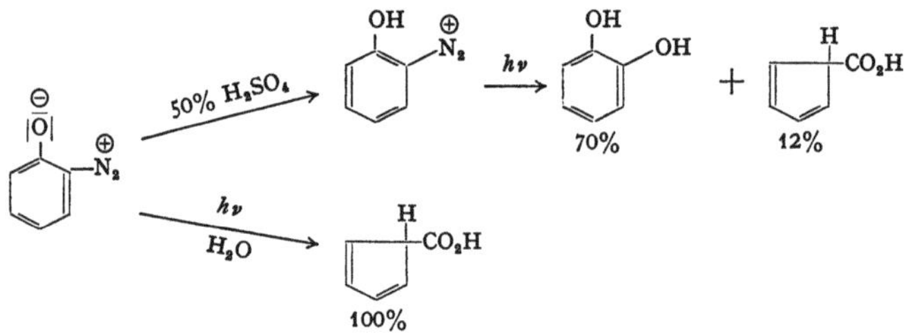

b) Diazoessigester. Beim Zerfall des Diazoessigesters tritt keine Wolffsche Umlagerung ein, da die Alkoxylgruppe allgemein keine Wanderungsneigung zeigt. Die Zerfallsreaktionen des Diazoessigesters waren daher die ersten typischen Beispiele aus der Carbenchemie. Das bei der Stickstoffabspaltung entstehende Äthoxycarbonylcarben addiert sich in bekannter Reaktion an CC-Mehrfachbindungen unter Ausbildung von dreigliedrigen Ringen. Besonders bedeutsam ist es daher, daß der Diazoessigester beim thermischen oder kupferkatalysierten Zerfall in Nitrilen (Benzonitril, Acetonitril, Phenylacetonitril) eine 1.3-dipolare Cycloaddition zu 5-Ringen (5-Äthoxyoxazole) (36) eingeht (*85*):

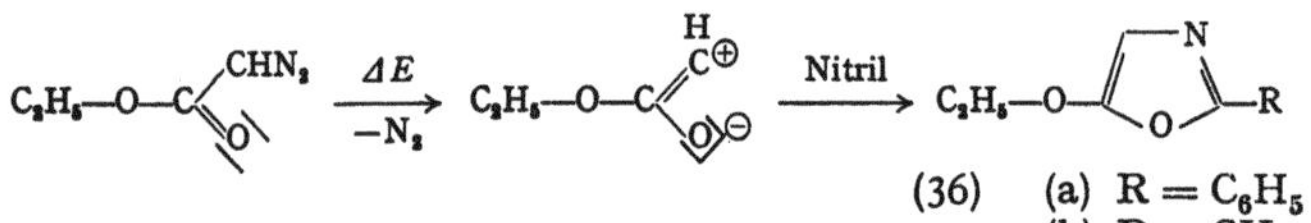

(36) (a) $R = C_6H_5$
      (b) $R = CH_3$
      (c) $R = CH_2-C_6H_5$

Wie neuere Arbeiten zeigen (*86*), vermag das Äthoxycarbonylcarben auch mit CC-Mehrfachbindungs-Systemen (Tolan, 1-Phenylpropin) 1.3-Cycloaddition zu Furanderivaten einzugehen, wenn man die Umsetzung in Gegenwart von Kupfersulfat unter bestimmten Bedingungen durchführt.

Wegen der geringen Wanderungsneigung des Trifluormethylrestes bietet sich auch in dem Trifluoracetyl-äthoxycarbonyl-carben (37)

$$CF_3-CO-\overline{C}-CO_2C_2H_5 \qquad (37)$$

ein relativ stabiles Ketocarben an (87).

c) *Abfangen der Ketocarbene bei der Thermolyse von Diazoketonen.* Die bei der Thermolyse von Diazoketonen auftretenden Ketocarbene erleiden normalerweise sofort Wolffsche Umlagerung, so daß intermolekulare Reaktionen praktisch nicht ablaufen können.

Durch Komplexbildung mit Kupfer, durch Einführung elektronenanziehender und dadurch weniger wanderungsfreudiger Substituenten oder aber durch die Ausnutzung von Ringspannung kann die Lebensdauer der Ketocarbene jedoch erhöht werden.

Die Rolle des Kupfers ist sehr bemerkenswert, wenn auch noch nicht im einzelnen völlig geklärt. Silberionen (18) katalysieren die Stickstoffabspaltung aus Diazoketonen, aber anschließend wird das Ketocarben freigegeben und erleidet Umlagerung zum Keten.

Kupfer oder Kupfer(II)-oxyd bewirken in gleicher Weise die Zersetzung des Diazoketons, jedoch erfährt das entstehende Ketocarben eine Fixierung derart, daß es nicht mehr, oder nur noch erschwert, zur Wolffschen Umlagerung kommt. Es schließen sich dann bekannte Folgereaktionen an, z.B. die Dimerisierung zu Äthylenderivaten (GRUNDMANN) (88), oder es erfolgt Anlagerung an Olefine unter Bildung von Cyclopropanen (89).

Als Erklärung für die Wirkung des Kupfers darf wohl angenommen werden, daß durch Komplexbildung des Ketocarbens mit Kupfer oder (und) Kupferionen das Energieniveau des Ketocarbens gesenkt wird. Dadurch wird eine für Umsetzungen genügende Lebensdauer dieser Zwischenstufe erreicht (78, 90). Bei der Thermolyse des Benzoyldiazomethans in einem großen Überschuß Benzonitril bei 150° C erfolgt hauptsächlich Wolffsche Umlagerung; es werden schließlich Butenolide isoliert. Nur in geringer Ausbeute von 0,4% konnte dabei 2.5-Diphenyloxazol (38) als das Produkt der 1.3-dipolaren Cycloaddition an das Benzonitril gefaßt werden.

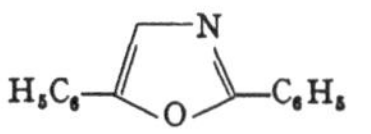

$$H_5C_6-\underset{O}{\overset{N}{\diagdown}}-C_6H_5 \qquad (38)$$

Setzt man der Reaktion Kupfer oder Kupferverbindungen zu, so wird in wesentlich höheren Ausbeuten die Verbindung (38) erhalten. Kupfer(I)-cyanid erwies sich dabei mit einer Ausbeute von 16,5% an (38) am wirksamsten (90). Analog verlief die Zersetzung des Diazoacetons in

Benzonitril in Gegenwart von Kupferbronze. Ebenso führte der kupferkatalysierte Zerfall von Benzoyldiazomethan in Diphenylacetylen/Xylol zur erwarteten Cycloaddition (8% 2.3.5-Triphenylfuran) (*90*).

Darstellungsmethode (nach HUISGEN) (*90*)

Zerfall von Benzoyldiazomethan in Gegenwart von Zusätzen: In einem 150 ml Dreihalskolben mit Tropftrichter, Rührer mit Hg-Verschluß sowie Verbindung zum Nitrometer werden 1,0 g Kupfer(I)-cyanid (oder 1,0 g Kupferbronze bzw. andere Cu-Verbindungen) in 50 ml Benzonitril vorgelegt und unter Rühren mit 5 ml einer Lösung von 10—12 mMol Benzoyldiazomethan in 25 ml Benzonitril versetzt. Die Badtemperatur wird gesteigert bis die Gasentwicklung einsetzt. Bei konstanter Temperatur läßt man dann nach 10 min die restliche Diazoketonlösung innerhalb von 20—30 min einfließen. Nach weiteren 30 min ist die Stickstoff-Entbindung mit 87—96 Mol-% abgeschlossen. Nach Erkalten wird vom Katalysator abgetrennt, im Vakuum eingeengt und von ätherlöslichen Anteilen befreit. Im Anschluß an die Hochvakuum-Destillation läßt sich mitunter ein Teil des 2.5-Diphenyloxazols (38) aus Äthanol direkt kristallisieren, der Rest wird als Pikrat gefällt. Die erwähnten, in Äther unlöslichen Anteile digeriert man mit konz. Salzsäure, wobei die Kupferverbindungen in Lösung gehen und nimmt nach Filtrieren in Äthanol auf. Mit Pikrinsäure kann dann weiteres Addukt gefällt werden. Ausbeute an (38): mit Kupfer(I)-cyanid 16,5%, mit Kupferbronze (= Kupferschliff) 16%. Fp 71—72° C. Pikrat Fp 172—174° C. (Die Zersetzung des Pikrates erfolgt mit 2 n NaOH/Methylenchlorid.)

Durch Einführung elektronenanziehender Substituenten wird die Wanderungstendenz von Phenylgruppen bei Sextettumlagerungen, also auch bei der Wolffschen Umlagerung, verringert. Bei der Thermolyse von p-Chlor- bzw. von p-Nitro-benzoyldiazomethan in Benzonitril kommt es daher zur Oxazolbildung (39) (*90*):

$$R-\langle\rangle-\langle\stackrel{N}{\underset{O}{}}\rangle-C_6H_5 \qquad (39)$$

(a) R = Cl
(b) R = NO$_2$

Nach Ausführung HUISGENS haben die zu (39) führenden Cycloadditionen für das Auftreten des Ketocarbens als Zwischenstufe bei der Wolffschen Umlagerung größere Beweiskraft als die durch Kupferzusatz bewirkten Reaktionen, da bei letzteren möglicherweise ein von der thermischen Reaktion abweichender Weg beschritten wird (*90*). Interessant ist, daß sich die beiden, die Ketocarbenstufe stabilisierenden Effekte, nämlich Bindung an Kupfer und Einführung elektronenanziehender Substituenten, nicht additiv auf die Abfangreaktion auswirken. So sinkt z.B. die Oxazolausbeute bei der zu (39) führenden Reaktion bei Kupferkatalyse wesentlich ab (*90*).

Geht mit der Wolffschen Umlagerung eine Ringverengerung unter Zunahme der Ringspannung einher, so ist die Umlagerung der Ketocarbenzwischenstufe ebenfalls verzögert und das Eintreten intermolekularer Abfangreaktionen begünstigt. Dies zeigt die Thermolyse des 2-Diazo-4.7-dimethyl-indanons-(1) in Benzonitril bei 185°C, bei der neben anderen Verbindungen zu 11% das kondensierte Oxazol (40) entsteht; Kupfer erhöht die Ausbeute auf 34% (90). Die Photolyse der genannten Diazoketone in Benzonitril liefert praktisch keine Oxazole (90).

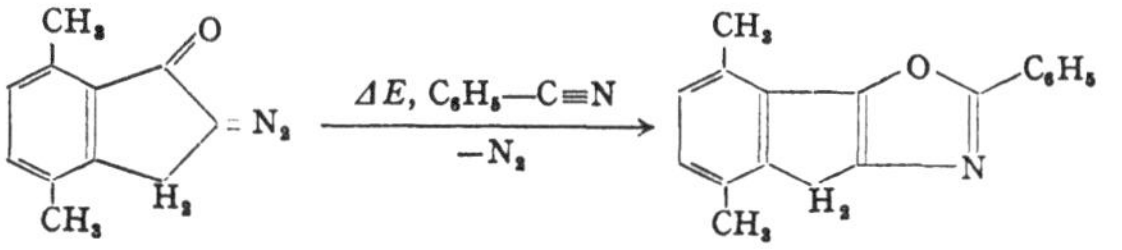

$$\text{Diazoindanon} \xrightarrow[-N_2]{\Delta E,\ C_6H_5-C\equiv N} \text{Oxazol} \quad (40)$$

COWAN, COUCH, KOPECKY und HAMMOND (91) konnten das bei der Photolyse von Benzoyldiazomethan in Cyclohexen entstehende Ketocarben mit Cyclohexen abfangen; in etwa 10%iger Ausbeute entsteht dabei das 7-Benzoylnorcaran (41). Durch Radikalübertragungsreaktionen werden erhebliche Anteile an Acetophenon und Bicyclohexenylen erhalten.

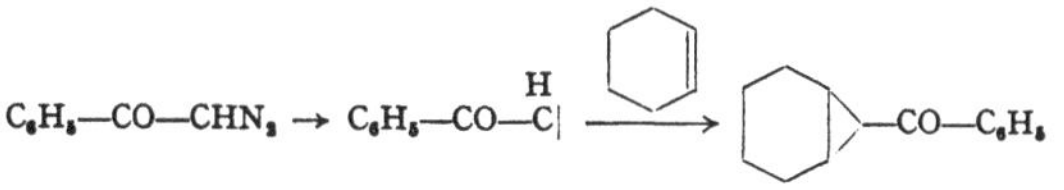

$$C_6H_5-CO-CHN_2 \rightarrow C_6H_5-CO-\overset{H}{C}| \xrightarrow{\bigcirc} \text{Norcaran-CO-}C_6H_5 \quad (41)$$

Auch bei diesem Beispiel führt die Verwendung von CuO oder CuSO$_4$ zu höheren Ausbeuten an (41). In gleicher Weise erfolgt Anlagerung des aus Benzoyldiazomethan entstehenden Ketocarbens an Buten-(2) unter Bildung des substituierten Cyclopropans.

Weitere Carbenreaktionen

Intramolekulare Cyclisierungen. Durch längeres Kochen nachstehenden ungesättigten Diazoketons in Cyclohexan in Gegenwart von Kupferbronze gelang die intramolekulare Cyclisierung unter Bildung des [0.1.4]-Bicycloheptanons-(2) (42) (92):

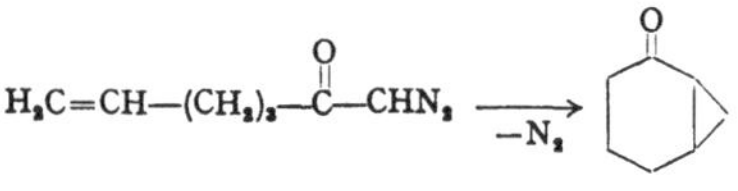

$$H_2C=CH-(CH_2)_3-\overset{O}{\underset{}{C}}-CHN_2 \xrightarrow{-N_2} \text{Bicycloheptanon} \quad (42)$$

Durch kupferkatalysierte Cyclisierung monocyclischer olefinischer Diazoketone werden tricyclische Ketone (43) erhalten (93):

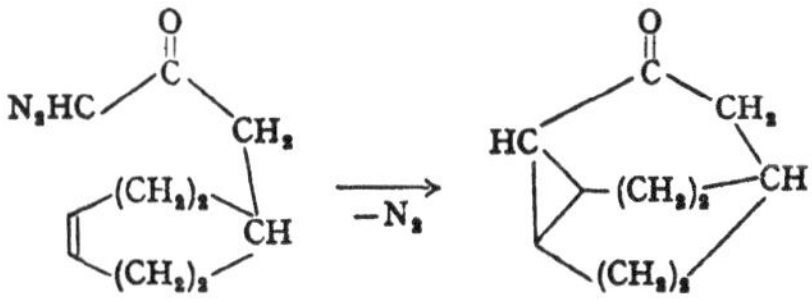

$$\xrightarrow{-N_2} \quad (43)$$

Einwirkung von Diazoessigester auf Tetraallylsilan. Diese kupfersalzkatalysierte Umsetzung führt zu den Produkten (44) (*94*):

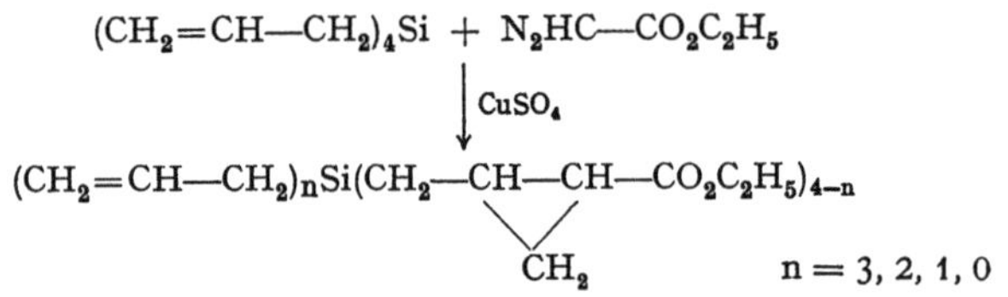

$$(CH_2=CH-CH_2)_4Si + N_2HC-CO_2C_2H_5 \xrightarrow{CuSO_4}$$

$$(CH_2=CH-CH_2)_nSi(CH_2-CH-CH-CO_2C_2H_5)_{4-n} \quad \quad (44)$$
$$\underset{CH_2}{\vee} \quad n = 3, 2, 1, 0$$

Durch kupferkatalysierte Verkochung von cyclischen Diazodicarbonylverbindungen, z.B. 2-Diazo-indandion (*95*) mit Eisessig werden die Acetoxy-dicarbonylverbindungen z.B. (45) erhalten:

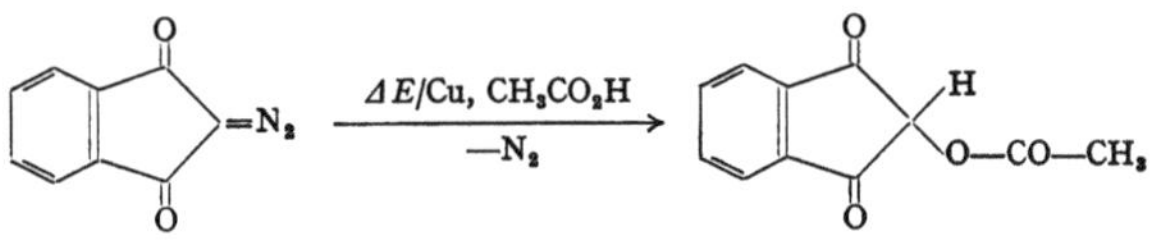

$$\text{[Struktur]} \xrightarrow[-N_2]{\Delta E/Cu,\ CH_3CO_2H} \text{[Struktur]} \quad (45)$$

Bei der *Photolyse* von Trichloracryloyl-diazoessigester tritt, wie jüngst gezeigt werden konnte (*96*), zumindest teilweise eine Wolffsche Umlagerung ein; es wird ein dimeres Keten (46) isoliert:

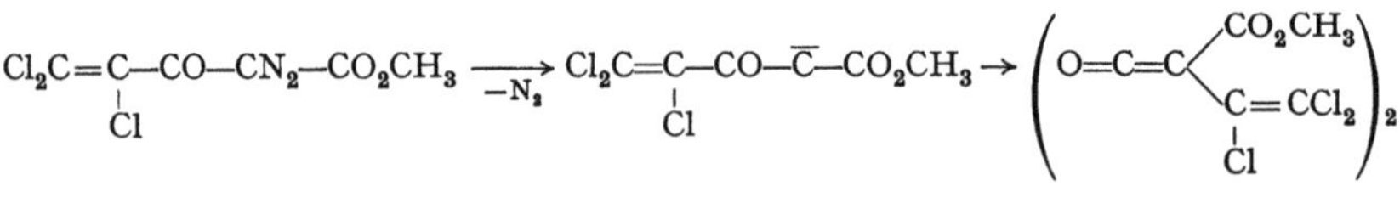

$$Cl_2C=\underset{Cl}{\overset{|}{C}}-CO-CN_2-CO_2CH_3 \xrightarrow{-N_2} Cl_2C=\underset{Cl}{\overset{|}{C}}-CO-\overline{C}-CO_2CH_3 \rightarrow \left(O=C=C\underset{\underset{Cl}{|}}{\overset{CO_2CH_3}{\diagup}}_{C=CCl_2}\right)_2 \quad (46)$$

Die *Photo- und Thermolyse* neu dargestellter Chinondiazide, z.B. des Benzosuberan-3.2-diazoxyds (47) wurde von SMITH und BERRY (*97*) untersucht.

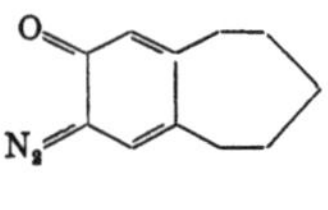

$$\text{[Struktur]} \quad (47)$$

Nachweis von Biradikalen bei der Zersetzung von Chinondiaziden. DEWAR und JAMES (*98*) konnten nachweisen, daß bei der Thermolyse von 2.6-Dibrom-benzochinon-(1.4)-diazid-(4) in einigen aromatischen Lösungsmitteln ein Diradikal (48) als Zwischenstufe auftritt:

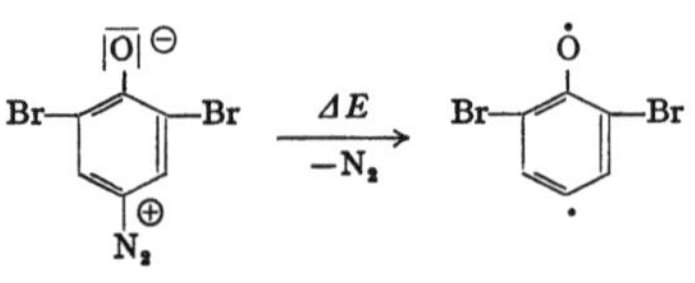

$$\text{[Struktur]} \xrightarrow[-N_2]{\Delta E} \text{[Struktur]} \quad (48)$$

KUNITAKE und PRICE (*99*) fanden bei der Thermolyse und Photolyse des 2.6-Dimethyl-benzochinon-(1.4)-diazids-(4) in chlorierten Kohlenwasserstoffen die Bildung eines Zwischenproduktes, das Diradikalcharakter (49) zeigt:

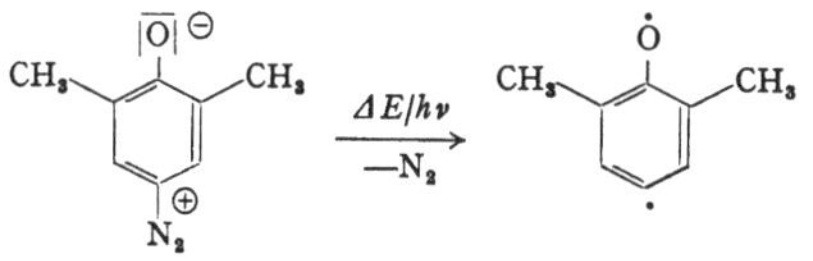

(49)

Wolffsche Umlagerung an einem cyclischen Diazodiketon beobachtete STETTER (*100*) bei der Thermolyse des 2-Diazodihydroresorcins (50) in Xylol bei 140° C. Nach Stickstoffabspaltung und Wolffscher Umlagerung treten zwei Moleküle des gebildeten Ketens in cyclischer 1.4-Addition unter Bildung von (51) zusammen:

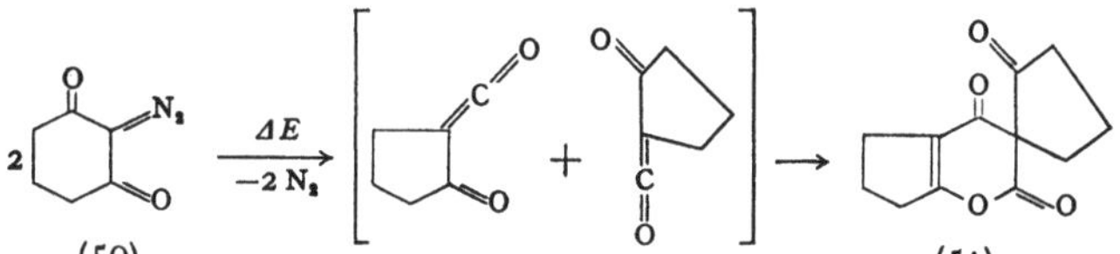

(50)   (51)

Eine Bestätigung der Struktur von (51) gibt die Thermolyse von (50) in Gegenwart von Diphenylketen, die zu der analogen Verbindung (52) führt (*100*):

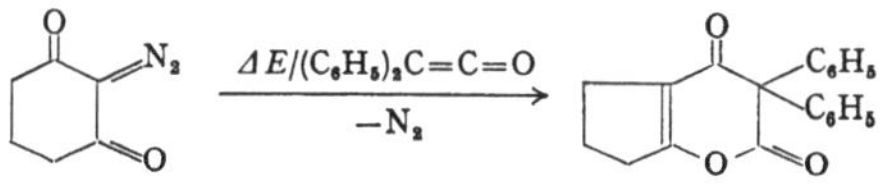

(52)

Bei beiden Reaktionen handelt es sich somit um die Umsetzung zwischen zwei Ketenen und nicht um die Umsetzung einer Diazocarbonylverbindung mit einem Keten, auf die unten ausführlich eingegangen wird.

4. Einwirkung von Ketenen auf Diazocarbonylverbindungen

a) Auf o-Chinondiazide (*102*)

Nachdem erkannt worden war, daß bei der Thermolyse der o-Chinondiazide eine Reaktion des dabei entstehenden korrespondierenden Ketens mit dem intermediären Carben stattfindet (vgl. S. 22) (*70, 71*), wurde die Reaktion der o-Chinondiazide mit verschiedenen „Fremd"-Ketenen untersucht (*101, 102*):

Mit Diphenylketen (102)

Die Umsetzung äquivalenter Mengen der o-Chinondiazide mit Diphenylketen *(103)* bei einer Temperatur von meist ca. 0° C bzw. Zimmertemperatur führt zu Monoaddukten. Bei Reaktion von 2 Moll. Diphenylketen mit 1 Mol o-Chinondiazid kommt es rasch zu exothermer Bildung des entsprechenden Diadduktes. Beide Reaktionen werden in Äther oder Xylollösung unter CO_2 durchgeführt.

Die Diaddukte mit Diphenylketen werden in allen Fällen erhalten, und zwar in meist sehr guten Ausbeuten. Die Reaktion kann auf Grund ihrer Zuverlässigkeit als Nachweisreaktion für o-Chinondiazide (z.B. zur Unterscheidung von p-Chinondiaziden) herangezogen werden. Eine Dioxolbildung wird bei der Umsetzung mit Diphenylketen nicht beobachtet.

Die Bildung der Monoaddukte mit Diphenylketen kann auf Schwierigkeiten stoßen, wenn die Bildungsgeschwindigkeit des Monoadduktes geringer ist als die des Diadduktes. Es entsteht dann vorwiegend das Diaddukt, beispielsweise beim Phenanthrenchinon-(9.10)-diazid und beim Tetrachlorbenzochinon-(1.2)-diazid. Bei Zugabe des Diphenylketens zum völlig gelösten Chinondiazid (bei Raumtemperatur) und anschließendem ruhigen Stehenlassen in der Kälte ist die Kristallisation von Monoaddukt begünstigt.

Die Überführung der Monoaddukte in Diaddukte gelingt leicht, wenn sie in Suspension mit der äquivalenten Menge Diphenylketen umgesetzt werden. Das Diaddukt scheidet sich dabei in dem Maße aus, wie sich das Monoaddukt löst.

Die Monoaddukte sind leuchtend gelbe, kristalline Verbindungen, die sich beim Lagern und in Lösung zersetzen. Ihre Zersetzungspunkte liegen niedriger als die der entsprechenden Diaddukte.

Die Diaddukte sind farblose Verbindungen, sofern nicht zusätzlich ein farbgebendes System im Molekül vorhanden ist. Bei 150—200° C erleiden sie Zersetzung unter Abspaltung von Diphenylketen. In Lösung erfolgt die Thermolyse bereits bei niedrigerer Temperatur.

Die Konstitutionsaufklärung *(102)* wurde insbesondere an den aus Phenanthrenchinon-(9.10)-diazid und Diphenylketen erhaltenen Addukten durchgeführt. Die IR-, UV- und NMR-spektroskopischen Untersuchungen unter Berücksichtigung des chemischen Verhaltens, besonders im Zusammenhang mit alkalischen Spaltungen zeigten, daß in den Monoaddukten substituierte heterocyclische Siebenringsysteme (1.4.5-Oxadiazepine) (53d) vorliegen, die mit einem zweiten Mol Diphenylketen in Siebenringe mit ankondensierten 4-Ringen (54d) übergehen:

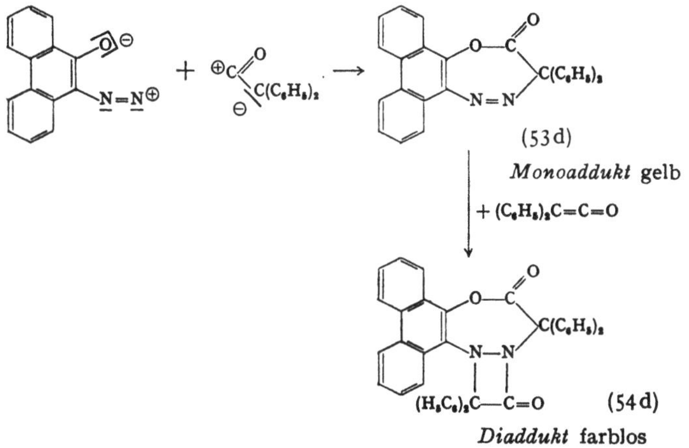

[Reaction scheme showing phenanthrene diazo compound + diphenylketene → Monoaddukt (53d) gelb → + (C₆H₅)₂C=C=O → Diaddukt (54d) farblos]

Es ist wenig wahrscheinlich, daß der Ringschluß zwischen dem Doppelbindungspartner (Diphenylketen) und dem planaren 1.5-Dipol des Chinondiazids in Analogie zu der 1.3-dipolaren Cycloaddition (77, 79) stattfindet. Die Beobachtung bei der Umsetzung von Diazoketonen mit Ketenen (111) deutet vielmehr darauf, daß der erste Schritt der Anlagerung in einem Angriff auf den polarisierten Carbonylsauerstoff besteht. Während der nicht genügend mesomeriestabilisierte Übergangszustand bei den Diazoketonen sofort unter N_2-Abspaltung zur Bildung von γ-Lactonen (β.γ-Butenoliden, vgl. S. 43 ff.) führt (111), genügt die Stabilisierung durch das aromatische System des Chinondiazids dafür, daß es hier zum Ringschluß unter Erhaltung des Stickstoffes kommt (102):

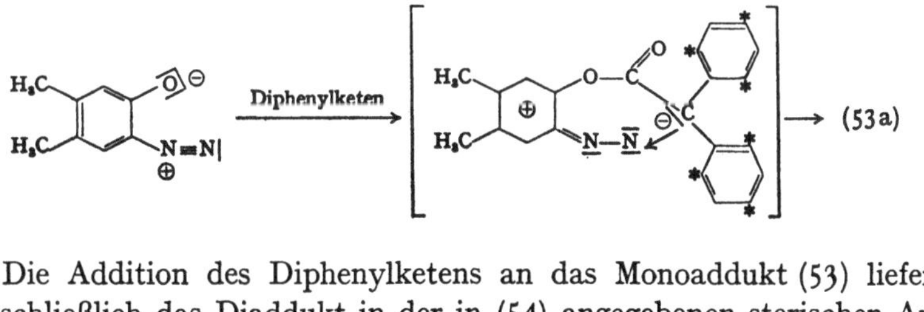

[Reaction scheme: dimethyl-substituted chinondiazid + Diphenylketen → intermediate → (53a)]

Die Addition des Diphenylketens an das Monoaddukt (53) liefert ausschließlich das Diaddukt in der in (54) angegebenen sterischen Anordnung des zweiten Diphenylketenrestes. Diese völlige Einheitlichkeit der Substanz beweist die Stereoselektivität der Ketenaddition (102).

Bereits STAUDINGER (103) hat die Addition von Diphenylketen an Azobenzol nachgewiesen. Wie man inzwischen erkannt hat, erfolgt dabei die Addition nur an die cis-Form der Azobindung. Das Atomkalottenmodell von (53d) zeigt, daß die cis-Azobindung eine sehr exponierte Stellung im Molekül einnimmt. Die gute Reaktionsfähigkeit unter Bildung von (54d) wird daher verständlich (102).

In den Tabellen 5 und 6 seien einige der dargestellten (*102*) Mono- und Diaddukte aufgeführt.

Tabelle 5. *1:1-Addukte aus o-Chinondiaziden und Diphenylketen (1.4.5-Oxadiazepine)* (*102*)

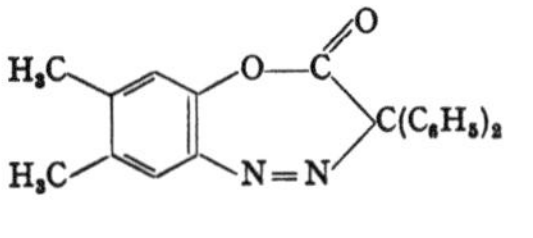

(53a) Fp 123° C (Zers.); Ausb. 95%

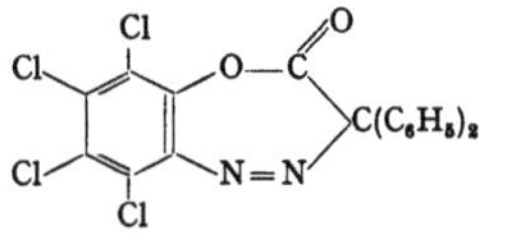

(53b) Zers. ab 95° C

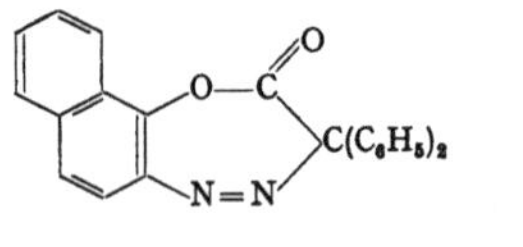

(53c) Fp 118° C (Zers.); Ausb. 62%

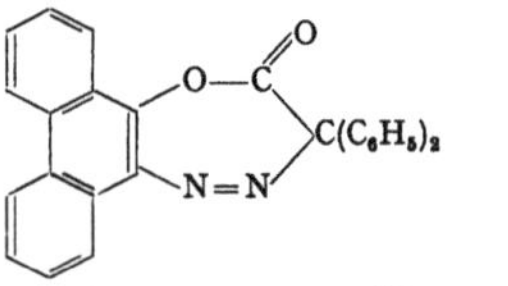

(53d) Zers. ab 100° C; allmählicher Übergang ins Diaddukt; Ausb. 25%

Tabelle 6. 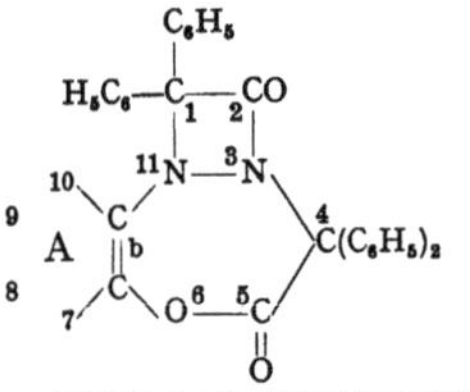 1:2-Addukte aus o-Chinondiaziden und Diphenylketen (*102*) (*b-substit.2.5-Dioxo-1.1.4.4-tetraphenyl-diazetidino-[1.2-d] perhydro [1.4.5]-oxadiazepine*)

Verb.	A	Fp [°C]	Ausb. [%]
(54a)	7.9-Dichlor-benzo	109	81
(54b)	7.8.9.10-Tetrachlor-benzo	211	45
(54c)	Naphtho[1.2-b]	193	75
(54d)	Phenanthro[9.10-b]	175	70

Die Monoaddukte (53) zeigen im IR-Spektrum die charakteristische Lactonbande vom Typ eines Vinylesters bei 1770—1780 cm^{-1}. Im UV-Spektrum wird der Azochromophor (cis-Form) sichtbar (*102*).

Die Lactonbindung der Monoaddukte wird durch Alkali aufgespalten unter Rückbildung des Chinondiazids (*102*):

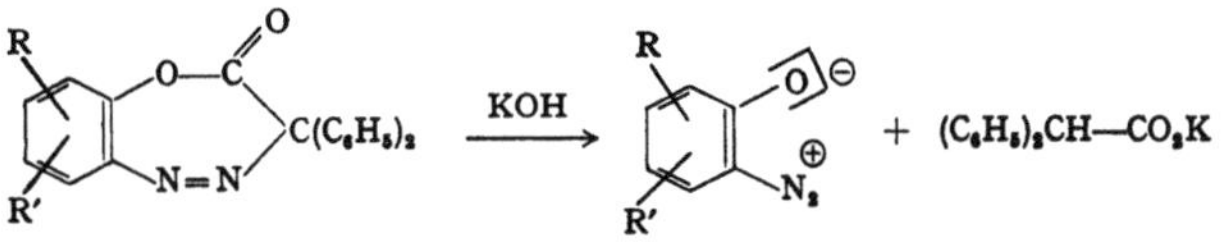

Bei Aufspaltung mit methanolischem KOH in Gegenwart kuppelnder Phenole werden mit dem entstehenden Chinondiazid isolierbare Azofarbstoffe gebildet.

Dieser Versuch versagt bei den Diaddukten völlig, da hier eine Rückbildung des Chinondiazids infolge der blockierenden Wirkung des Vierringes nicht mehr möglich ist. Die Alkalispaltungen der Diaddukte sind je nach Reaktionstemperatur und Art des Alkalis verschiedenartig (102).

Bei kurzer Einwirkung von kalter 10%iger methanolischer Kalilauge auf das Diaddukt [z.B. (54d)] wandeln sich dessen weiße Nädelchen langsam in eine Suspension feiner gelber Prismen um. Es handelt sich dabei um eine alkalikatalysierte Methanolyse, bei der zunächst eine Umesterung des Lactons erfolgt. Der Siebenring wird dabei aufgesprengt und der angegliederte gespannte Vierring erzwingt die Ausbildung eines chinoiden Systems unter Aufspaltung der N—N-Bindung. Das Proton des Methanols tritt schließlich an den basischen Stickstoff zu Produkt (55). Durch saure Hydrolyse wird aus (55) Phenanthrenchinon abgespalten unter Bildung von (56).

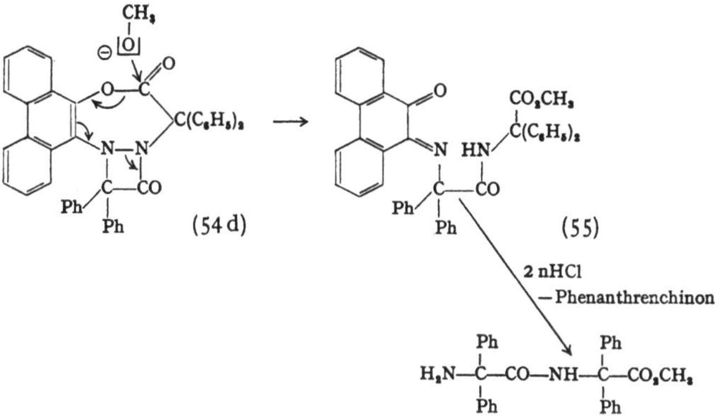

Läßt man siedende wäßrige Natronlauge unter Zusatz von etwas Dithionit auf das Diaddukt (54d) einwirken, so erfolgt Spaltung zu Diphenylacetamino-diphenylessigsäure (57):

$$(54\,d) \xrightarrow[Na_2S_2O_4]{2\,n\,NaOH} \underset{Ph}{\overset{Ph}{HC}}-CO-NH-\underset{Ph}{\overset{Ph}{C}}-CO_2H \quad (57)$$

Wird das Diaddukt (54d) mit kalter 10%iger äthanolischer Kalilauge gespalten, so isoliert man nach dem Ansäuern mit Salzsäure neben Phenanthrenchinon das Hydrochlorid der dem Ester (56) zugrunde liegenden Aminocarbonsäure (102).

Darstellungsmethoden (102)

1:1-Addukte

2-Oxo-7.8-dimethyl-3.3-diphenyl-2.3-dihydro-1.4.5-benzoxadiazepin (53a). 0,5 g 4.5-Dimethyl-benzochinon-(1.2)-diazid (57) werden in 10 ml absolutem Äther mit 0,8 g Diphenylketen unter CO_2 versetzt. Aus dem sofort gekühlten Ansatz kristallisieren feine, olivfarbene Prismen; Ausbeute 1,1 g (95%). Kanariengelbe Prismen aus Benzol/Petroläther Fp 123° C (Zers.).

2-Oxo-3.3-diphenyl-2.3-dihydro-phenanthro[9.10-b]-1.4.5-oxadiazepin (53d):
4,4 g Phenanthrenchinon-(9.10)-diazid *(10)* werden in 40 ml absolutem Xylol warm gelöst und 4 g Diphenylketen vor Beginn der Kristallisation zugegeben. Die rasch beginnende Ausscheidung der feinen Nadeln des Diadduktes (54d) läßt man ohne Schütteln im Kühlschrank zu Ende gehen und trennt dann durch Schweretrennung in Petroläther (verschiedene Sedimentationsgeschwindigkeit in schmalen, hohen Zylindern, mehrmals wiederholt) die kleinen gelben Kristalle von (53d) ab. Rohausbeute ca. 2 g (25%). Feine gelbe Prismen aus CH_2Cl_2/Petroläther, die oberhalb 100° C unter teilweiser Zersetzung ins Diaddukt (54d) übergehen.

1:2-Addukte

Allgemeine Vorschrift: 1 Mol.-Äquivalent des jeweiligen o-Chinondiazids wird in Xylol bei Raumtemperatur unter CO_2 mit 2 Mol.-Äquivalenten Diphenylketen versetzt und dann gekühlt. Nach Stehenlassen bei $-20°$ C werden die Diaddukte isoliert und gereinigt.

2.5-Dioxo-1.1.4.4-tetraphenyl-phenanthro[9.10-b]diazetidino[1.2-d]perhydro-[1.4.5]oxadiazepin (54d):
Feine, farblose, wattig verfilzte Nädelchen (aus Tetrahydrofuran): Ausbeute 70%; Fp 175° C (Zers.).

Alkalispaltung

Phenanthrenchinonimino-(9.10)-[1.1-diphenyl-acetamino]-diphenyl-essigsäuremethylester (55): 1 g feingepulvertes Diaddukt (54d) wird in 30 ml 10%iger methanolischer KOH suspendiert und einige Zeit bei Raumtemperatur geschüttelt. Die Lösung färbt sich kanariengelb, und die feinen Nädelchen des Adduktes wandeln sich innerhalb 30 min in kleine Blättchen um. Ausbeute 1,3 g kristallmethanolhaltiges Material. Blaßgelbe, sechseckige, dünne Blätter oder orangerote, schiefe Prismen (aus Methanol), die beim Liegen rasch das Kristallösungsmittel verlieren; Fp 153° C.

[1-Amino-1.1-diphenyl-acetamino]-diphenylessigsäuremethylester (56): 0,3 g Iminoverbindung (55) werden mit 10 ml 18%iger Salzsäure 3 Std auf siedendem Wasserbad erhitzt. Die orangegelbe, feinkristalline Verbindung wandelt sich dabei in flockiges Material um, das nach Absaugen und Extrahieren mit wenig Äthanol 0,06 g Phenanthrenchinon liefert. Die salzsaure Mutterlauge wird zusammen mit dem äthanolischen Extrakt im Vakuum eingedampft, der Rückstand in Wasser gelöst und mit Ammoniak gefällt. Farblose, derbe Prismen, Fp 124° C (Petroläther); Ausbeute 0,07 g (33%).

Thermolyse der Addukte von o-Chinondiaziden mit Diphenylketen *(104)*:

Die Monoaddukte vom Typ (53) bilden bei der Partialthermolyse in absolutem Xylol Diaddukte des Typs (54). Es genügt, ein Monoaddukt in absolutem Xylol gelöst einige Zeit bei 80° C zu halten, so kristallisiert beim Erkalten das entsprechende Diaddukt aus *(104)*. Dies ist damit zu erklären, daß das Monoaddukt in Lösung in einem temperaturabhängigen Gleichgewicht mit seinen Komponenten steht:

Die Existenz dieses Gleichgewichtes — schon bei Raumtemperatur — ist UV- und IR-spektroskopisch nachweisbar (*104*). Durch Einwirkung des freigesetzten Diphenylketens auf ungespaltenes Monoaddukt (53 d) kommt es zur Bildung des Diadduktes (54d).

Diese Umsetzung verläuft allmählich bis zum völligen Verbrauch des Monoaddukts, wobei der Überschuß an o-Chinondiazid in Lösung bleibt (*104*). Bei der Totalthermolyse zerfallen die Diaddukte bei höherer Temperatur in die Komponenten, wobei es zu Ausbildung folgenden Gleichgewichtes kommt:

$$\text{Diaddukt} \underset{\text{ca. 20° C}}{\overset{\Delta E}{\rightleftharpoons}} 1 \text{ Mol o-Chinondiazid} + 2 \text{ Moll. Diphenylketen}$$

Das so freigesetzte o-Chinondiazid seinerseits zerfällt unter N_2-Abspaltung und Carbenbildung, wodurch das Gleichgewicht laufend nach rechts verschoben wird. Das intermediäre Carben erleidet Wolffsche Umlagerung zum entsprechenden Keten. Es treten somit zwei verschiedene Ketene nebeneinander in der Lösung auf, die ihrerseits beim Abfangen von neugebildetem Carben in Konkurrenz treten. Es werden zwei Dioxole, das „eigenketen-" (A) (27b) und das „fremdketenhaltige" (B) (58) gebildet. Die Tatsache, daß beide Dioxole entstehen, und zwar beide jeweils in größerer Ausbeute, zwingt zur Annahme eines Reaktionsverlaufes über die intermediäre Carbenzwischenstufe.

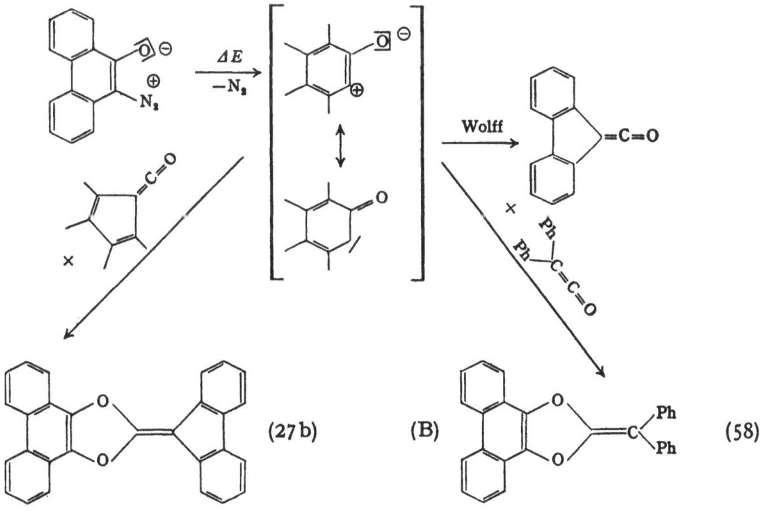

Darstellungsmethode (104)

Thermolyse des 1:2-Adduktes (54d) von Phenanthrenchinon-(9.10)-diazid und Diphenylketen: 1 g reines Diaddukt (54d) wird in 25 ml siedendes Xylol eingetragen. Die Lösung entwickelt kräftig N_2 und nach wenigen Minuten beginnt sich (27b) (vgl. S. 23) in blaßgelben Nädelchen auszuscheiden [erwärmt man dagegen eine Suspension des Diadduktes (54d) allmählich bis zur Zersetzung, so ist das erhaltene Dioxol durch gleichzeitig entstandenen Farbstoff verunreinigt]; Ausbeute 75 mg (24%). — Aus der Mutterlauge kristallisiert beim Erkalten 2-Diphenylmethylenphenanthro[9.10]-1.3-dioxol (58); Ausbeute 0,35 g (55%), Fp 253° C (aus Xylol).

Mit Keten

Das unsubstituierte Keten selbst reagiert ebenfalls mit o-Chinondiazid, jedoch wird auch bei Verwendung eines großen Ketenüberschusses und mehrmaligem Umsetzungsversuch stets nur das Monoaddukt vom Typ (59a), ein 2-Oxo-2.3-dihydro-1.4.5-benzoxadiazepin, erhalten *(102)*:

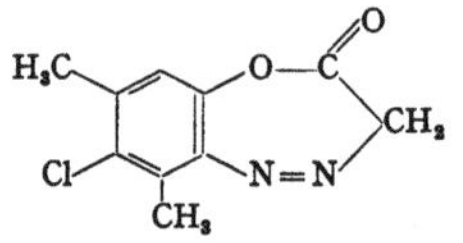

(59a)

Die ausschließliche Bildung des Monoadduktes bestätigt die Erfahrung, daß Keten im allgemeinen *(105)* mit Doppelbindungen außer C=O nur schwer reagiert.

Während nun die Addukte von o-Chinondiaziden mit disubstituierten Ketenen, z. B. Diphenylketen, bei der Thermolyse schließlich unter Stickstoffabspaltung Dioxole als Endprodukte liefern, spalten die Monoaddukte aus o-Chinondiazid und Keten in einer relativ langsamen Zeitreaktion CO_2 ab. Unter Ringverengung werden Indazole gebildet *(104)*:

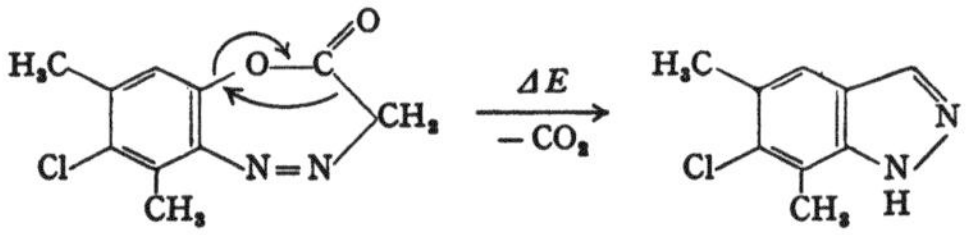

(59a)   (60a)

Bei der Bildung der Monoaddukte aus o-Chinondiazid und Keten entsteht primär die Form (A), die sich aber im allgemeinen sofort in die begünstigtere Form (B) umlagert. Beide Formen (A) und (B) lassen sich auf Grund ihrer UV- und IR-Spektren unterscheiden. (A) zeigt im UV-Spektrum den Azochromophor bei etwa 400 mμ, im IR-Spektrum dagegen keine NH-Bande. (B) besitzt keinen Azochromophor, enthält aber im IR-Spektrum eine gut ausgeprägte NH-Bande bei 3300 cm^{-1}. Bis auf ein Beispiel (59a) *(102)*, welches durch IR- und UV-Spektrum eindeutig belegt ist *(102)*, konnte immer nur die Form (B) isoliert werden *(102, 106)*. Es gelang dann auch die (59a) zugehörige 2.5-Dihydro-Form (B) darzustellen *(107)*.

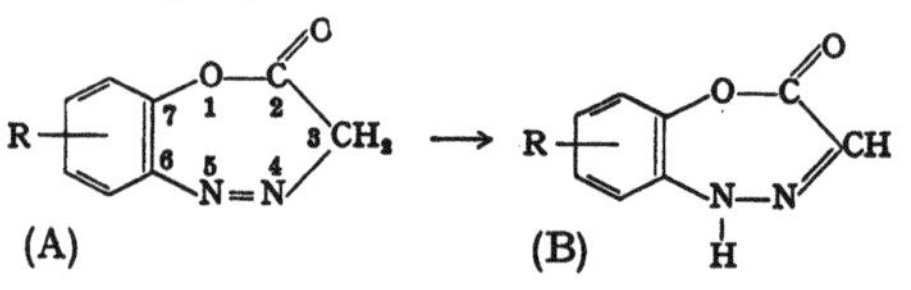

(A)   (B)

Im kristallisierten Zustand sind die 2-Oxo-1.4.5-benzoxadiazepine bis wenige Grade unterhalb ihres Schmelzpunktes stabil. Beim Schmelzen zersetzen sie sich unter Gasentwicklung. In Lösung jedoch sind sie gegenüber Erwärmung weniger beständig. Die Stoffe lassen sich aus niedrigsiedenden, inerten Lösungsmitteln gut umkristallisieren; in siedendem Xylol jedoch erleiden sie Thermolyse unter CO_2-Abspaltung, selbst wenn ihr Schmelzpunkt über 170° C liegt.

Tabelle 7 zeigt einige der mit Keten erhaltenen Addukte und Tabelle 8 die daraus gewonnenen Indazole.

Tabelle 7. *1:1-Addukte aus o-Chinondiaziden und Keten*

Verb.	Formel	Fp [°C]	Ausb. [%]
(59a) (*102*)	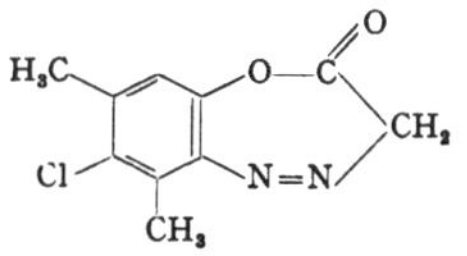 H_3C, Cl, CH_3 substituted (R = CH_2)	110 (Zers.)	58
(59b—d)	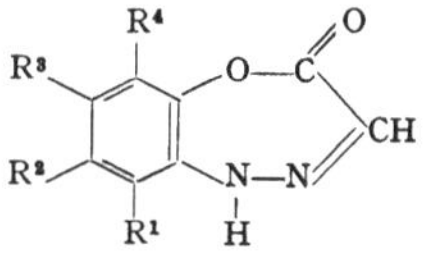 R^1, R^2, R^3, R^4 substituted		
(59b) (*102*)	$R_1=R_2=R_3=R_4=Cl$	>180 (Zers.)	14
(59c) (*106*)	$R_1=R_2=R_3=R_4=H$	114	48
(59d) (*106*)	$R_1=R_3=H$; $R_2=R_4=C(CH_3)_3$	118 (Zers.)	53

Tabelle 8. *Indazole durch Thermolyse*

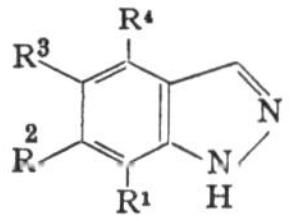

(60)

Verb.	R_1	R_2	R_3	R_4	Fp [°C]	Ausb. [%]
(60a) (*104*)	CH_3	Cl	CH_3	H	229	93
(60b) (*106*)	H	H	H	H	147	83
(60c) (*106*)	H	$C(CH_3)_3$	H	$C(CH_3)_3$	191—192	91

Darstellungsmethoden

7-Chlor-2-oxo-6.8-dimethyl-2.3-dihydro-1.4.5-benzoxadiazepin (59a) (*102*).

3,5 g 4-Chlor-3.5-dimethyl-benzochinon-(1.2)-diazid-(2) (*71*) werden in 45 ml trockenem CCl_4 gelöst und nach Kühlung auf —40° C mit ca. 30 ml flüssigem Keten von —70° C versetzt. Die klare, dunkle Lösung scheidet rasch feine Nadeln aus, und nach ca. 15 min ist der ganze Kolbeninhalt erstarrt. Unter einem sehr guten Abzug saugt man auf Nutsche ab und erhält nach Waschen mit eiskaltem Petroläther das cremefarbene, schon ziemlich reine (59a); Ausbeute 2,5 g (58%). Blaßgelbe Prismenrosetten (aus Äther bei —60° C). Fp 110° C (Zers.).

6.7.8.9-Tetrachlor-2-oxo-2.5-dihydro-1.4.5-benzoxadiazepin (59b) *(102)*.
    Darstellung aus 3 g 3.4.5.6-Tetrachlor-benzochinon-(1.2)-diazid *(14)* mit flüssigem Keten wie (59a) aber in absolutem Xylol. Nach einigen Tagen scheidet sich kristallines (59b) ab. Cremegelbe Nadeln aus CH_2Cl_2, die sich oberhalb 180° C langsam zersetzen. Ausbeute ca. 0,5 g (14%).

2-Oxo-7.9-di-tert.-butyl-2.5-dihydro-1.4.5-benzoxadiazepin (59d) *(106)*.
    5,0 g 4.6-Di-tert.-butyl-benzochinon-(1.2)-diazid-(2) *(57)* werden in 100 ml absolutem Toluol gelöst und in die Lösung bei Zimmertemperatur 45 min Ketengas eingeleitet. Dabei ist ein Temperaturanstieg um 10—15° C zu beobachten. Die Lösung wird im Vakuum bei 30° stark eingeengt, in der Wärme mit 50 ml Petroläther versetzt und filtriert. Bei — 20° C scheiden sich gelbe Nadeln von (59d) aus. Umkristalisation aus Petroläther. Fp 117,5—118° C (Zers.); Ausbeute 3,1 g (53%).

Thermolyse

6-Chlor-5.7-dimethyl-indazol (60a) *(104)*
    2,4 g (59a) werden in 30 ml absolutem Xylol 3 Std gekocht (Ölbad 170° C). Es entweicht langsam ein stetiger Strom von CO_2, der durch die in Barytlauge auftretende Fällung verfolgt werden kann. Beim Abkühlen kristallisiert nahezu reines (60a). Ausbeute 1,8 g (93%); farblose Nadeln, Fp 229° C (aus Xylol).

4.6-Di-tert.-butyl-indazol (60c) *(106)*
    2,0 g (59d) werden in 20 ml Xylol 3 Std unter Rückfluß erhitzt. Dann wird die Lösung auf etwa 10 ml eingeengt. Beim Erkalten kristallisiert (60c) aus. Farblose Nadeln aus Benzol; Ausbeute 1,53 g (91%); Fp 191—192° C.

Mit Diphenylenketen

Bei der Einwirkung von Diphenylenketen auf o-Chinondiazide werden unter N_2-Abspaltung „gemischte" Dioxole gebildet; Addukte entstehen dabei nicht. Der Grund für dieses, gegenüber dem Diphenylketen andersartige Verhalten ist offenbar in der starren Lage der beiden Benzolkerne zu suchen *(104)*. Infolge des Gleichgewichtes zwischen Monoaddukt, Chinondiazid und Diphenylketen (vgl. S. 38) setzt sich freies Diphenylenketen mit reinem (53c) (vgl. S. 36) unter Verdrängung des Diphenylketens und Abspaltung von Stickstoff zu dem „gemischten" Dioxol (61) um *(104)*:

Mit Dimethylketen

Bei der Umsetzung von überschüssigem Dimethylketen mit o-Chinondiaziden bei Raumtemperatur werden in Analogie zur Reaktion mit Diphenylketen durchweg farblose Diaddukte erhalten [z. B. (62)], während das Tetrachlor-o-chinondiazid mit Dimethylketen ausschließlich

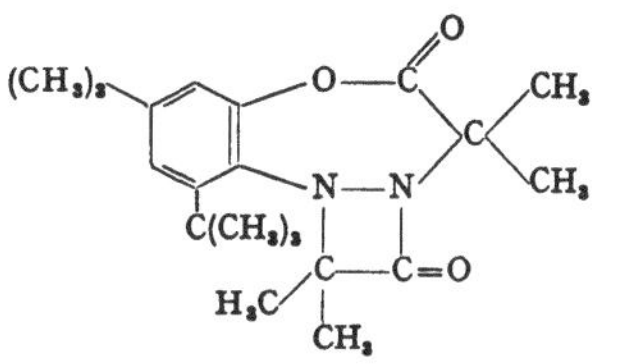

$$\text{(62)}$$

das gelbgefärbte Monoaddukt (*108*) liefert. Das Dimethylketen wird nach BESTIAN und GÜNTHER dargestellt (*109*).

b) Auf Diazoketone (*110, 111, 113*)

Läßt man Ketene auf Diazoketone einwirken, so tritt bei allen untersuchten Diazoketonen Reaktion unter Stickstoffentwicklung ein, und zwar bei Raumtemperatur oder noch niedrigeren Temperaturen, also bei Bedingungen, unter denen die Diazoketone für sich allein durchaus stabil sind. Die Stickstoffabspaltung wird, wie hieraus folgt, durch das Keten induziert. Die Umsetzung führt zu β.γ-Butenoliden (*110, 111*). Auf Grund der genannten Tatsache, daß eine durch das eingesetzte Keten induzierte Stickstoffentwicklung abläuft, ist eine Carbenreaktion auszuschließen. Wahrscheinlich besteht der die Reaktion auslösende Schritt in einem elektrophilen Angriff der „aufgerichteten" C=O-Doppelbindung der Ketenmolekel auf das Diazoketon. Es bildet sich so ein noch stickstoffhaltiges Addukt, das infolge ungenügender Mesomeriestabilisierung sofort unter N_2-Abspaltung zerfällt. Unter C—C-Verknüpfung wird dann der Lactonring geschlossen:

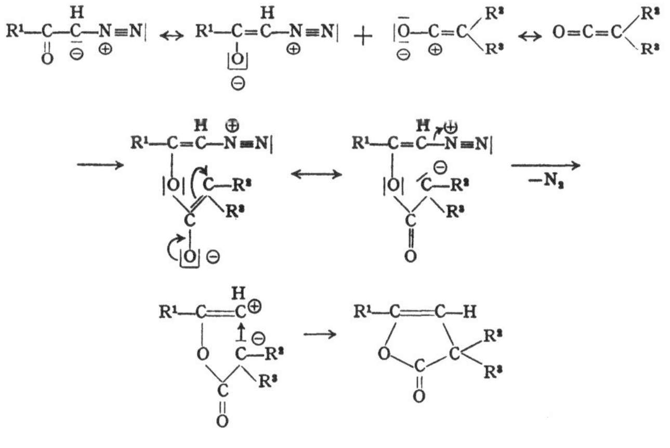

$$\text{(63)}$$

Bei der analogen Umsetzung von o-Chinondiaziden mit Ketenen (*101, 102*) kommt es nur deshalb zu einem anderen Reaktionsprodukt — einem Oxadiazepin, vgl. S. 33 ff. — weil hier, infolge besserer Möglichkeiten zur Mesomeriestabilisierung der Stickstoff im Molekül erhalten bleibt. In gleicher Art verhält sich das Azibenzil. STAUDINGER und REBER (112) beobachteten hierbei Adduktbildung mit zwei Molekülen Diphenylketen. Es konnte nun gezeigt werden (102), daß es sich bei dieser Verbindung ebenfalls um ein Oxadiazepin handelt. Das Azibenzil schließt sich also hier in seinem Verhalten völlig an die o-Chinondiazide an, es zeigt ebenfalls wesentlich höhere Mesomeriestabilisierung als Diazoketone der Form R—CO—CHN$_2$.

Die Umsetzung von Diazoketonen mit Ketenen zu β.γ-Butenoliden stellt eine neue Synthese für diese Körperklasse dar, die in gewissen Fällen auf anderem Wege schwieriger zugänglich ist. Das Reaktionsprinzip ist auf aliphatische, aromatische und heterocyclische Mono-, Bis- und Tris-diazoketone anwendbar. Als Ketene werden vor allem die leicht zugänglichen wie *Diphenylketen und Keten* selbst eingesetzt; mit anderen Ketenen, z.B. Diphenylenketen wird ebenfalls Reaktion unter Stickstoffentwicklung beobachtet (111, 113). Von einigen Diazoketonen, auch solchen, die mit Diphenylketen leicht Butenolide bilden, konnte bisher mit Keten selbst kein Butenolid erhalten werden. Dies mag darauf zurückzuführen sein, daß bei den tiefen Temperaturen der Ketenumsetzungen nicht immer eine ausreichende Löslichkeit des Diazoketons erreicht wurde.

Der Vergleich der aus Benzoyldiazomethan mit Diphenylketen sowie mit Keten erhaltenen Verbindungen (63a) sowie (63e) und ihrer Eigenschaften mit literaturbekannten, dort auf anderem Wege dargestellten Verbindungen (114, 115) lieferte die Bestätigung für die β.γ-Butenolid-Struktur (63). Darüber hinaus ergaben jeweils die IR-Spektren eindeutige Kriterien für das Vorliegen von β.γ-Butenoliden: Diese Spektren zeichnen sich insbesondere durch eine scharfe Lactoncarbonylbande hoher Intensität aus, die in den meisten Fällen bei sehr hoher Frequenz (1818—1785 cm^{-1}) liegt (111, 113).

Die Darstellung von β.γ-Butenoliden durch Umsetzung mit Diphenylketen erfolgt durch Reaktion äquimolarer Mengen Diazoketon und Diphenylketen in inertem absolutem Lösungsmittel (z.B. Xylol, Benzol, Äther) unter Inertgasatmosphäre (CO$_2$ oder N$_2$) in Gegenwart eines Siedesteines zur Beobachtung der N$_2$-Entwicklung. Die Reaktion setzt bei Raumtemperatur ein und wird meist durch Erwärmen zu Ende geführt. Die Umsetzung der Diazoketone mit Keten selbst erfolgt am besten in absolutem Xylol (oder auch in absolutem Toluol; Äther ist wegen seines geringen Lösungsvermögens für Keten ungeeignet). Die auf ca. —40 bis —60° C gekühlte Lösung oder Suspension des Diazoketons wird mit einem Überschuß bei —70° C verflüssigten Ketens versetzt. Die Reaktion erfordert teilweise mehrere Tage, wobei unter Umständen nochmals Keten zugegeben werden muß (111, 113).

1-Diazo-butanon-(2) reagiert ohne Lösungsmittelzusatz fast explosionsartig mit Diphenylketen.

Von den übrigen Diazoketonen, die in präparativem Maßstab mit Diphenylketen umgesetzt wurden, weist das p-Methoxybenzoyldiazomethan die kürzeste Reaktionszeit auf: bei geeigneter Konzentration der Reaktionspartner kann bereits nach wenigen Minuten das entsprechende Butenolid kristallin isoliert werden. Ausbeute: 51%. Diese hohe Reaktionsgeschwindigkeit ist durch den negativierenden E-Effekt der p-ständigen Methoxylgruppe bedingt *(111)*.

Andererseits ist aber bei Einsatz des p-Nitro-benzoyl-diazomethans, in welchem die Nitrogruppe umgekehrt einen positivierenden E-Effekt bewirkt, das Reaktionsvermögen gegenüber Diphenylketen doch noch so gut, daß nach längerem Stehen (12 Std) in günstiger Ausbeute (42%) das Butenolid gebildet wird *(111)*.

In Tabelle 9 seien einige $\beta.\gamma$-Butenolide genannt.

Darstellungsmethoden (111, 113)

4-Hydroxy-2.2.4-triphenyl-3-butensäure-lacton (63a). 6,0 g Benzoyldiazomethan und 8,0 g Diphenylketen werden in je 20 ml absolutem Äther gelöst und bei Raumtemperatur, Inertgasatmosphäre und Feuchtigkeitsausschluß zusammengegeben. Nach lebhafter N_2-Entwicklung (Siedesteine) läßt man noch $1^1/_2$ Std bei Raumtemperatur stehen. Der Äther wird dann verdampft und das zurückbleibende braune Öl noch einige Zeit zur Freisetzung restlichen Stickstoffs auf dem Wasserbad erhitzt. Das über Nacht auskristallisierende gelbe Rohprodukt wird einmal aus Äthanol in Gegenwart von Aktivkohle umkristallisiert. Ausbeute 10,5 g (82%). Nach mehrmaligem Umkristallisieren aus Alkohol/Kohle farblose Nädelchen; Fp 120° C [vgl. Lit. *(114)*].

Allgemeine Vorschrift für die Darstellung der Bisbutenolide vom Typ (63'g):

Ca. 10 g Bisdiazoketon werden in 100—200 ml absolutem Xylol bei Raumtemperatur gelöst oder suspendiert; dann wird auf − 60° C abgekühlt und mit einem Überschuß (ca. 50 ml) flüssigem Keten versetzt. Man läßt etwa 2 Tage im Kältebad stehen, wobei dessen Temperatur langsam ansteigt. In manchen Fällen (Prüfung des Reaktionsablaufes durch Probenahme) empfiehlt es sich, nach 1 bis 2 Tagen nochmals auf − 60° C herunterzukühlen und frisches Keten zuzusetzen. Man läßt dann mehrere Tage bei etwa − 18° C (Tiefkühlschrank) stehen, wobei das $\beta.\gamma$-Butenolid manchmal direkt aus der Lösung auskristallisiert (gelegentlich bilden sich auch Kristalle von Dehydracetsäure). Der nicht kristallisierende Ansatz bzw. die Mutterlauge wird mit dem 3—4fachen Volumen Petroläther (Kp 60—95° C) versetzt, wobei meist sofort Kristallisation des Butenolids einsetzt. Scheiden sich zunächst braune Harze ab, so wird von diesen (eventuell mehrmals) abdekantiert (sie liefern eine zweite Fraktion Butenolid) und die Lösung bis zur Kristallisation des Butenolids gekühlt. Die meist schon recht reinen Verbindungen werden aus siedendem Petroläther oder Ligroin umkristallisiert. Bei Verwendung von Aktivkohle zur Reinigung muß zuerst geprüft werden, ob das Butenolid nicht durch adsorbierten Luftsauerstoff autoxydiert wird.

In diesem Zusammenhang sei auch auf die jüngst erschienene Publikation über Butenolide von RAO *(116)* hingewiesen.

Tabelle 9. *β.γ-Butenolide aus Diazoketonen und Ketenen* (*111, 113*)

Verb.	Formel	Fp [°C]	Ausb.[%]
	Mit Diphenylketen		
(63a)	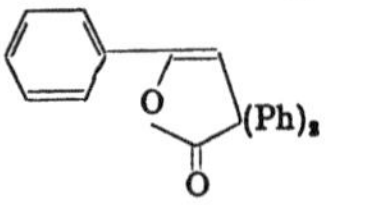	120	82
(63b)	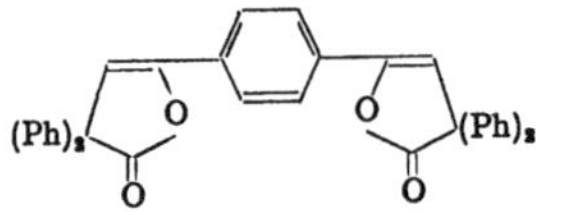	302	46
(63c)	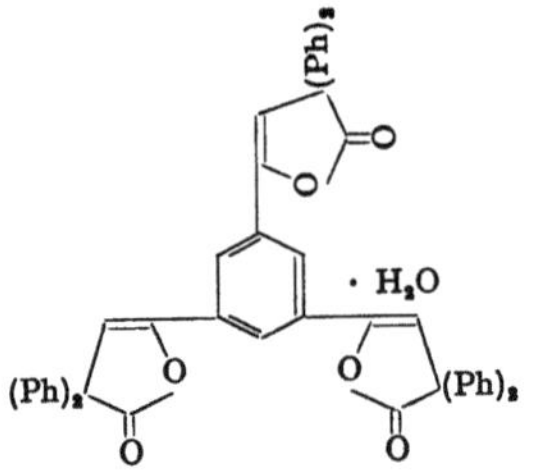 · H_2O	255—256	29
(63d)	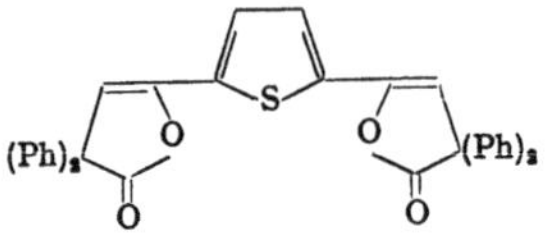	238	18
	Mit Keten		
(63e)	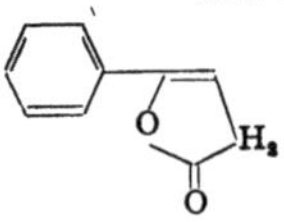	92	34
(63f)	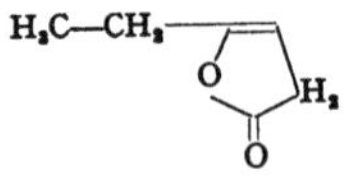	Kp_1 46°	43
(63g)	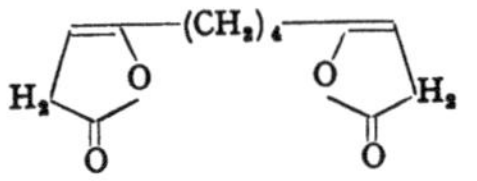	Fp 125,5	90

Unter den verschiedenen Folgereaktionen der β.γ-Butenolide ist vor allem die Lactonspaltung hervorzuheben, die einen Weg zur Carbonsäure-Kettenverlängerung um 3 CH_2-Glieder eröffnet. Es sind bereits zahlreiche gute Methoden für verschiedenartige Kettenverlängerungen von Carbonsäuren bekannt (*117*).

3 C-Homologisierung von Carbonsäuren (*113*). Die Synthese geht aus von einer Mono- oder Dicarbonsäure, deren Säurechlorid nach EISTERT (*1*) mit Diazomethan das entsprechende Diazoketon liefert. Aus diesem wird durch Einwirkung von Keten das β.γ-Butenolid dargestellt und durch Alkali zur γ-Ketocarbonsäure gespalten. Mittels Wolff-Kishner-Reduktion, entsprechend HUANG-MINLON (*118*) (N$_2$-Abspaltung in Diäthylenglykol), wird die Ketosäure in die gegenüber der eingesetzten Carbonsäure um 3 CH$_2$-Glieder verlängerte Carbonsäure übergeführt. Die Isolierung jeder Zwischenstufe hat sich als erforderlich erwiesen. Die Hauptschwierigkeit liegt in der Butenolidbildung; sie entscheidet über die Durchführbarkeit der Reaktion im Einzelfall und bestimmt im wesentlichen die Endausbeute.

Die Synthese entspricht dem folgenden Formelschema:

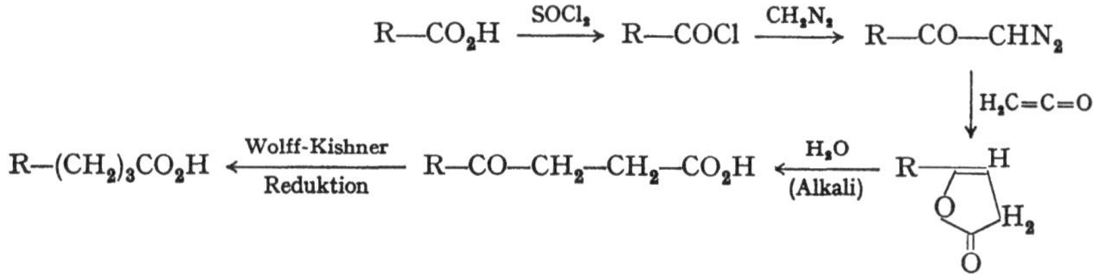

$$R-CO_2H \xrightarrow{SOCl_2} R-COCl \xrightarrow{CH_2N_2} R-CO-CHN_2$$

$$R-(CH_2)_3CO_2H \xleftarrow{\text{Wolff-Kishner Reduktion}} R-CO-CH_2-CH_2-CO_2H \xleftarrow{H_2O \text{ (Alkali)}} \text{Butenolid} \xleftarrow{H_2C=C=O}$$

Es lassen sich so z.B. aus der Propionsäure, Benzoesäure, β-Naphthoesäure, Adipinsäure, Pimelinsäure und Korksäure die entsprechenden kettenverlängerten Carbonsäuren bzw. Dicarbonsäuren darstellen (*113*).

Aus (63e) kann durch katalytische Hydrierung direkt in 75%iger Ausbeute γ-Phenylbuttersäure erhalten werden, jedoch ist diese Methode nicht allgemein anwendbar (*113*).

Das aus der Benzoesäure sowie das aus der β-Naphthoesäure über das entsprechende Diazoketon mit Keten erhältliche β.γ-Butenolid ist sehr leicht autoxydabel. Beim kurzen Aufkochen der alkoholischen Lösung des Butenolids mit wenig FeCl$_3$ erhält man sofort das intensiv weinrote (A) bzw. tief dunkelviolette (B), krist. Dilacton (*111, 113, 119*):

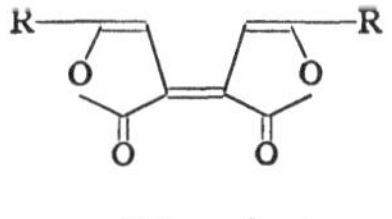

(A) R = C$_6$H$_5$
(B) R = β-Naphthyl

Die Umsetzungen von Diazoketonen mit Ketenen, die sich anfänglich vorwiegend auf Keten und Diphenylketen erstreckten (*110, 111, 113*), wurden jetzt auf *Dimethylketen* (*120*) ausgedehnt, nachdem das Dimethylketen leicht zugänglich wurde (*109*). Es werden dabei die entsprechend substituierten β.γ-Butenolide (63h—i) erhalten:

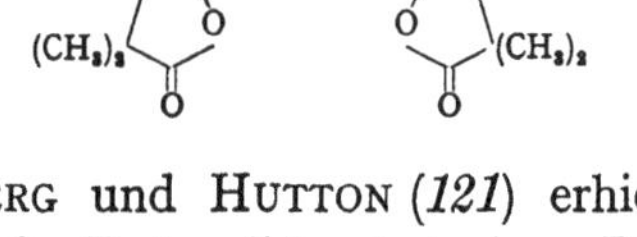

(63h) n = 4, Fp 97—98°C, Ausb. 20%
(63i) n = 8, Fp 67—67,5°C, Ausb. 9%

WIBERG und HUTTON (*121*) erhielten in zwei Fällen aus Diazoketonen β.γ-Butenolide: bei einer Photolyse als Primärreaktion wird durch Wolffsche Umlagerung des gebildeten Carbens Keten erzeugt, das mit noch unverändertem Diazoketon zum β.γ-Butenolid reagiert. Die Reaktion läßt sich jedoch nicht auf andere Diazoketone übertragen.

Bei der thermischen Zersetzung von Benzoyldiazomethan in Dodecan im Dunkeln bei 140° C unter Stickstoff erhielten YATES und CLARK (122) nach zwölfstündiger Reaktionszeit ein Gemisch von zehn verschiedenen Produkten, von denen sieben mit Gewißheit identifiziert wurden; Hauptprodukt ist ein Bis-α.β-butenolid, daneben wurde auch das diesem zugrunde liegende α.β-Butenolid isoliert. Auf Grund des IR-Spektrums wird gezeigt, daß dieses Bis-α.β-butenolid identisch ist mit dem von WIBERG und HUTTON (121) erhaltenen vermeintlichen Bis-β.γ-butenolid.

Bei der Thermolyse des 21-Diazo-20-keto-5α-pregnans wird gemäß der Butenolidbildung aus Diazoketon und Keten (110, 111) über ein β.γ-Butenolid durch dessen Umlagerung das entsprechende α.β-Butenolid (IR: $\nu_{C=O}$: 1767 cm^{-1}) gebildet (123):

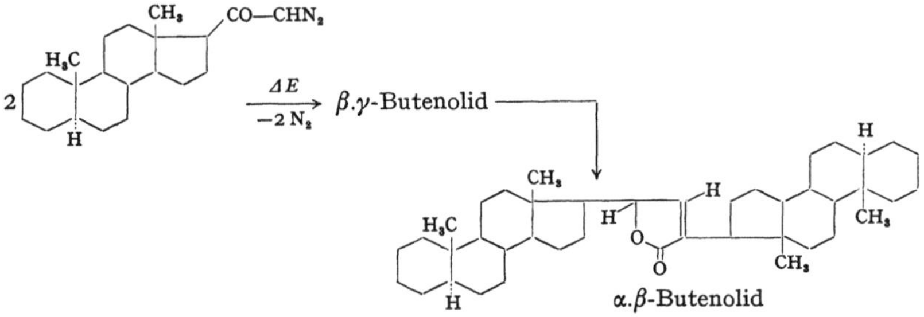

5. Einwirkung von Cyanallen auf Diazoketone (124, 125)

Nächst den Ketenen bietet sich im Cyanallen (126) ein System kumulierter Doppelbindungen als sehr reaktives Agens an. Es zeigt sich, daß die Reaktion der Diazoketone mit Cyanallen (124, 125) nicht analog der Keteneinwirkung unter Stickstoffentwicklung verläuft, sondern hier bleibt der Stickstoff in der Molekel erhalten.

Die Diazoketone ergeben mit Cyanallen in teilweise sehr guter Ausbeute kristalline Addukte im Molverhältnis 1:1 und 1:2. Der Adduktbildung läuft die Zersetzung des Diazoketons als Konkurrenzreaktion nebenher; diese gewinnt bei zu raschem Erhitzen der Reaktionspartner die Oberhand, so daß entweder nur Harze oder unreine Produkte erhalten werden. Durch geeignete Reaktionsbedingungen lassen sich die Nebenreaktionen weitgehend ausschalten.

Wie die durch IR- und NMR-Spektroskopie unterstützte Strukturaufklärung an den Addukten mit Benzoyldiazomethan sowie mit Diazoaceton — verbunden mit Abbaureaktionen und IR-Vergleich mit literaturbekannten (28) Substanzen — ergab und wie die Addukte mit weiteren Diazoketonen zeigten, läuft folgende Reaktion ab (125):

1 Mol Diazoketon reagiert zunächst unter 1.3-dipolarer Cycloaddition mit 1 Mol Cyanallen, das dabei mit seiner 2.3-Doppelbindung unter Aufhebung der Konjugation zur Dreifachbindung der Nitrilgruppe reagiert. Es kommt primär zur Ausbildung eines Pyrazolin-Systems. [HUISGEN (126a) hat an zahlreichen Beispielen ebenfalls gezeigt, daß das Gelingen einer 1.3-dipolaren Addition an die olefinische Doppelbindung weitgehend vom Vorliegen einer Konjugation abhängt.] Dank der hier vorliegenden Substitution vermag sich das instabile Pyrazolin sofort in das energetisch begünstigte, aromatische System des Pyrazols umzulagern; es entsteht das tautomere 1:1-Addukt (64). Dieses kann mit einem zweiten Mol Cyanallen unter Bildung des 1:2-Adduktes (65) reagieren, wobei sich die N—H-Gruppe des Pyrazols an die 3.4-Doppelbindung des Cyanallens anlagert:

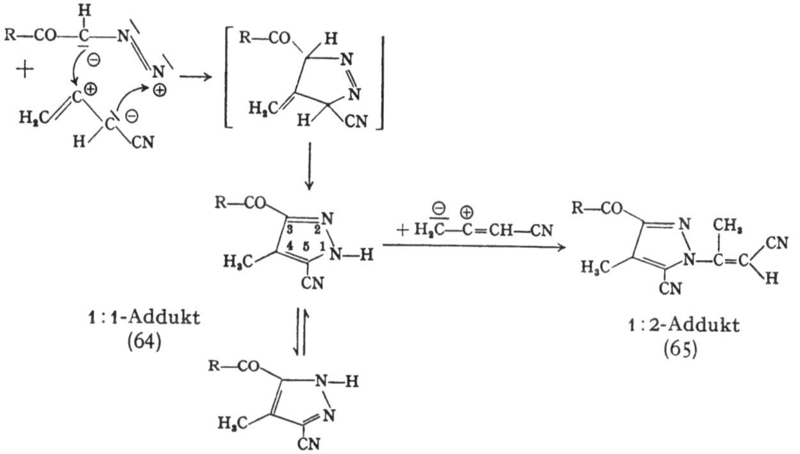

[Reaktionsschema]

1:1-Addukt
(64)

1:2-Addukt
(65)

Bei der Bildung der Diaddukte (65) aus den Monoaddukten (64) erscheint die Angliederung der Seitenkette an N-1 oder N-2 gleich begünstigt. Man sollte daher das Entstehen beider Isomerer nebeneinander erwarten. Es wurde aber im Experiment immer nur ein einheitliches Diaddukt erhalten, so daß eine Form weitaus begünstigt sein muß. Fernerhin wäre durch die in der Seitenkette enthaltene Doppelbindung cis/trans-Isomerie möglich. Eine Betrachtung am Atomkalottenmodell nach STUART-BRIEGLEB zeigt, daß bei trans-Konfiguration und bei Anordnung der Seitenkette an N-1 die räumlich günstigsten Bedingungen erfüllt sind.

Dieser Reaktion mit Cyanallen sind aliphatisch, aromatisch und heterocyclisch substituierte Diazoketone und Bisdiazoketone zugänglich und eröffnen damit einen neuen Weg in die Pyrazolreihe. Bekannte

Abbaumethoden, wie Nitrilverseifung, Decarboxylierung, Oxydation der Methylgruppe in 4-Stellung und nachfolgende Decarboxylierung führen zu weiteren Pyrazolderivaten.

Die Monoaddukte (64) und Diaddukte (65)

Unter günstigen Bedingungen können die Monoaddukte (64) isoliert werden, teilweise entstehen sie neben den Diaddukten bei demselben Ansatz. Durch Einwirkung von Cyanallen bei erhöhter Temperatur lassen sich die Monoaddukte in die Diaddukte überführen, andererseits führt die saure Nitrilverseifung beider Addukte (bei den Diaddukten erfolgt gleichzeitig hydrolytische Abspaltung der Seitenkette, die in Aceton und CO_2 zerfällt) zur gleichen Pyrazolcarbonsäure.

Im allgemeinen sind die Diaddukte leichter erhältlich. Ihre Darstellung erfolgt durch vorsichtiges Erhitzen des jeweiligen Diazoketons mit einem Überschuß an Cyanallen.

Die Addukte (64) und (65) schmelzen im allgemeinen hoch ohne Zersetzung. Das Monoaddukt zeigt gegenüber dem Diaddukt aus demselben Diazoketon infolge intermolekularer N—H...N-Wasserstoffbrücken meist den höheren Schmelzpunkt. Sowohl die 1:2-Addukte als auch die 1:1-Addukte geben an der freien Carbonylfunktion Phenylhydrazone. Die N—H-Gruppe der 1:1-Addukte läßt sich durch Bildung der N-Acetylverbindung nachweisen.

Von den IR-Merkmalen [vgl. *(125)*] seien hier nur die Nitrilbande (im Monoaddukt: 2250—2230 cm^{-1}; im Diaddukt: 2230—2200 cm^{-1}) und die N—H-Bande der Monoaddukte (3300—3120 cm^{-1}) genannt.

In Analogie zu den Diazoketonen R—CO—CHN_2 lassen sich auch andere Diazoverbindungen der Form R—CHN_2 mit Cyanallen umsetzen (mit Diazomethan ein Mono- und ein Diaddukt; mit Diazoessigester ein Monoaddukt) während mit solchen der Form R'R''CN_2 (z.B. Azibenzil oder Diacetyldiazomethan) keine Reaktion zu erzielen war *(125)*.

Azide (z.B. Phenylazid), die den Diazoalkanen isoster sind, bilden mit Cyanallen das Triazolsystem *(125)*.

Während die Diazoketone sehr leicht mit Cyanallen in Reaktion treten, gelang eine entsprechende Umsetzung mit den o-Chinondiaziden trotz zahlreicher Versuche im allgemeinen nicht. o-Chinondiazide sollten in Analogie zu ihrer Umsetzung mit Ketenen *(102)* mit Cyanallen ein Oxadiazepin-System ausbilden. Lediglich aus 4.6-Di-tert.-butyl-benzochinon-(1.2)-diazid-(2) konnte mit Cyanallen u.a. in geringer Ausbeute eine Verbindung isoliert werden, die als das nach der Stickstoffabspaltung aus dem Oxadiazepin resultierende substituierte Cumaron angesehen wird *(125)*.

Die Tabelle 10 zeigt einige Beispiele für Mono- (64) und Diaddukte (65).

Tabelle 10. *1:1- und 1:2-Addukte aus Diazoketonen und Cyanallen (125)*

Verb.	Formel		Fp [°C]	Ausb. [%]
	Monoaddukte			
(64a)	R—CO—/=N\—NH ; H₃C ; CN	R=CH₃	122,5	35
(64b)		R=Furyl-(2)	184,5	40
(64c)	HN—N=/—CO—(CH₂)₄—CO—/=N—NH ; CH₃ H₃C ; CN CN		226—226,5	39
	Diaddukte			
(65a)	R—CO—/=N—CH₃ \—N—C=CH—CN ; H₃C ; CN	R=CH₃	86—87	31
(65b)		R=C₆H₅	158,5	62
(65c)		R=Furyl-(2)	140	38
(65d)	R= H₃C N=/—CO—(CH₂)₄— ; NC—CH=C—N \—CH₃ ; CN		145	

Darstellungsmethoden (125)

Monoaddukte: 4-Methyl-3-acetyl-5-cyan-pyrazol (64a).

2,10 g Diazoketon werden mit 1,62 g Cyanallen 1,5 Tage bei 18° C stehengelassen, dann innerhalb von 2,5 Std im Wasserbad auf 70° C erwärmt und noch 10 min bei dieser Temperatur gehalten. Beim Abkühlen scheiden sich 1,30 g (35%) farblose Täfelchen aus; Fp 122,5° C (Benzol).

Diaddukte: 4-Methyl-1-[1-methyl-2-cyan-vinyl]-3-benzoyl-5-cyan-pyrazol (65b).

5,84 g Benzoyldiazomethan (aus Petroläther umkristallisiert) werden mit 5,20 g reinem, farblosem Cyanallen ohne Lösungsmittel durch vorsichtiges Erwärmen zur Reaktion gebracht, wobei infolge Nebenreaktion (Zersetzung von Diazoketon) Stickstoff freigesetzt und aus dem Cyanallen etwas Blausäure abgespalten wird (Siedestein erforderlich). Die Ausbeute an Diaddukt hängt vom langsamen Anstieg der Reaktionstemperatur ab (Reaktionskolben im Wasserbad mit Tauchsieder, Kontaktthermometer und Elektrorelais beliebig heizbar). Man regelt den Anstieg der Badtemperatur (am besten in Schritten von 5—10° C) so, daß die Gasentwicklung möglichst gering bleibt und schaltet erst auf die nächsthöhere Temperaturstufe, wenn nur noch sehr wenig Gas, das in einem Meßzylinder aufgefangen wird, entsteht. Bei zu raschem Erhitzen besteht die Gefahr der explosiven Zersetzung. Auf diese Weise wird innerhalb von 2,5—3 Std auf 100° C erhitzt und noch 40 min bei dieser Temperatur belassen. Die braune, viscose Lösung erstarrt nach Abkühlung auf Raumtemperatur. Es wird gekühlt, mit kaltem Methanol angeteigt, abgesaugt und dann mit kaltem Methanol gewaschen, bis die Kristalle nur noch gelblich sind. Ausbeute 6,84 g (62%); kleine farblose Prismen aus Benzol, Fp 158,5° C.

4-Methyl-1-[1-methyl-2-cyan-vinyl]-5-cyan-3-[furfuroyl-(2)]-pyrazol (65c)
Darstellung entsprechend (65b) aus 6,00 g 2-Diazoacetyl-furan und 5,74 g Cyanallen. Ausbeute 4,45 g (38%). Es wird dreimal aus Äthanol umkristallisiert und anschließend an Al_2O_3 chromatographiert; Benzol/Methylenchlorid (1:1) zum Lösen und Eluieren. Aus dem Eluat werden feine, farblose Nädelchen erhalten, Fp 140° C.

6. Einwirkung von Senfölen auf Diazoketone (127)

Neben den Ketenen und dem Cyanallen stellen die Senföle ein weiteres, sehr reaktionsfähiges System mit kumulierten Doppelbindungen dar. Mit Diazoketonen der Form R—CO—CHN_2 kommt es leicht zur Umsetzung, jedoch ist diese Reaktion nicht analog der Keteneinwirkung, sondern entspricht der des Cyanallens: der Stickstoff des Diazoketons bleibt in der Molekel erhalten, das Diazoketon lagert sich in 1.3-dipolarer Cycloaddition an die C=S-Doppelbindung des Senföles an unter Bildung eines 1.2.3-Thiadiazols (66) (127):

$$\text{R—CO—CH—N}_2^{\ominus} \;+\; \text{R'—N=C—S}^{\ominus} \;\longrightarrow\; \left[\begin{array}{c} \text{R—CO} \quad \text{H} \\ \diagdown \quad \diagup \\ \text{R'—N} \quad \text{N} \\ \diagdown \quad \diagup \\ \text{S} \end{array} \right] \;\longrightarrow\; \begin{array}{c} \text{R—CO} \quad \text{N} \\ \diagdown \quad \diagup \\ \text{R'—HN} \quad \text{N} \\ \diagdown \quad \diagup \\ \text{S} \end{array} \quad (66)$$

Somit stellt diese Reaktion eine Parallele dar zu der Beobachtung von PECHMANN und NOLD (128), wonach sich Phenylsenföl an Diazomethan unter Bildung von 5-Anilino-thiadiazol-(1.2.3) addiert.

Die Reaktion von Senfölen mit Diazoketonen führt auch unter thermolytischen Bedingungen stets zum Thiadiazolderivat. Thiafuranderivate wurden dabei nicht gebildet, während HUISGEN (77) ein solches bei der Thermolyse von 3.4.5.6-Tetrachlor-o-chinon-diazid in Gegenwart von Phenylsenföl erhalten hat.

Setzt man im Benzolkern substituierte Diazo-acetophenone mit Senfölen um, so macht sich eine starke Abhängigkeit der Reaktionsgeschwindigkeit von Art und Stellung des Substituenten und von der Natur des eingesetzten Senföls bemerkbar. Positivierende Substituenten (p- bzw. m-NO_2, p-Cl) setzen die Geschwindigkeit herab; 3-Nitrobenzoyl-diazomethan reagiert mit Phenylsenföl nicht (127).

Acylsenföle beschleunigen die Reaktion beträchtlich. Besonders reaktionsfähig ist Äthoxysulfonylsenföl, das mit unsubstituiertem Benzoyldiazomethan schon bei Raumtemperatur explosionsartig reagiert (127).

Die 4-Acyl-5-acylamino-thiadiazole sind unter milden Bedingungen nicht zu den 5-Aminoverbindungen zu verseifen; unter verschärften Bedingungen wird der Thiadiazolring gesprengt.

Es gelang auch nicht, Derivate durch Umsetzung an der Carbonylgruppe oder an der sekundären Aminogruppe zu erhalten. Dies deutet auf das Vorliegen einer intramolekularen Wasserstoffbrücke hin, die zu einer Sechsringstruktur führt und damit besonders begünstigt sein müßte. Diese Annahme wird durch die niederfrequente Verschiebung der C=O und N—H-Banden im IR-Spektrum gestützt (*127*):

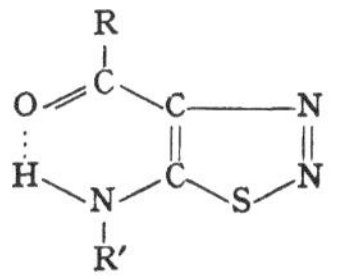

$$\begin{array}{c} R \\ | \\ O \overset{C}{\diagdown} C \text{---} N \\ \vdots \quad \| \quad \| \\ H \diagdown N \diagup C \diagdown S \diagup N \\ | \\ R' \end{array}$$

In Tabelle 11 sind einige Thiadiazole aufgeführt.

Tabelle 11. *Umsetzung von Senfölen mit Diazoacetophenonen (127)*

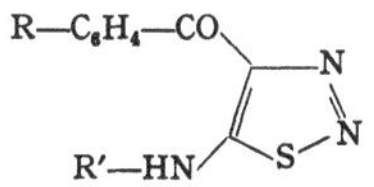

$$\begin{array}{c} R-C_6H_4-CO \diagdown \\ \diagup \diagdown N \\ R'-HN \diagup S \diagup N \end{array}$$ (66)

Verb.	R	R'	Fp [°C]	Ausb. [%]
Mit Phenylsenföl				
(66a)	p-OCH$_3$	C$_6$H$_5$	133	70
(66b)	p-NO$_2$	C$_6$H$_5$	236	10
Mit o-Methylbenzoylsenföl				
(66c)	p-NO$_2$	o-Methylbenzoyl	233	>90
Mit m-Methylbenzoylsenföl				
(66d)	p-NO$_2$	m-Methylbenzoyl	191	20
Mit Benzoylsenföl				
(66e)	p-NO$_2$	Benzoyl	239	>90
Mit Äthoxy-carbonylsenföl				
(66f)	p-NO$_2$	C$_2$H$_5$O—CO—	172	70
Mit Äthoxy-sulfonylsenföl				
(66g)	p-NO$_2$	C$_2$H$_5$O—SO$_2$—	255	30

Darstellungsmethode (127)

Ein äquimolares Gemisch von Senföl und Diazoketon wird auf dem Wasserbad erwärmt. Zu Beginn der Reaktion setzt meist eine leichte Gasentwicklung ein, die jedoch bald aufhört. Das Ende der Umsetzung wird daran erkannt, daß eine kleine Probe an einem Glasstab in alkoholischer Salzsäure keinen Stickstoff mehr entwickelt. Die meisten Umsetzungsprodukte erstarren schon im Wasserbad, sonst werden sie durch kurzes Einstellen in eine Kältemischung zur Kristallisation gebracht. (Reaktionszeit je nach Substitution des Benzoyldiazomethans und nach Art des Senföles 5—120 min, bei Phenylsenföl 8—24 Std.)

Äthoxycarbonylsenföl wird nach DORAN (*129*) dargestellt. Die anderen Acylsenföle sind ebenfalls nach dieser Vorschrift zugänglich. Äthoxysulfonyl-senföl wird auch analog DORAN erhalten (*127*).

Äthoxysulfonylsenföl reagiert mit manchen Diazoketonen schon bei Raumtemperatur explosionsartig. In diesem Fall kühlt man das Senföl zunächst in Eiswasser und gibt dann das Diazoketon hinzu. Nach ca. 1 Std hat sich das Thiadiazolinderivat gebildet, das durch kurzes Erwärmen auf 100° C zum Thiadiazolderivat isomerisiert wird.

7. Einwirkung von Thiophosgen auf Diazoketone (*130*)

Im Anschluß an die Reaktionen mit Senfölen soll das Thiophosgen als reaktionsfähiges System Erwähnung finden, da auch hier die Umsetzung an der C=S-Doppelbindung stattfindet.

Es wurde gefunden, daß Diazoketone, speziell, substituierte Benzoyldiazomethane (Diazoacetophenone) unter Erhaltung des Diazoketonstickstoffs reagieren; im weiteren Verlauf der Reaktion wird Chlorwasserstoff abgespalten unter Ausbildung eines substituierten Thiadiazols. Es zeigte sich, daß dieser Reaktionsweg jedoch nicht von allen Diazoacetophenonen beschritten wird. Je nach Art und Stellung der Substituenten werden andere Umsetzungsprodukte gebildet (*130*).

Für das aus der Umsetzung von p-Nitro-, p-Chlor-, p-Methyl- oder m-Nitro-benzoyldiazomethan mit Thiophosgen hervorgehende Reaktionsprodukt verschiedener Substitution am Phenylrest wurde zunächst die Konstitution eines 1.2.3-Thiadiazols angenommen (*130*). Jüngst wurde jedoch der Beweis erbracht, daß bei dieser Reaktion nicht 1.2.3-Thiadiazole, sondern 1.3.4-Thiadiazole entstehen (*131*).

Somit verhält sich die C=S-Doppelbindung im Thiophosgen anders als im Senföl, welches sich zu 1.2.3-Thiadiazolen [vgl. Lit. (*127*) sowie (*131*)] umsetzt.

Der Grund für das verschiedenartige Verhalten der C=S-Doppelbindung bei Thiophosgen und Senföl liegt darin, daß Kohlenstoff und Schwefel die gleichen Elektronegativitätswerte (nach PAULING) von 2,5 aufweisen, so daß von vornherein gar nicht abgeschätzt werden kann, in welcher Richtung eine Polarisierung der Doppelbindung erfolgt (im Gegensatz zur C=O-Doppelbindung). Hierzu muß erst die Umgebung betrachtet werden, inwieweit vorhandene Substituenten nach der einen oder anderen Richtung einen polarisierenden Einfluß auf die C=S-Doppelbindung ausüben können. Beim Senföl (A) wird das zweite π-Elektronenpaar der kumulierten Doppelbindung eine Anhäufung negativer Ladung am C-Atom verhindern, vielmehr eine Negativierung des Schwefels fördern:

(A) $R-N=C=S \leftrightarrow R-N=\overset{\oplus}{C}-\overset{\ominus}{S}$

während beim Thiophosgen (B) die beiden Chloratome einen positivierenden Feldeffekt entfalten, derart, daß am Schwefel eine positive Partialladung auftritt:

(B) $\quad \underset{Cl}{\overset{Cl}{\diagdown}}C=S \quad \longrightarrow \quad \underset{Cl}{\overset{Cl}{\diagdown}}\overset{\ominus}{C}-\overset{\oplus}{S}$

Berücksichtigt man dieses, so läßt sich die Umsetzung oben genannter Diazoketone mit dem Thiophosgen, die in 1.3-dipolarer Cycloaddition zu einem substituierten 1.3.4-Thiadiazol führt, folgendermaßen formulieren:

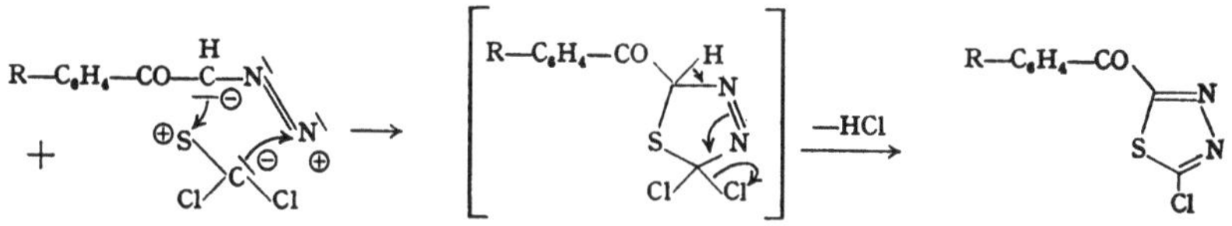

(67)

Es kommt primär zur Bildung eines Thiadiazolins, das dann unter Aromatisierung HCl abspaltet zu (67).

(67a) wurde auch auf anderem Wege erhalten; die Identität wurde durch IR-Vergleich gesichert *(131)*:

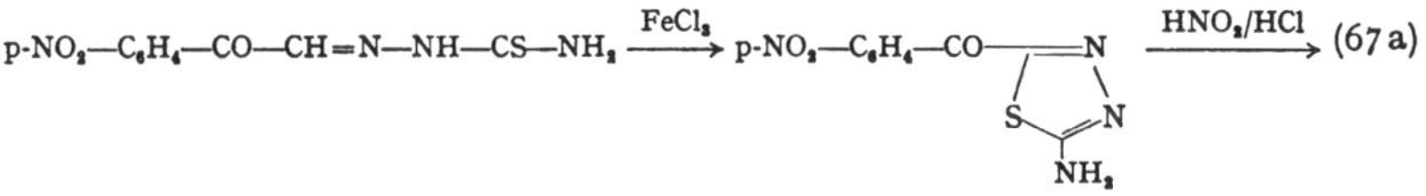

p-NO$_2$—C$_6$H$_4$—CO—CH=N—NH—CS—NH$_2$ $\xrightarrow{\text{FeCl}_3}$ p-NO$_2$—C$_6$H$_4$—CO—[thiadiazol-NH$_2$] $\xrightarrow{\text{HNO}_2/\text{HCl}}$ (67a)

In entsprechender Weise wurde (67b) dargestellt und verglichen *(131)*. In Analogie zur Bildung des 1.3.4-Thiadiazol-Systemes aus Thiophosgen und Diazoketon steht die Bildung des 1.3.4-Thiadiazolringes aus Thiobenzoylchlorid und Diazomethan *(131, 132)* sowie aus Thiobenzoylchlorid und Diazoessigester *(133)*.

(67a) wird von nucleophilen Agenzien leicht angegriffen: mit Anilin bildet sich bei Raumtemperatur das 5-Anilinoderivat *(131)*.

Tabelle 12. *1.3.4-Thiadiazole aus Thiophosgen und Diazoketon (130)*, vgl. Formel (67), oben

Verb.	R	Fp [°C]	Ausb. [%]
(67a)	p-NO$_2$	133	60
(67b)	p-Cl	114	35
(67c)	p-CH$_3$	97	30
(67d)	m-NO$_2$	124	35

Darstellungsmethode (130). 5-[4-Nitro-benzoyl]-2-chlor-thiadiazol-(1.3.4) (67a)

950 mg 4-Nitro-diazoacetophenon werden in 35 ml Benzol und 15 ml Dioxan gelöst und mit 500 mg (ca. $^1/_2$ ml) Thiophosgen versetzt. Nach Stehenlassen über Nacht wird eingeengt. Das restliche Kristallgemisch entwickelt HCl. Es wird bis zur Beendigung der HCl-Entwicklung (ca. 2 Std) in 20 ml Cyclohexan gekocht. Beim langsamen Abkühlen der Lösung erhält man derbe, dunkelgelbe Nadeln, Fp 133° C, Ausbeute 60%.

Abweichend von obiger Reaktion setzen sich m-Methyl- und m-Methoxy-benzoyldiazomethan mit Thiophosgen zu α-Chlor-β-oxo-β-arylthiopropionsäurechloriden um *(130)* (68):

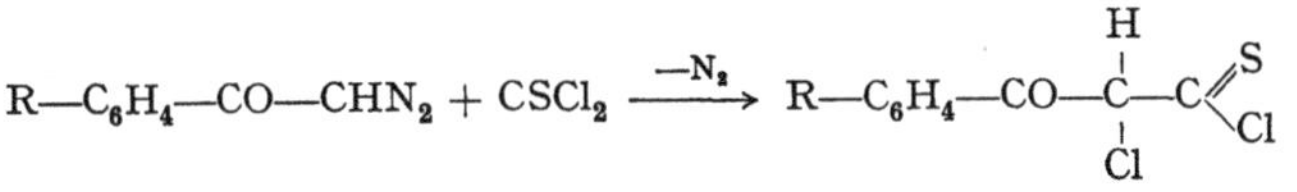

$$R{-}C_6H_4{-}CO{-}CHN_2 + CSCl_2 \xrightarrow{-N_2} R{-}C_6H_4{-}CO{-}\underset{Cl}{\underset{|}{C}}{-}C\underset{Cl}{\overset{S}{\diagup}} \quad (68)$$

$$R = m\text{-}CH_3,\ m\text{-}O{-}CH_3$$

p-Methoxy-diazo-acetophenon liefert mit Thiophosgen im Überschuß eine Verbindung, deren Analysenwerte für den Chlorthiokohlensäureester des α.α.α-Trichlor-β-mercapto-β-[4-methoxy-benzoyl]-äthans (69) zutreffen *(130)*:

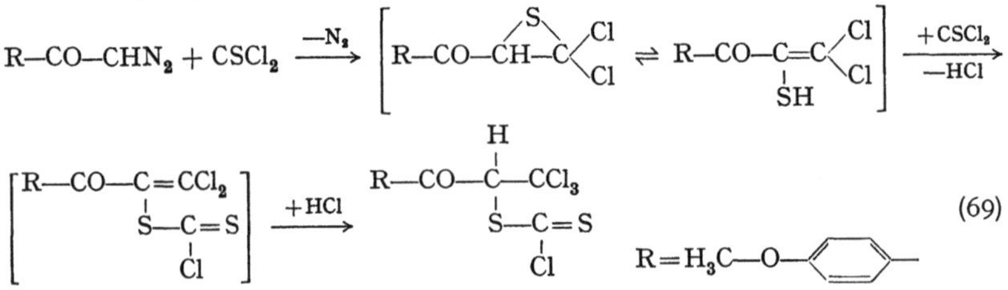

$$R{-}CO{-}CHN_2 \xrightarrow{-N_2} \left[R{-}CO{-}CH{-}C\underset{Cl}{\overset{S\diagdown\!\!Cl}{\diagup}} \rightleftharpoons R{-}CO{-}\underset{SH}{\underset{|}{C}}{=}C\underset{Cl}{\overset{Cl}{\diagup}} \right] \xrightarrow[-HCl]{+CSCl_2}$$

$$\left[R{-}CO{-}\underset{\underset{Cl}{\underset{|}{S{-}C{=}S}}}{\underset{|}{C}}{=}CCl_2 \right] \xrightarrow{+HCl} R{-}CO{-}\underset{\underset{Cl}{\underset{|}{S{-}C{=}S}}}{\underset{|}{\overset{H}{\underset{|}{C}}}}{-}CCl_3 \quad R = H_3C{-}O{-}\langle\!\!\!\bigcirc\!\!\!\rangle{-} \quad (69)$$

8. Umsetzung von Diazoketonen mit aromatischen Aldehyden *(134)*

Erhitzt man p-Methyl- bzw. p-Methoxy-benzoyl-diazomethan mit einem Überschuß an aromatischem Aldehyd ohne Lösungsmittel oder in absolutem Xylol, so erfolgt unter Stickstoffabspaltung Anlagerung des Aldehyds unter Ausbildung eines Dioxols (70). Bevor es zu einer N_2-Abspaltung kommt, muß die Anlagerung des positiv polarisierten Aldehydkohlenstoffs an die „aufgerichtete" C=O-Doppelbindung des Diazoketons erfolgen; andernfalls müßte Wolffsche Umlagerung zu erwarten sein.

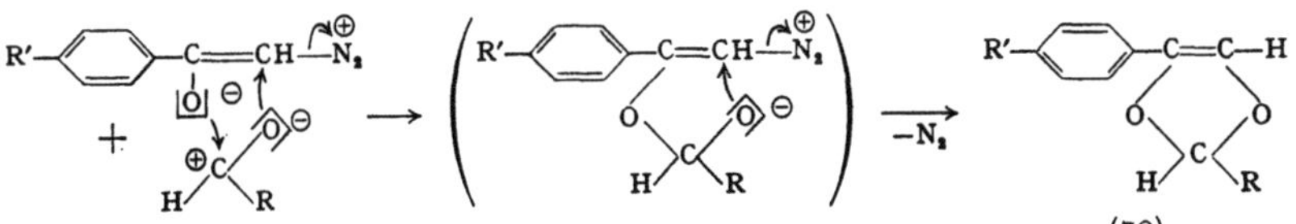

(70)

Bei dieser Reaktion werden Dioxole erhalten, die, im Gegensatz zu denen aus Chinondiaziden hervorgehenden (71), nicht mit aromatischen Ringen kondensiert sind. Die Reaktion verläuft nur mit p-Methyl- bzw. p-Methoxy-benzoyldiazomethan glatt. Beim unsubstituierten Benzoyldiazomethan sowie bei Benzoyldiazomethanen mit positivierenden Substituenten (p-Nitro, p-Chlor) erfolgt entweder keine Reaktion oder es tritt unter N_2-Abspaltung in geringem Ausmaß Dimerisierung des Diazoketons zum Diacyl-äthylen ein.

Als aromatische Aldehyde kommen Benzaldehyd sowie Nitro- bzw. Chlor-substituierte Benzaldehyde in Frage.

Nachfolgende Tabelle 13 zeigt einige Dioxole dieser Art.

Tabelle 13. *Dioxole aus Diazoketonen und aromatischen Aldehyden (134)*, vgl. Formel (70)

Verb.	R'	R	Fp [°C]	Ausb. [%]
(70a)	CH_3	C_6H_5	85	38
(70b)	CH_3	3-NO_2—C_6H_4	153	28
(70c)	CH_3	4-Cl-3-NO_2-C_6H_3	152—153	28
(70d)	CH_3—O	C_6H_5	130	33
(70e)	CH_3—O	4-NO_2—C_6H_4	185	17

Darstellungsmethode (134)

Allgemeine Vorschrift: Bei flüssigen Aldehyden arbeitet man ohne Lösungsmittel, bei festen verwendet man absolutes Xylol und einen Überschuß Diazoketon. Es wird unter Feuchtigkeitsausschluß einige Stunden auf dem siedenden Wasserbad und anschließend in einem Ölbad auf 120—130° C (Bad) erhitzt, bis die N_2-Entwicklung aufhört. Die substituierten Dioxole fallen nach Einengen und Stehenlassen im Tiefkühlschrank, eventuell nach Zusatz von wenig Methanol, kristallin aus. Sie lassen sich aus Methanol umkristallisieren.

2-Phenyl-4-[4-methoxy-phenyl]-dioxol-(1.3) (70d):

3 g p-Methoxy-benzoyl-diazomethan werden in einem kleinen Überschuß frisch destilliertem Benzaldehyd über Nacht stehen gelassen (geringe N_2-Entwicklung). Danach wird 8 Std auf dem siedenden Wasserbad unter Rückfluß ($CaCl_2$-Rohr) und dann im Ölbad bei 120—130° C bis zur Beendigung der N_2-Entwicklung erhitzt. Nach dem Stehenlassen im Tiefkühlschrank und Anreiben fällt ein kristalliner Niederschlag aus, der rasch abfiltriert und mit kaltem Methanol gewaschen wird. Aus der Mutterlauge läßt sich noch eine zweite Fraktion gewinnen. Farblose Prismen aus Methanol; Fp 130° C; Ausbeute 33%.

9. Reaktion von Diazoketonen mit C=C-Doppelbindungen

In gewissem Sinne wäre die Umsetzung mit Cyanallen auch unter diesem Gesichtspunkt zu betrachten, sie wurde aber vorweggenommen und in den Zusammenhang mit den kumulierten Systemen gestellt.

Im allgemeinen gibt es zwei mögliche Wege (A) und (B) für die nichtkatalysierte Reaktion von α-Diazoketonen mit geeignet aktivierten Doppelbindungen (135):

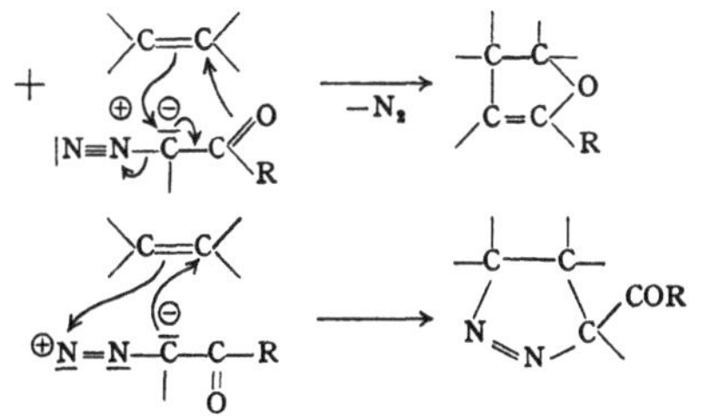

Weg (A) führt zu einem Dihydrofuransystem, dies ist z.B. in der Butenolidbildung (vgl. S. 43ff.) realisiert *(111)*. Weg (B) führt unter Einbeziehung des Diazoketonstickstoffes zu Pyrazolinen *(136)*; in Fällen geeigneter Substitution kann sich das System zu Pyrazolen aromatisieren (vgl. S. 48ff.) *(125)*.

Zur Prüfung, nach welchem Weg (A oder B) die Reaktion zwischen Benzoyldiazomethan und einer anderen C=C— als der ungewöhnlich reaktiven Keten-Doppelbindung ablaufen würde, wählten CLARK und YATES *(135)* das trans-1.2-Dibenzoyläthylen. Dabei wurde gefunden, daß ausschließlich der Weg (B) beschritten wird. Neben wenig trans-1.2.3-Tribenzoyl-cyclopropan wird das Pyrazolin (71) als Hauptprodukt erhalten, das sich mit N-Bromsuccinimid leicht zum Pyrazol (72) oxydieren läßt:

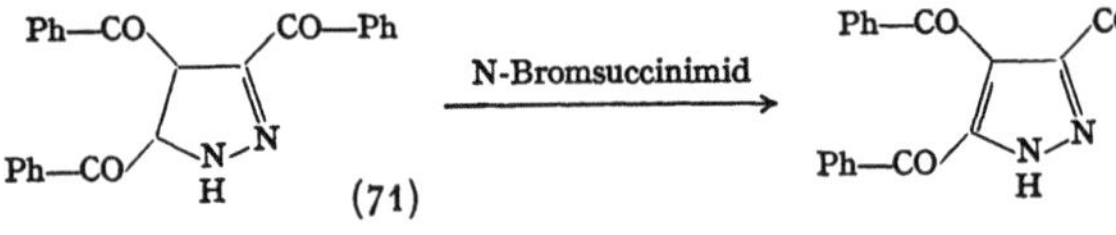

10. Reaktion von Diazoketonen mit Alkinen

Aus aliphatischen Diazoverbindungen und Acetylen sowie dessen Derivaten werden Pyrazole erhalten *(137)*. Pyrazol selbst entsteht aus Diazomethan und Acetylen *(138)*. Substituierte Pyrazole bilden sich aus aliphatischen Diazoverbindungen und, in erster Linie, Acetylendicarbonsäureestern *(139)* sowie nach der oben S. 48ff. angegebenen Methode aus Cyanallen *(125)*.

HUISGEN *(77)* hat gezeigt, daß 3.4.5.6-Tetrachlor-o-benzochinondiazid bei der Thermolyse in Gegenwart von Phenylacetylen unter Stickstoffabspaltung 2-Phenyl-4.5.6.7-tetrachlor-benzofuran ergibt. Im Falle der Diazoketone sollte nach der Stickstoffabspaltung eine analoge Reaktion zum 3.5-disubstituierten Furan oder aber zu einem Acetylenderivat, R—CO—CH$_2$—C≡C—C$_6$H$_5$ möglich sein. Ein derartiger Reaktionsverlauf ist jedoch in keinem Fall beobachtet worden. Vielmehr werden mit Phenylacetylen stets 3-Acyl-5-phenylpyrazole (73) erhalten, und zwar selbst dann, wenn das Diazoketon in siedendes Phenylacetylen bei Gegenwart von Kupferpulver eingetragen wird. Offenbar läuft also die Pyrazolbildung der Stickstoffabspaltung selbst aus wenig stabilen Diazoketonen den Rang ab *(140)*.

Statt Phenylacetylen können auch Alkinole eingesetzt werden; die Ausbeute nimmt dabei mit steigender Kettenlänge des Alkinols ab. Symmetrische Alkindiole reagieren mit Diazoketonen nicht *(140)*.

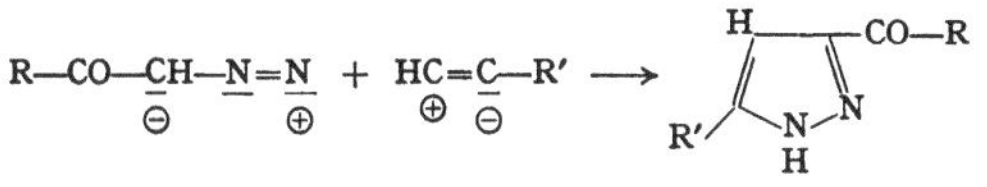

$$R-CO-CH-\underset{\oplus}{\underset{\ominus}{N}}=N + HC\equiv\underset{\ominus}{\underset{\oplus}{C}}-R' \longrightarrow \underset{R'NN}{\underset{||}{\underset{HH}{\overset{HCO-R}{\diagup\diagdown}}}} \qquad (73)$$

Die Tabelle 14 zeigt eine Auswahl der so erhältlichen Pyrazole.

Tabelle 14. *Pyrazole aus Diazoketonen und Phenylacetylen bzw. Alkinolen (140), vgl. Formel (73)*

Verb.	R	R'	Fp [°C]	Ausb. [%]
Mit Phenylacetylen				
(73a)	C_6H_5	C_6H_5	174	59
(73b)	p-NO_2—C_6H_4	C_6H_5	231	55
(73c)	p-CH_3—O—C_6H_4	C_6H_5	156	63
(73d)	CH_3	C_6H_5	154	30
(73e)	β-Naphthyl	C_6H_5	211	53
Mit Propargylalkohol				
(73f)	p-NO_2—C_6H_4	CH_2—OH	186	46
Mit Butin-(1)-ol-(3)				
(73g)	p-NO_2—C_6H_4	CH(OH)—CH_3	191	37
Mit Pentin-(1)-ol-(3)				
(73h)	p-NO_2—C_6H_4	CH(OH)—CH_2—CH_3	203	23
Mit Hexin-(1)-ol-(3)				
(73i)	p-NO_2—C_6H_4	CH(OH)—CH_2—CH_2—CH_3	139	17

Darstellungsmethoden (140)

Umsetzung mit Phenylacetylen: Je 1 Mol.-Äquivalent Diazoketon und Phenylacetylen werden ohne Lösungsmittel auf dem siedenden Wasserbad etwa 5 Std lang erhitzt. Die Pyrazolderivate (73) fallen nach dem Erkalten kristallin aus. Sie werden aus Methanol, Chloroform oder Dioxan umkristallisiert.

Umsetzung mit Alkinolen: Je 1 Mol.-Äquivalent Alkinol und Diazoketon werden bei der Siedetemperatur des jeweiligen Alkinols umgesetzt. Die Reaktion erfordert, abhängig von den eingesetzten Komponenten, 15 min bis 4 Std; manche Pyrazole kristallisieren erst nach längerem Stehenlassen im Tiefkühlschrank aus.

11. Umsetzung von Diazoketonen mit Arinen *(141)*

Die leicht zugänglichen Dehydrobenzole *(142)* lassen sich in Anwesenheit von Diazoketonen abfangen. Unter Cycloaddition werden substituierte Indazole (74) gebildet *(141)*:

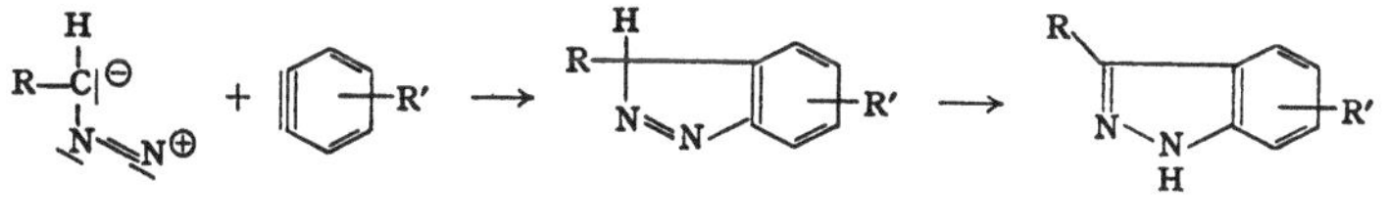

Die Tabelle 15 gibt einige Beispiele dafür an.

Tabelle 15. *Indazole aus Diazoketonen und Arinen (141)*, vgl. Formel (74)

Verb.	R	R'	Fp [°C]	Ausb. [%]
(74a)	C_6H_5—CO—	H	189	88
(74b)	β-Naphthoyl	H	208	82
(74c)	C_6H_5—CO—	5(6)-Br	258—259	71

Darstellungsmethode (141)

3-Benzoylindazol: 4,0 g Benzoyldiazomethan werden in 100 ml Methylenchlorid gelöst und mit 5,0 g Benzol-diazonium-o-carboxylat (*142*b) versetzt. Die Suspension wird unter Rühren langsam bis zum Siedepunkt des Methylenchlorids erwärmt und bei dieser Temperatur solange weitergerührt, bis eine dunkle Lösung entstanden ist (ca. 1$^1/_2$ Std). Nach Verdampfen des Lösungsmittels wird der Rückstand in heißem Methanol gelöst; beim Erkalten kristallisiert das 3-Benzoylindazol in feinen Nadeln, Fp 189° C, Ausbeute 88%.

12. Umsetzung von Diazocarbonylverbindungen mit Triphenylphosphin

Das Gebiet der Umsetzungen von Diazoverbindungen mit tertiären Phosphinen, speziell mit Triphenylphosphin, sowie der sich daraus ableitenden Folgereaktionen ist inzwischen durch zahlreiche Arbeiten erschlossen worden. Am Anfang stehen die Untersuchungen STAUDINGERS (*143—145*), mit denen erstmals die Bildung von Phosph(in)azinen aus Phosphinen und Diazoverbindungen gezeigt wurde. In neuerer Zeit wurden dann die Phosphazine, besonders die der aliphatischen Diazoverbindungen weiter bearbeitet (*146—148*). Eine Übersicht über die Bedeutung der tertiären Phosphine findet man bei HORNER und HOFFMANN (*149*).

Diazoketone und Triphenylphosphin. Hier ist insbesondere über die Arbeiten von BESTMANN (*148, 150, 151*) zu berichten, von denen bereits ein Teil zusammenfassend genannt ist (*3*). Diazoketone reagieren mit tertiären Phosphinen, speziell mit Triphenylphosphin, zu α-Ketotriphenyl-phosphazinen (75). Diese damit leicht zugänglich gewordene Körperklasse bildet eine Ausgangsbasis für weitere präparative Methoden. Es werden beispielsweise auf diesem Wege α-Ketoaldehyde, β-Ketosäureester, Methylketone und Heterocyclen erhalten (*3, 148*), hierüber unterrichtet das nachstehende Schema.

Über die durch Kupfersalze katalysierte Zersetzung von Diazoverbindungen in Gegenwart von Triphenylphosphin berichten WITTIG und SCHLOSSER (*152*). Es werden unter Freisetzung von Stickstoff Phosphorylene erhalten.

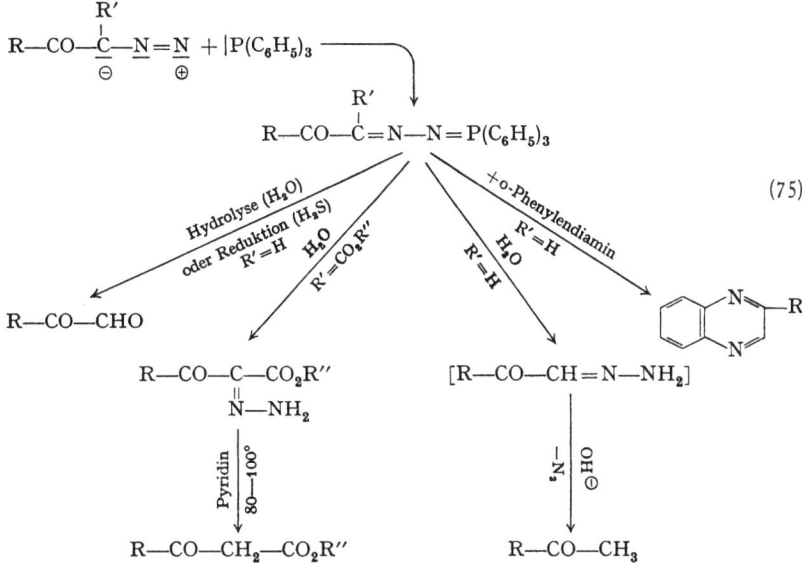

(75)

Über die Kinetik der Phosphazinbildung aus p-X-Phenyldiphenylphosphinen (A)

(A) $X=\langle\underset{\oplus}{}\rangle=P\langle\rangle$ X = H, Cl, Br, OCH$_3$, N(CH$_3$)$_2$

mit 9-Diazo-fluoren berichten GOETZ und JUDS (153).

Die Umsetzung von Chinondiaziden mit Triphenylphosphin. Während Diazoniumsalze nur unter bestimmten Bedingungen mit Triphenylphosphin zu roten, sehr unbeständigen Azophosphoniumsalzen umgesetzt werden können (154), lassen sich stabile Phosphazine aus o-Chinondiaziden und Triphenylphosphin darstellen, wie STAUDINGER und LÜSCHER (145) am Beispiel des Triphenylphosphazins des 4.6-Dinitrobenzochinon-(1.2)-diazids-(2) zeigten.

Gemäß dieser Reaktion konnten nun zahlreiche o- und p-Chinondiazide mit Triphenylphosphin zu den entsprechenden o- und p-Chinontriphenylphosphazinen umgesetzt werden (155), 156):

Die Fähigkeit, das einsame Elektronenpaar des Phosphors mit der Diazogruppe in Bindung zu bringen, hängt einerseits von der Art des Phosphins ab — Triäthylphosphin ist nucleophiler als Triphenylphosphin — zum anderen davon, welche der Strukturen A und B innerhalb einer Mesomerie nach

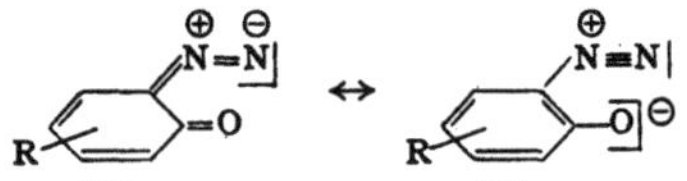

(A)   (B)

bevorzugt wird. Die Kupplungsfähigkeit des Chinondiazids steigt mit wachsender Beteiligung der Struktur B. Dies läßt sich insbesondere durch den Einbau elektronenansaugender Substituenten R in m-Stellung zur Diazogruppe erreichen, die infolge Aufnahme negativer Ladung die Ausbildung der Diazoniumstruktur fördern. Die Wellenzahl der Diazobande im IR-Spektrum des Chinondiazids steigt mit wachsender Beteiligung der Diazoniumstruktur an und kann daher als Maß für die zu erwartende Reaktivität gegenüber Triphenylphosphin herangezogen werden (156).

Wie man an der niederfrequent verschobenen Diazobande im IR-Spektrum erkennen kann, liegen unsubstituierte, höherkondensierte o-Chinondiazide vorwiegend als echte Chinondiazide (A) vor. Diese kuppeln erfahrungsgemäß kaum mit Phenolen und reagieren auch nicht mit Triphenylphosphin. Beispiele sind dafür das Chrysenchinon-(5.6)-diazid-(6) und das Phenanthrenchinon-(9.10)-diazid. Beobachtet man im IR-Spektrum die Diazobande bei höherer Frequenz, so erfolgt auch leicht Kupplung dieser Chinondiazide mit Triphenylphosphin. Chinondiazide mit sehr hochfrequenter Diazobande ergeben eine anomale Reaktion mit Triphenylphosphin, auf die noch eingegangen wird (156).

Die unter normalen Bedingungen nicht kuppelnden Chinondiazide können aber doch Chinonphosphazine bilden, wenn das Chinondiazid im Komplex mit einer Lewis-Säure, am besten mit wasserfreiem Zinkchlorid, mit Triphenylphosphin umgesetzt wird. Durch den elektronenziehenden Einfluß der Lewis-Säure wird die Diazogruppe stärker elektrophil. Die Kupplungsprodukte erhalten 1 Mol $ZnCl_2$ komplex gebunden, dessen Abspaltung noch nicht gelungen ist (156), vgl. z.B. (76d) in Tabelle 16.

Das Nichteintreten der Kupplungsreaktion bei solch höher kondensierten Chinondiaziden mit langwellig verschobener Diazobande wird von REGITZ (47) bestätigt. Er fand, daß 9-Diazo-anthron selbst bei mehrstündigem Kochen nicht mit Triphenylphosphin reagiert; jedoch

Tabelle 16. *Phosphazine aus o- und p-Chinondiaziden und Triphenylphosphin* (155, 156)

Verb.	Formel	Fp [°C]	[Ausb.%]
Aus o-Chinondiaziden			
(76a)	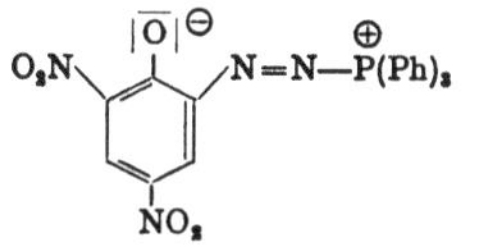 O_2N-substituted, NO_2, $N=N-P(Ph)_3$	184 (Z)	
(76b)	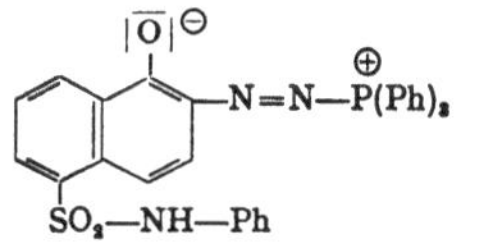 $SO_2-NH-Ph$ naphthyl, $N=N-P(Ph)_3$	164—165 (Z)	76
(76c)	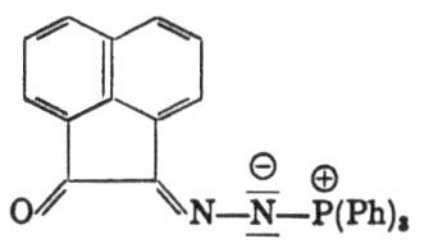 acenaphthylenone, $N-\bar{N}-P(Ph)_3$	109—111 Rohprodukt	
(76d)	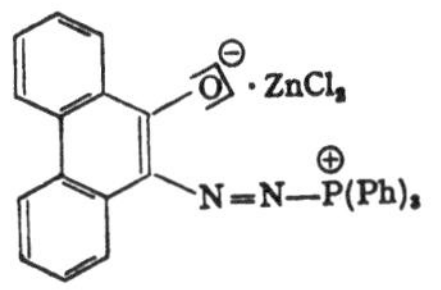 phenanthrene-O⁻·ZnCl₂, $N=N-P(Ph)_3$	>202 (Z)	91
Aus p-Chinondiaziden			
	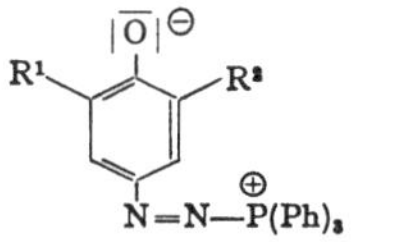 R^1, R^2 substituted, $N=N-P(Ph)_3$		
(76e)	$R^1=H$ $R^2=CO_2H$	173—174 (Z)	84
(76f)	$R^1=H$ $R^2=CO \cdot NH \cdot C_6H_5$	174 (Z)	80
(76g)	$R^1=Cl$ $R^2=Cl$	183 (Z)	93
(76h)	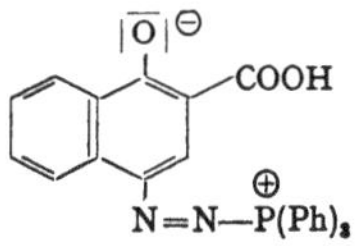 naphthyl-COOH, $N=N-P(Ph)_3$	177 (Z)	84

gelang ihm die Kupplung nach Zusatz stark polarer Lösungsmittel, wie Dimethylformamid oder Acetonitril; ein Zusatz von Zinkchlorid war bei diesem Beispiel nicht erforderlich:

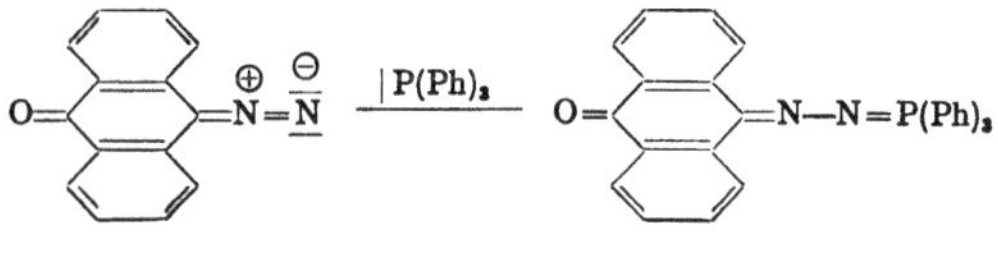

Es konnte auch das Triphenylphosphazin des dem 9-Diazo-anthron analogen Diazosulfoxydes (des 9-Diazo-thioxanthen-S-dioxyds) erhalten werden (47):

$$\text{O}_2\text{S} \diagup \diagdown =\text{N}_2 \xrightarrow{\text{|P(Ph)}_3} \text{O}_2\text{S} \diagup \diagdown =\text{N}-\text{N}=\text{P(Ph)}_3$$

9-Diazofluoren — als Beispiel einer Diazoverbindung ohne Carbonylfunktion — bildet mit Triphenylphosphin Triphenylphosphin-fluorenonazin (157).

Die Chinontriphenyl-phosphazine sind sehr gut kristallisierte, leuchtend rot oder orange gefärbte Substanzen; diejenigen der o-Reihe unterscheiden sich in ihren Eigenschaften zum Teil erheblich von denen der p-Reihe. Die p-Chinontriphenylphosphazine sind thermisch und gegen chemische Agentien weit stabiler als die Vertreter der o-Reihe. Die Zersetzungspunkte der Chinonphosphazine liegen erwartungsgemäß höher als die der Phosphazine aus aliphatischen Diazoverbindungen. Der höhere Zersetzungspunkt und die geringere Löslichkeit von p-Chinontriphenylphosphazinen in schwach polaren Lösungsmitteln werden durch ihr höheres Dipolmoment bedingt (155, 156).

In der Tabelle 16 (S. 63) sind einige Chinon-triphenylphosphazine genannt.

Darstellungsmethoden (156)

Benzochinon-(1.4)-triphenylphosphazine-(4).

Allgemeine Vorschrift: 0,01 Mol des reinen p-Benzochinondiazids wird unter leichtem Erwärmen in 100—150 ml Methanol oder Essigester gelöst bzw. suspendiert. Dazu gibt man unter Umschütteln die filtrierte Lösung von 2,9 g (0,011 Mol) Triphenylphosphin in 25 ml Äther. Das Reaktionsgemisch färbt sich dabei sofort intensiv rot, und noch suspendiertes Chinondiazid geht allmählich in Lösung. Man filtriert schnell, bevor sich das p-Chinon-phosphazin abzuscheiden beginnt, durch ein Faltenfilter und läßt im Kühlschrank auskristallisieren. Nach 1—2 Std saugt man die tiefroten, in einigen Fällen blauglänzenden Kristalle ab und wäscht mit Äther nach.

Zur Umkristallisation setzt man der filtrierten Lösung von 2 g Rohprodukt in 25 ml Chloroform ca. 30 ml Äther zu. Die Abscheidung des reinen Chinonphosphazins beginnt alsbald.

In einigen Fällen ist es günstiger, die Komponenten in Chloroform miteinander umzusetzen (pro 0,01 Mol ca. 40 ml Chloroform). Hierbei ist oft starke Wärmeentwicklung festzustellen. Die Abscheidung des Chinonphosphazins aus der filtrierten Reaktionslösung erfolgt nach Zusatz eines gleichen Volumens an Äther.

Allgemeine Vorschrift zur Darstellung der o-Chinontriphenylphosphazine:

Die Darstellung der o-Chinontriphenylphosphazine geschieht wegen der leicht eintretenden Hydrolyse in absoluten Lösungsmitteln. Beispiel: 0,01 Mol reines Naphthochinon-(1.2)-diazid-(2) wird in 75 ml warmem, trockenem Methanol suspendiert und unter Schütteln mit einer filtrierten Lösung von 2,9 g (0,011 Mol) Triphenylphosphin in 25 ml absolutem Äther versetzt, wobei sich das Reaktionsgemisch tiefrot färbt. Sobald das Chinondiazid völlig in Lösung gegangen ist, wird rasch filtriert und dem Filtrat absoluter Äther (30 ml) zugesetzt. Kristallisation nach Anreiben mit Glasstab. Das Rohprodukt wird nach dem Absaugen mit Äther/Petroläther (1:1) gewaschen und aus Chloroform/Äther oder aus Benzol/Petroläther umkristallisiert.

Zinkchlorid-Additionsprodukte unsubstituierter, höheranellierter o-Chinondiazide: 0,01 Mol des reinen o-Chinondiazids und 2,9 g (0,011 Mol) Triphenylphosphin werden in 40 ml absolutem Dioxan bei ca. 50° C gelöst. Hierbei tritt keine sichtbare Reaktion ein. Unter mechanischem Rühren läßt man die heiße Lösung von 1,4 g (0,01 Mol) frisch geschmolzenem, wasserfreiem $ZnCl_2$ in ca. 40 ml absolutem Dioxan zufließen, worauf sich die Reaktionslösung tiefrot färbt. Nach wenigen Minuten setzt die Kristallisation der Additionsverbindung ein. Man rührt noch 10 min bei 60° C, kühlt auf Zimmertemperatur, setzt 50 ml absoluten Äther zu und saugt nach $1/2$ Std vom gut kristallisierten Rohprodukt ab, das mehrmals mit trockenem Äther gewaschen wird. Die Mutterlauge liefert weitere Fraktionen. Das Rohprodukt wird aus Äthylenchlorid/Äther umkristallisiert.

Weitere Eigenschaften und Reaktionen der Chinonphosphazine (*155, 156*).

Die Chinontriphenylphosphazine sind in kristallisiertem Zustand gegen Hydrolyse unempfindlich; in Lösung dagegen findet schon bei Normaltemperatur durch Zutritt feuchter Luft mehr oder weniger rasch Hydrolyse zu Chinonmonohydrazon und Triphenylphosphinoxyd statt. Dabei erweisen sich die Phosphazine der o-Chinondiazide als wesentlich empfindlicher als die der p-Chinondiazide. Bei der Hydrolyse lagert sich ein Proton an den Phenolatsauerstoff an. Das entstehende Phosphoniumkation ist dann dem nucleophilen Angriff eines Wassermoleküls zugänglich. Bei den o-Chinonphosphazinen ist nun die treibende Kraft für die nachfolgende hydrolytische Spaltung der P—N-Bindung in der Möglichkeit einer starken Chelatisierung innerhalb des Hydrolyseprodukts zu suchen:

Für dieses Verhalten liegen IR-spektroskopische sowie präparative Beweise vor.

Die hydrolytische Spaltung wird durch Mineralsäure katalysiert, was in der präparativen Darstellung ausgenutzt wird, während aliphatische Phosphazine unter diesen Bedingungen zumeist verharzen.

Die p-Chinontriphenylphosphazine sind in der Hitze ebenfalls durch Säure hydrolysierbar, die Reaktion verläuft jedoch unter Stickstoffabspaltung; denn die primär gebildete p-Hydroxy-diimino-Verbindung (*77*) kann sich nicht durch intramolekulare Chelatisierung stabilisieren.

Es entstehen das entsprechende Phenol (78) neben wechselnden Mengen eines rotbraunen Harzes (156).

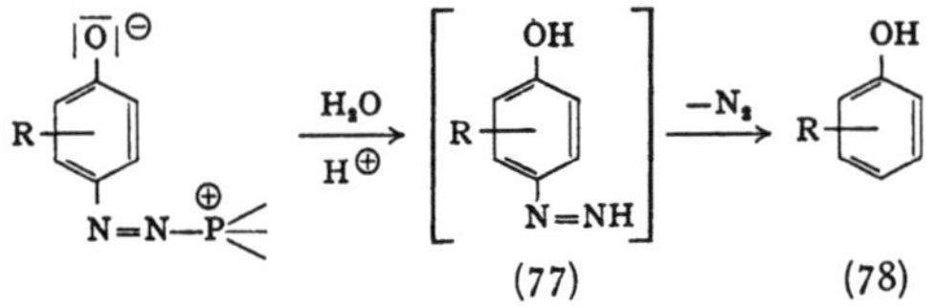

$$R\text{-}C_6H_4\text{-}N=N\text{-}P\overset{\oplus}{\underset{}{}} \xrightarrow[H^\oplus]{H_2O} \left[R\text{-}C_6H_4(OH)\text{-}N=NH \right] \xrightarrow{-N_2} R\text{-}C_6H_4\text{-}OH$$

$$\quad\quad\quad\quad\quad\quad\quad\quad\quad\quad\quad (77) \quad\quad\quad (78)$$

Die Phosphazine von Diazoalkanen, o-Chinondiaziden und p-Chinondiaziden zeigen gegenüber 2 n HCl ein abgestuftes Verhalten: die Phosphazine von Diazoalkanen lagern auf Grund ihres basischen Charakters reversibel Mineralsäure an; wie diese Gruppe von Phosphazinen verhält sich das Triphenylphosphazin des Acenaphthendiazoketons (76c): seine rote Lösung in Chloroform färbt sich beim Schütteln mit 2 n HCl hellgelb; beim Schütteln mit 2 n NaOH kehrt die rote Farbe wieder zurück. Dies ist mehrmals wiederholbar. Auch das von REGITZ (47) erhaltene Triphenylphosphazin des 9-Diazoanthrons zeigt reversible Säureaddition, ebenso das Triphenylphosphazin des analogen 9-Diazo-thioxanthen-S-dioxyds (47).

Die o-Chinonphosphazine ergeben unter den genannten Bedingungen ebenfalls einen Farbumschlag von Rot nach Gelb; diese Farbänderung ist jedoch irreversibel. Die p-Chinontriphenylphosphazine zeigen unter diesen Bedingungen keinerlei Veränderung.

Die Verlagerung des nucleophilen Zentrums vom Kohlenstoff bzw. Stickstoff (bei aliphatischen Phosphazinen) vorwiegend auf den Sauerstoff (bei Chinonphosphazinen) bedingt die Unterschiede im Verhalten der beiden Stoffklassen (156).

Hydrierende Spaltung mit SnCl₂

Die Hydrolyseprodukte der o-Chinonphosphazine werden von SnCl₂ in stark salzsaurer Lösung zwischen den Stickstoffatomen hydrierend gespalten unter Bildung von o-Aminophenol und Freisetzung von Ammoniak (156):

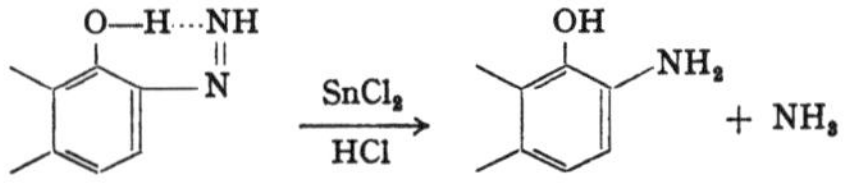

$$\text{(o-chinonphosphazin-hydrolyseprodukt)} \xrightarrow[\text{HCl}]{SnCl_2} \text{(o-Aminophenol)} + NH_3$$

Die hydrierende Spaltung gelingt unter denselben Bedingungen auch bei o- und p-Chinontriphenylphosphazinen. Neben Triphenylphosphinoxyd entsteht hierbei Ammoniak und o- bzw. p-Aminophenol. Im Fall der p-Chinonphosphazine verläuft die hydrierende Spaltung der Azogruppierung unter Bildung von p-Aminophenol und Ammoniak schneller als die Stickstoff-Eliminierung aus der bei saurer Hydrolyse des p-Chinonphosphazins primär entstehenden p-Hydroxy-diimino-Verbindung (156):

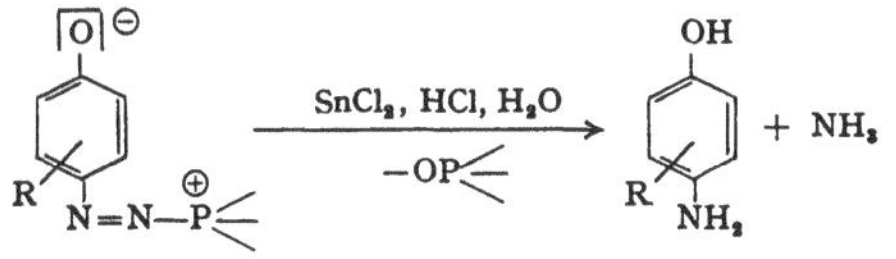

$$\underset{R}{\underset{N=N-P\underset{}{\overset{\oplus}{\diagdown}}}{\bigcirc\!\!\!\!\!\!|^{\ominus}}} \xrightarrow[-OP\diagdown]{SnCl_2,\ HCl,\ H_2O} \underset{R}{\underset{NH_2}{\bigcirc\!\!\!\!\!\!OH}} + NH_3$$

Umsetzung mit Methyljodid

Die Umsetzung von o- und p-Chinontriphenylphosphazinen mit Methyljodid zeigt weitere deutliche Unterschiede in der Reaktivität zwischen den Vertretern der o- und p-Reihe.

Wie α-Keto-triphenylphosphazine (148) werden auch o-Chinontriphenylphosphazine durch Methyljodid gespalten:

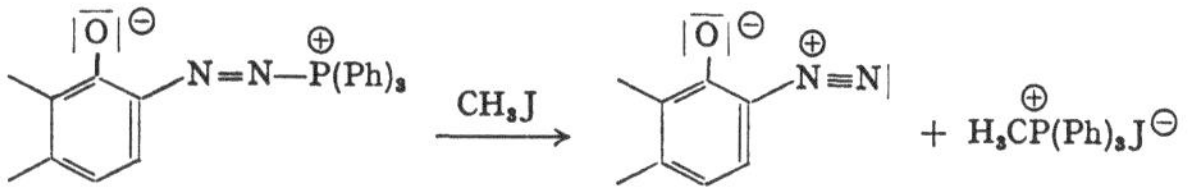

$$\underset{}{\bigcirc\!\!\!\!\!\!|^{\ominus}}\text{—}N=N-P(Ph)_3 \xrightarrow{CH_3J} \underset{}{\bigcirc\!\!\!\!\!\!|^{\ominus}}\text{—}N\equiv N| + H_3\overset{\oplus}{C}P(Ph)_3J^{\ominus}$$

p-Chinontriphenylphosphazine werden unter gleichen Bedingungen nicht angegriffen (156).

Aus den genannten Reaktionen ist ersichtlich, daß die o-Chinontriphenylphosphazine noch recht viel Ähnlichkeit mit den Triphenylphosphazinen der Diazoketone besitzen, während die p-Chinontriphenylphosphazine bezüglich ihrer Beständigkeit eine Sonderstellung unter den Triphenylphosphazinen einnehmen (156).

Über anomale o-Chinontriphenylphosphazine (159)

Wie gezeigt wurde, führt die Umsetzung von p-Chinondiaziden mit Triphenylphosphin in glatter Reaktion zu stabilen p-Chinontriphenylphosphazinen (155, 156, 158). o-Chinondiazide hingegen reagieren je nach ihrer elektrophilen Aktivität, die aus der Lage der Diazovalenzschwingungsbande im IR-Spektrum abgeschätzt werden kann, in dreierlei Weise. Auf die normale und auf die erst durch Lewis-Säuren induzierte Kupplung mit Triphenylphosphin wurde bereits eingegangen (156).

o-Chinondiazide mit sehr hoher elektrophiler Aktivität ergeben, worauf früher schon hingewiesen wurde, eine anomale Reaktion mit Triphenylphosphin (156, 159).

Benzochinon-(1.2)-diazide-(2), vor allem, wenn sie wie (79) in 4- und 6-Stellung stark elektronensaugende Substituenten tragen, wodurch die elektrophile Aktivität der Diazogruppe induktiv und mesomer gesteigert wird ($v_{N\equiv N} > 2200$ cm^{-1}), reagieren mit Triphenylphosphin besonders heftig. Dabei entstehen primär tief violette, instabile Addukte [z. B. (80)], die nur bei Einhaltung bestimmter Bedingungen isolierbar sind. Insbesondere in Lösung zersetzen sie sich schon bei $<0°$ C unter Selbsterwärmung und Stickstoffentwicklung. Dies ist um so erstaunlicher, als man auf Grund der fehlenden IR-Absorption im Bereich der

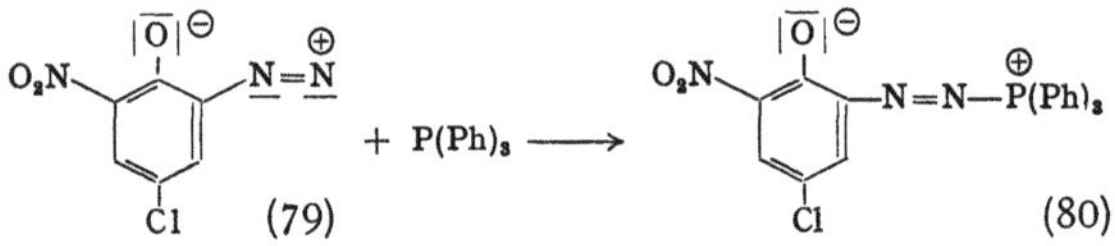

$$O_2N-\underset{Cl}{\underset{|}{C_6H_2}}(\bar{O}|^\ominus)-\overset{\oplus}{N}=\underline{N} \quad + \text{ P(Ph)}_3 \longrightarrow \quad O_2N-\underset{Cl}{\underset{|}{C_6H_2}}(\bar{O}|^\ominus)-N=\overset{\oplus}{N}-\text{P(Ph)}_3$$

(79) (80)

Diazovalenzschwingung auf eine besonders feste P—N-Bindung schließen sollte (159). Die Ursache der Labilität ist wahrscheinlich in einer weitgehenden Hinderung der Mesomerie zwischen Phosphoratom und Carbonylsauerstoff durch den einseitigen Elektronenzug der genannten Substituenten am Benzolkern zu suchen:

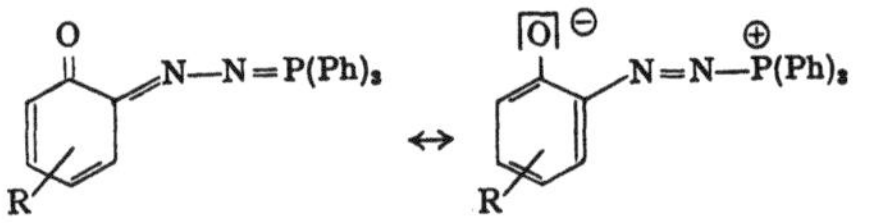

$$\underset{R}{\text{(cyclohexadienon)}}\text{N—N}=\text{P(Ph)}_3 \leftrightarrow \underset{R}{\text{(phenolat)}}\text{N}=\overset{\oplus}{N}-\text{P(Ph)}_3$$

Stehen diese Substituenten in 4- und 6-Stellung, so wird ihr hemmender Einfluß auf die Ausbildung der Phenolat-Grenzstruktur teilweise dadurch ausgeschaltet, daß sie sich selbst an der Mesomerie beteiligen, was wohl die tiefe Farbe der Primäraddukte bedingt. Stehen die wirksamen Substituenten dagegen in 3- und 5-Stellung, so überwiegt ihr induktiv elektronensaugender Effekt. In Übereinstimmung mit dieser Vorstellung beobachtet man bei allen Kupplungsversuchen von 5-Nitrobenzochinon-(1.2)-diazid-(2) mit Phosphinen spontane Zersetzung des roten Primärproduktes [unpolare Grenzform (A)] unter Stickstoffentwicklung.

(A) $\quad \underset{O_2N}{\text{(cyclohexadienon)}}\text{N—N}=\text{P(Ph)}_3$

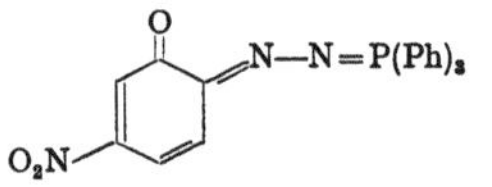

Die Stickstoffabspaltung aus den Primäraddukten wird von der Bildung freier Radikale begleitet, die man durch Auslösung der Polymerisation von Acrylnitril nachweisen kann (159):

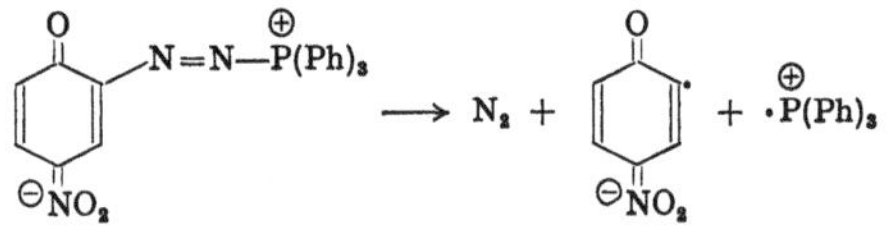

$$\underset{\ominus_{NO_2}}{\text{(cyclohexadienon)}}\text{N}=\overset{\oplus}{N}-\text{P(Ph)}_3 \longrightarrow N_2 + \underset{\ominus_{NO_2}}{\text{(cyclohexadienon)}}\cdot + \cdot\overset{\oplus}{\text{P(Ph)}_3}$$

o-Benzochinondiazide mit stark elektronensaugenden Substituenten stellen auf Grund der Lage der Diazo-Valenzschwingungsbande im IR-Spektrum den Übergang zu den Diazoniumsalzen dar.

Diazoniumsalze kuppeln nach den Befunden HORNERS (149, 154) mit 1 Mol Triphenylphosphin zu einer roten, labilen Azoverbindung, die entweder unter reduktiver Desaminierung zerfällt, oder durch ein zweites Mol Triphenylphosphin zum Arylhydrazylphosphoniumsalz stabilisiert wird.

Ähnlich verhalten sich die Primäraddukte der genannten Art: sie zerfallen nämlich bei Anwesenheit überschüssigen Triphenylphosphins wesentlich langsamer; in einigen Fällen lassen sich stabile, gelbe Diaddukte der Zusammensetzung o-Chinondiazid · 2 P(C_6H_5)$_3$ isolieren (159). An der Fixierung des zweiten Moleküls Triphenylphosphin ist der Substituent in 6-Stellung maßgeblich beteiligt: So ist das Diaddukt (81) von Triphenylphosphin an 4-Nitro-6-carboxy-benzochinon-(1.2)-diazid-(2) sehr beständig, während das Diaddukt (82) insbesondere in Lösung leicht unter Bildung eines orangeroten, schwer löslichen 1:1-Adduktes zerfällt.

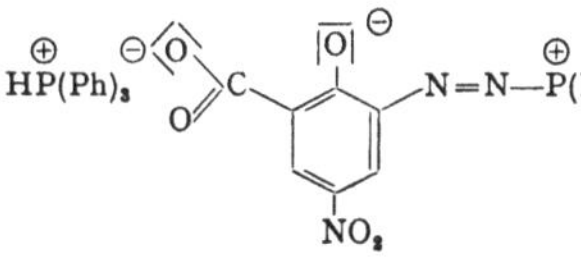

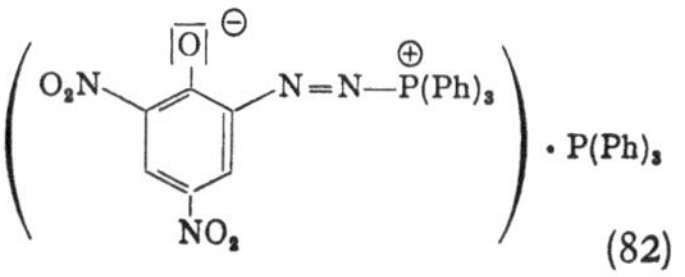

Der Eintritt des ersten Moleküls Triphenylphosphin in das Chinondiazid unter Bildung des Primäradduktes erfolgt als normale Kupplung an die Diazogruppe. In diesem Primärprodukt sind die Substituenten in 4- und 6-Stellung als Träger negativer Ladung an der Mesomerie beteiligt.

Durch Eintritt des zweiten Moleküls Triphenylphosphin erfolgt eine Farbverschiebung von Rotviolett nach Gelb; das zweite Molekül Triphenylphosphin wird salzartig an das Primäraddukt gebunden, wobei die Anwesenheit des starken Elektronendonators $CO_2^\ominus$ in 6-Stellung stabilisierend wirkt (159).

Der Salzcharakter der Diaddukte wird dadurch bestätigt, daß das im Diaddukt (81) salzartig gebundene zweite Molekül Triphenylphosphin durch N.N-Dimethylformamid ersetzt werden kann. Ohne Berücksichtigung der Tautomerie des Kations kommt dieser Verbindung (83) folgende Struktur zu (159).

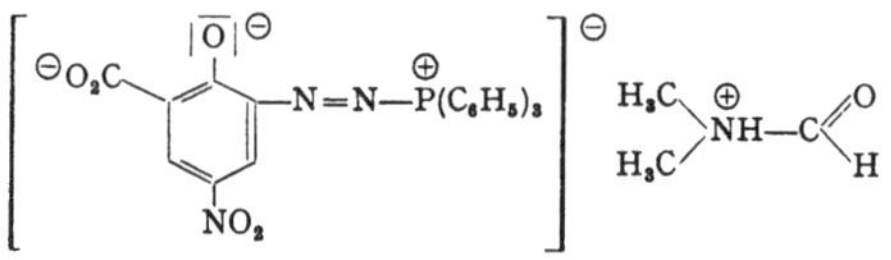

13. Umsetzung von Diazocarbonylverbindungen mit Trisaminophosphinen

a) Mit o-Chinondiaziden und Diazoketonen (160)

Die Kupplung von Diazocarbonylverbindungen mit Derivaten des dreibindigen Phosphors ist, wie schon gezeigt, von der elektrophilen

Aktivität der Diazoverbindungen und von der Nucleophilität des dreibindigen P-Atoms abhängig; letztere wird durch die Art der Liganden R im PR_3 bestimmt. In diesem Zusammenhang waren drei Gruppen von Verbindungen von Interesse: 1. Trisalkoxy- bzw. Trisaryloxy-phosphine (tertiäre Phosphorigsäureester), 2. Trisalkyl- bzw. Trisarylphosphine (tertiäre Phosphine) und 3. Trisamino-phosphine (tertiäre Phosphorigsäureamide).

Die erste Gruppe erwies sich für die Phosphazinkupplung als ungeeignet (160). Die Phosphazine mit den Phosphinen der zweiten Gruppe sind gut darstellbar (vgl. oben). Hier treten bei Variation der Liganden R im tertiären Phosphin PR_3 starke Basizitätsunterschiede auf (161). Diese wirken sich auf die Kupplungsfähigkeit der Phosphine mit Diazoverbindungen, auf die Stärke der P—N-Bindung in den resultierenden Phosphazinen und somit auf deren Eigenschaften aus. Phosphine mit aliphatischen und cycloaliphatischen Liganden ergeben Phosphazine mit viel festerer P—N-Bindung als Triphenylphosphin (162).

Über die Basizität N-substituierter Trisaminophosphine finden sich in der Literatur kaum Angaben. Qualitative Untersuchungen (163) ergaben jedoch, daß N-alkylsubstituierte Trisaminophosphine eine wesentlich höhere nucleophile Aktivität aufweisen als Trialkylphosphine.

Dementsprechend kuppeln Trisaminophosphine selbst mit solchen o-Chinondiaziden augenblicklich, die mit Triphenylphosphin nur in Gegenwart einer Lewis-Säure reagieren (160). Die Kupplung verläuft nach der allgemeinen Gleichung

und führt zu Produkten, die ihrer Struktur nach zwar den o-Chinontriphenylphosphazinen sehr ähnlich sind, auf Grund der Bindung des Phosphors lediglich an Stickstoff aber auch als Abkömmlinge der Orthophosphorsäure betrachtet werden können. Um die Verwandtschaft dieser Verbindungsklasse mit der oben behandelten zu betonen, wird zweckmäßig auch hierfür die Bezeichnung „Phosphazin" beibehalten. Die o-Chinontrisaminophosphazine sind sehr hydrolysebeständig, daher gelingt ihre Darstellung auch schon in wäßriger Phase: sie kann direkt in der auf pH 7 abgepufferten Diazotierungslösung vorgenommen werden. So lassen sich gerade diejenigen Kupplungsprodukte glatt darstellen, deren als Ausgangsprodukt dienende o-Chinondiazide nur schwer zu isolieren sind, wie z.B. der Grundkörper und seine Alkyl- bzw. Alkoxyderivate (160). Zu Vergleichszwecken wurden auch einige offenkettige und cyclische Diazoketone sowie ein Bisdiazoketon mit Trisaminophosphinen umgesetzt. Die Reaktion erfolgt im gleichen Sinne unter Phosphazinbildung (160).

Die Trisaminophosphazine sind alle mehr oder weniger farbig. Diejenigen offenkettiger und cyclischer Diazoketone zeigen eine weniger tiefe Färbung als die o-Chinondiazid-Analoga. Dies wird verständlich, wenn man die Einbeziehung des aromatischen Ringsystems in die Mesomerie berücksichtigt.

Gegenüber vergleichbaren Triphenylphosphazinen ist eine deutliche Farbvertiefung zu beobachten. Dies ist auf die Erweiterung des Resonanzsystems unter Einbeziehung des Aminostickstoffs zurückzuführen. Die Beteiligung des Aminostickstoffs an der Mesomerie bedingt gleichzeitig die erhöhte Beständigkeit der Trisaminophosphazine gegenüber Solvolyse, thermischer Energie und Licht:

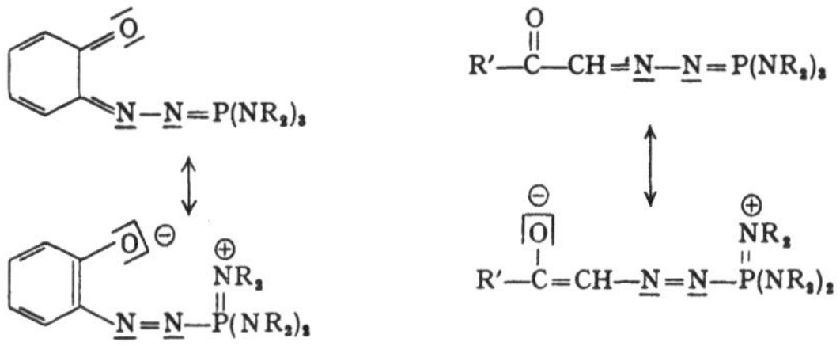

Die o-Chinontrisaminophosphazine sind bezüglich des farbgebenden Systems mit den Merocyaninen vergleichbar. Hier wie dort sind eine saure (= Carbonylgruppe als Elektronenacceptor) und eine basische (= Phosphinrest als Elektronendonator) Gruppe über eine Kette konjugierter π-Elektronenpaare miteinander verbunden.

Eine Variation der Reste R der basischen Endgruppe hat nur geringfügigen Einfluß auf die Lage und Intensität der Absorptionsmaxima, dagegen sind die Substituenten des aromatischen Ringes wesentlich verantwortlich für Verstärkung oder Schwächung des sauren Charakters der Endgruppe und haben somit einen erheblichen Einfluß auf die Lichtabsorption (160).

Die Trisaminophosphazine von o-Chinondiaziden sowie die von acyclischen und cyclischen Diazoketonen ergeben reversibel mit Mineralsäuren unter Farbaufhellung salzartige Addukte im Molverhältnis 1:1. Zusatz von Alkali zu den Lösungen der Salze setzt die Trisaminophosphazine wieder frei. Einige o-Benzochinon-trisaminophosphazine sind daher recht brauchbare Säure-Basen-Indikatoren (160). Von den Salzen können die Perchlorate wegen ihrer Schwerlöslichkeit in Wasser leicht isoliert werden. Das basische Zentrum in den Trisaminophosphazinen verlagert sich vom α-ständigen Stickstoff der Azogruppe (bei Phosphazinen aus Diazoketonen) auf den Ring-Carbonylsauerstoff (bei Chinonphosphazinen).

Methyljodid wirkt auf die o-Chinon-trisaminophosphazine nicht ein. In stark salzsaurer Lösung erfolgt wie bei allen Chinon-triphenylphosphazinen mit SnCl$_2$ hydrierende Spaltung an der Azobrücke (160).

In der Tabelle 17 sind einige Trisaminophosphazine genannt.

Tabelle 17. *Trisaminophosphazine (160) aus Diazocarbonyl-Verbindungen und Trisaminophosphinen*

Verb.	Formel	Fp [°C]	Ausb. [%]
Aus Diazoketonen			
(84a)	((H$_3$C)$_2$N)$_3$P=N—N=CH—C—(CH$_2$)$_4$—C—CH=N—N=P(N(CH$_3$)$_2$)$_3$ ‖ ‖ O O	96 (Z)	90
(84b)	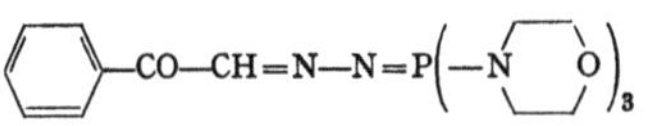 C$_6$H$_5$—CO—CH=N—N=P(—N(morpholino))$_3$	170	73
(84c)	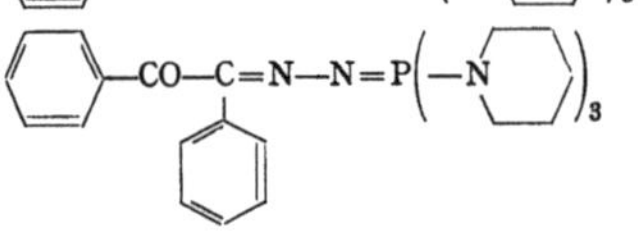 C$_6$H$_5$—CO—C(C$_6$H$_5$)=N—N=P(—N(piperidino))$_3$	88—89	84
Aus o-Chinondiaziden			
(84d)	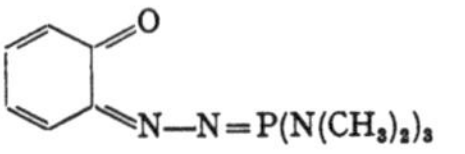 o-benzochinon=N—N=P(N(CH$_3$)$_2$)$_3$	95	78
(84e)	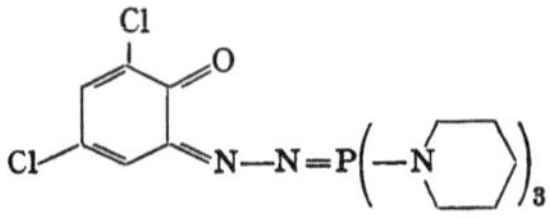 3,5-dichlor-o-benzochinon=N—N=P(—N(morpholino))$_3$	167—168	70
(84f)	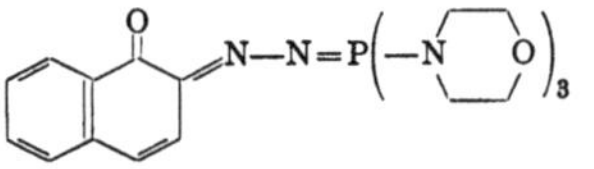 naphtho-o-chinon=N—N=P(—N(morpholino))$_3$	191—192	70
(84g)	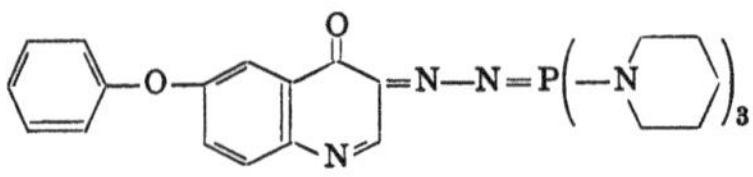 phenoxy-chinolinon=N—N=P(—N(piperidino))$_3$	188	86

Darstellungsmethoden für Trisaminophosphazine (160)

a) Allgemeine Vorschrift für die Darstellung in organischer Phase: Die Diazocarbonylverbindung (0,01 Mol) und 2,9 g Trimorpholinophosphin (164) bzw. 2,83 g Tripiperidinophosphin (165) bzw. 2 ml Trisdimethylamino-phosphin (166) (jeweils 0,01 Mol) werden getrennt in möglichst wenig Benzol gelöst. Die Diazocarbonylverbindung löst sich häufig leichter, wenn man etwas Chloroform zusetzt. Kupplungsreaktionen mit den äußerst schwerlöslichen Carboxy-benzochinondiaziden führt man am besten in Dimethylformamid aus. — Beim Vereinigen der filtrierten Lösung tritt augenblicklich die tiefrote Farbe der Addukte auf. Konzentrierte Mischungen können sich dabei stark erwärmen. In einigen Fällen kristallisieren die Addukte direkt aus der benzolischen Lösung aus; andernfalls setzt man Äther oder Cyclohexan (bei Trimorpholino- oder Tripiperidino-phosphazinen) bzw. Petroläther (bei Tris-dimethylamino-phosphazinen) zu und läßt die Addukte nach Anreiben in der Kälte auskristallisieren.

b) Darstellung in wäßriger Phase: Das o-Aminophenol (0,05 Mol) wird in 2 n HCl gelöst und unter Eiskühlung und Rühren mit 3,45 g Natriumnitrit in 20 ml Wasser diazotiert. Dann wird mittels Harnstoff überschüssige salpetrige Säure entfernt und die Lösung unter guter Kühlung durch vorsichtige Zugabe von 2 n NaOH neutralisiert. Man setzt sofort 100 ml einer aus 9 g KH_2PO_4 + 12 g $Na_2HPO_4 \cdot 2 H_2O$ + 1 l Wasser bereiteten Phosphatpufferlösung zu; der pH soll dann zwischen 7 und 8 liegen. Unter gutem Schütteln oder Rühren fügt man nun das Trisaminophosphin (0,05 Mol) in Benzol oder fest zu. Die Mischung färbt sich intensiv rot. Man digeriert so lange, bis alles Phosphin gelöst ist, filtriert und schüttelt zweimal mit je 75 ml Chloroform aus. Die vereinigten Chloroformauszüge werden mit Na_2SO_4 getrocknet und im Vakuum eingeengt, jedoch nicht so weit, daß der Rückstand erstarrt. Die konz. Lösung wird unter Anreiben so lange mit Äther oder Petroläther versetzt, bis sich das Phosphazin kristallin abzuscheiden beginnt. Das Rohprodukt wird, wie unter a) beschrieben, umkristallisiert.

Auf der Suche nach geeigneten Lösungsmitteln für die Darstellung der Trisaminophosphazine wurde beobachtet, daß Trisaminophosphine mit Chloroform oder Tetrachlorkohlenstoff unter Umständen heftig reagieren *(167)*.

b) Mit p-Chinondiaziden *(168)*

Die unter a) beschriebene Kupplung von Trisaminophosphinen mit o-Chinondiaziden konnte nun auch ohne Schwierigkeit auf die verschiedensten p-Chinondiazide übertragen werden. Mit guten Ausbeuten bilden sich dabei die entsprechenden schön kristallisierten und meist

Tabelle 18. *p-Chinontrisaminophosphazine (168)*

Verb.	Formel	Fp [°C]	Ausb. [%]
(85a)	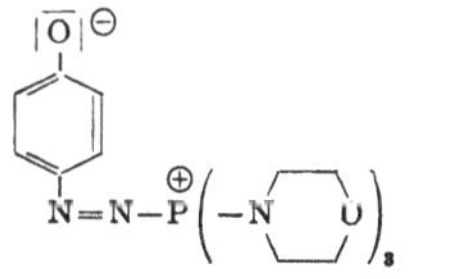	197	58
(85b)	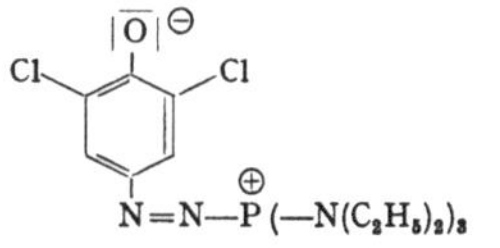	180	63
(85c)	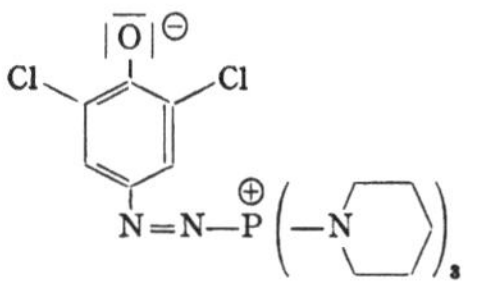	238	78
(85d)	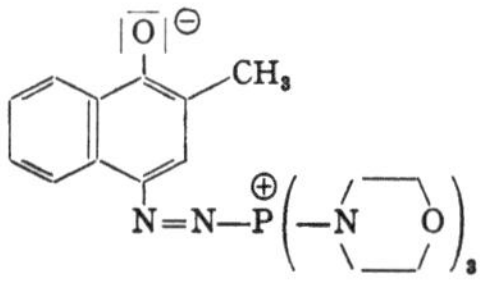	239—240	60

intensiv roten Trisaminophosphazine (85) *(168)*, von denen in der Tabelle 18 (S. 73) einige typische Vertreter genannt sind.

14. Reaktion von o-Chinondiaziden mit Enaminen

Im Anschluß an die Kupplungsreaktionen von Diazocarbonylverbindungen mit tertiären Phosphinen sei auch noch eine Kupplungsreaktion der o-Chinondiazide mit C—H-aciden Verbindungen angeführt. Als solche nämlich erweist sich die Umsetzung der o-Chinondiazide mit Enaminen *(169, 170)*.

Im Unterschied zur aktivierten Doppelbindung der Ketene kommt es bei der Einwirkung von Enaminen auf o-Chinondiazide nicht zur Ausbildung eines Oxadiazepinsystems, sondern es erfolgt Kupplung unter Ausbildung von o-Oxyphenylhydrazonen bzw. o-Oxyazoverbindungen *(170)*.

An zahlreichen Beispielen wurde die Reaktion von o-Chinondiaziden mit β-Amino-crotonsäureäthylester und dessen Derivaten untersucht. Dabei werden die o-Oxyphenylhydrazone des α-Oxo-β-imino-buttersäureäthylesters erhalten, die unter dem katalytischen Einfluß von Säuren oder Alkalien Hydrolyse unter Abspaltung der Iminogruppe erleiden. So erhält man die o-Oxyphenylhydrazone des α.β-Dioxobuttersäureesters (86). Die Konstitution dieser Hydrolyseprodukte wurde durch Kupplung der entsprechenden o-Chinondiazide mit Acetessigester, wobei man zu den gleichen Verbindungen kommt, bewiesen. Mit Phenylhydrazin erhält man unter den Bedingungen der Knorrschen Pyrazolonsynthese die entsprechenden o-Oxyphenylazo-pyrazolone-(5) (87), die als Zwischenglieder für Chromfarbstofflacke Bedeutung haben. Ihre Struktur wurde durch Kupplung von 1-Phenyl-3-methyl-pyrazolon-(5) mit den entsprechenden o-Chinondiaziden sichergestellt *(170)*:

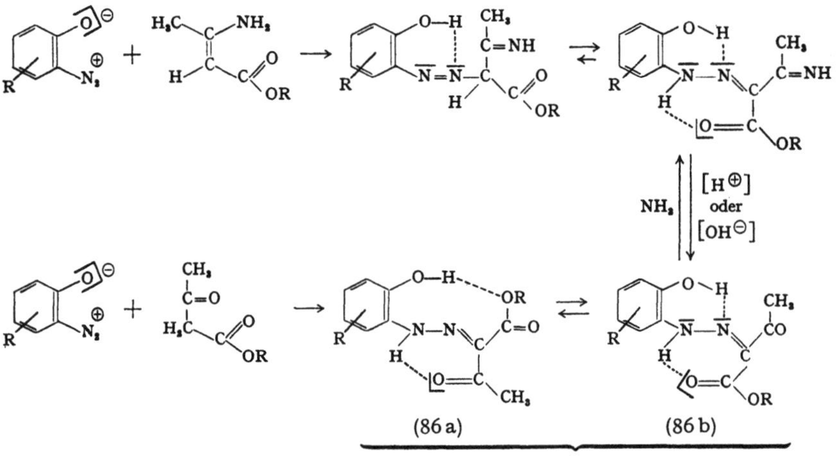

15. Einwirkung von Bortrifluorid-Ätherat auf Diazoketone (*171, 172*)

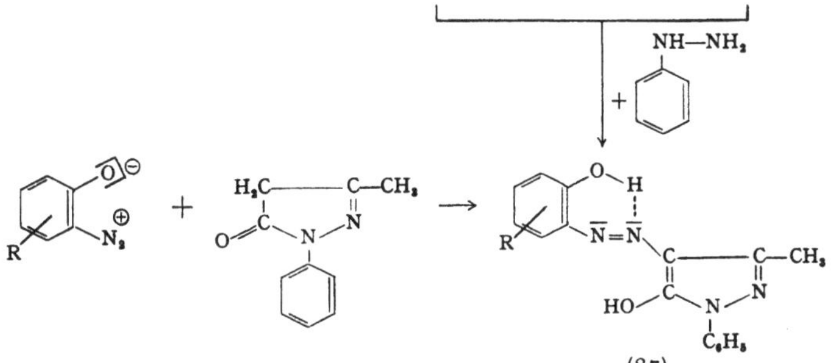

Benzoyldiazomethan reagiert mit BF$_3$-Ätherat in Toluol unter N$_2$-Entwicklung zu 2.4-Diphenyl-furan-diazonium-(5)-fluoroborat (88a). p-substituierte Benzoyldiazomethane verhalten sich analog, während aus den m-substituierten Aryl-diazomethylketonen die entsprechenden 2.5-Diaryl-furan-diazonium-(4)-fluoroborate (89) entstehen (*171, 172*). Damit wurden erstmals Verbindungen mit einer Diazoniumgruppe am Furankern erhalten. Es ist wohl folgender Reaktionsablauf anzunehmen, wobei primär das 2.5-Diaryl-furan-diazonium-(4)-fluoroborat (89) entsteht, während aus nicht m-substituierten Aryl-diazomethylketonen unter Umlagerung das 2.4-Diaryl-furan-diazonium-(5)-fluoroborat (88) gebildet wird:

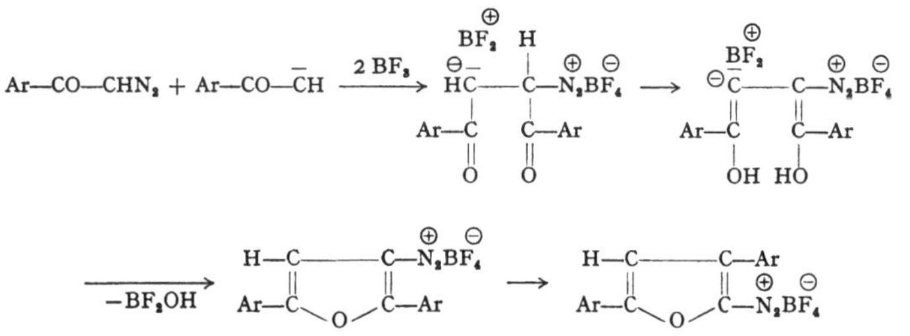

Diese Furandiazoniumsalze lassen sich den für die Benzoldiazoniumsalze bekannten Reaktionen unterwerfen, zeigen jedoch aber auch teilweise Abweichungen von diesen. Von den Folgereaktionen seien genannt:

Verkochen des Diazoniumsalzes: Beim Erhitzen mit Wasser entsteht N$_2$ und HBF$_4$ sowie über die Ketoform des 5-Hydroxyfuran-Körpers das entsprechende Bisbutenolid:

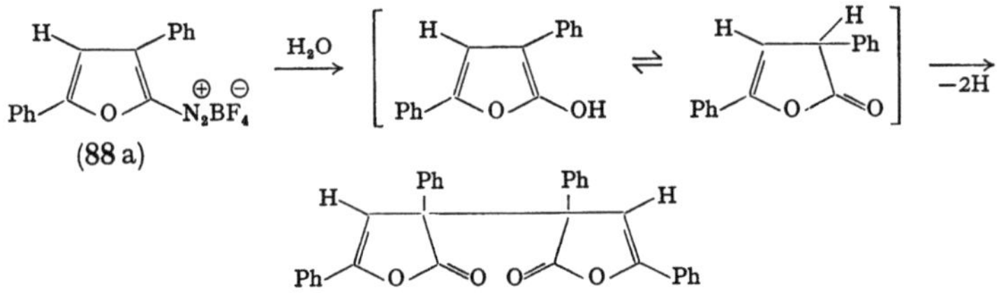

[Reaction scheme: (88a) with Ph/H substituted furan bearing N₂BF₄ → H₂O → intermediates in brackets → dimeric product, −2H]

Reduktion: Mit Äthanol und Kupferpulver wird (88a) zu 2.4-Diphenylfuran reduziert; dieses zeigt in konz. Schwefelsäure violette Fluoreszenz.

(88a) 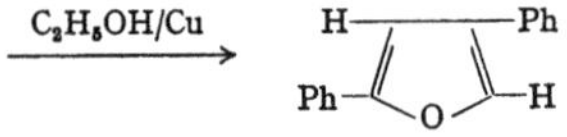 $\xrightarrow{C_2H_5OH/Cu}$ [2,4-diphenylfuran structure]

Kupplungsreaktion: (88a) kuppelt in Aceton unter Zusatz wäßrigen Ammoniaks mit Phloroglucin zu einem roten Azofarbstoff. In primären und sekundären Alkoholen kuppeln zwei Moleküle (88a) unter sich zum Tetraphenylazofuran:

(88a) 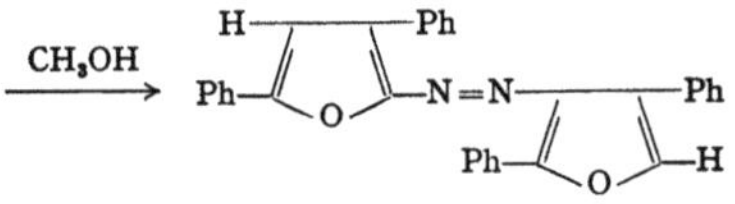 $\xrightarrow{CH_3OH}$ [tetraphenylazofuran structure]

Gattermann-Reaktion: mit KJ und Cu-Pulver werden Diarylfuryljodide erhalten:

(88a) 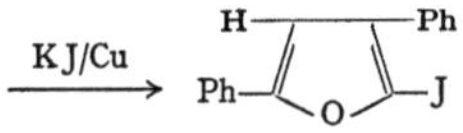 $\xrightarrow{KJ/Cu}$ [diarylfuryljodid structure]

Bart-Reaktion: Die Umsetzung mit Natriumarsenit in alkalischer Lösung führt zu Diaryl-furylarsinsäure; die Ausbeuten sind infolge von Konkurrenzreaktionen nur mäßig.

(88a) 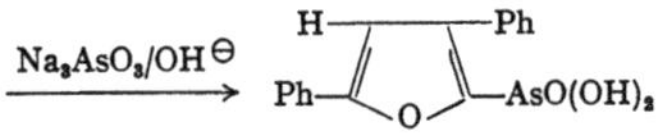 $\xrightarrow{Na_3AsO_3/OH^\ominus}$ [diaryl-furylarsinsäure structure with AsO(OH)₂]

Die Schiemann-Reaktion führt nicht zu den erwarteten Diarylfurylfluoriden.

Die Reaktion mit Alkali-Xanthogenaten: Benzoldiazoniumsalze reagieren mit Alkali-xanthogenaten zu aromatischen Xanthogensäureestern, die sich mit KOH zu Thiophenolen verseifen lassen (173). Bei den Diarylfurandiazoniumsalzen geht die Reaktion weiter, indem sich ein zweites Molekül Furan-diazoniumsalz unter N₂-Eliminierung an die C=S-Doppelbindung des primär gebildeten Xanthogensäureesters anlagert. Das Zwischenprodukt stabilisiert sich unter Abspaltung von $C_2H_5F \cdot BF_3$ zu Dithiokohlensäure-S.S-bis-[diaryl-furylestern]. Arylhalogenide reagieren analog mit Alkali-xanthogenaten (174). Durch Verseifung mit alkoholischer Kalilauge wird aus dem Dithiokohlensäurediester über das nicht isolierbare, leicht oxydable Mercaptan das Bisdiarylfuryl-disulfid erhalten (172):

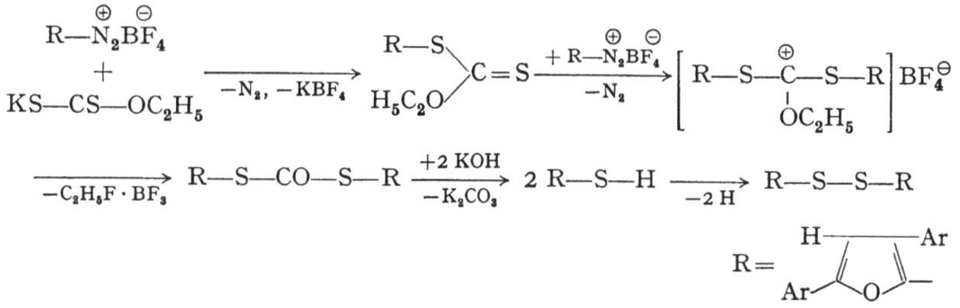

$$R-\overset{\oplus}{N_2}\overset{\ominus}{BF_4} + KS-CS-OC_2H_5 \xrightarrow[-N_2, -KBF_4]{} \underset{H_5C_2O}{\overset{R-S}{\diagdown}}C=S \xrightarrow[-N_2]{+R-\overset{\oplus}{N_2}\overset{\ominus}{BF_4}} \left[R-S-\underset{OC_2H_5}{\overset{\oplus}{C}}-S-R\right]BF_4^{\ominus}$$

$$\xrightarrow[-C_2H_5F \cdot BF_3]{} R-S-CO-S-R \xrightarrow[-K_2CO_3]{+2 KOH} 2 R-S-H \xrightarrow[-2 H]{} R-S-S-R$$

$$R = \underset{Ar}{\overset{H}{\diagup}}\underset{O}{\diagdown}\underset{}{\diagup}Ar$$

In der Tabelle 19 seien einige der Diaryl-furandiazoniumfluoroborate genannt.

Tabelle 19. *Diaryl-furan-diazoniumfluoroborate* (171, 172)

Verb.	Formel		Fp [°C]	Ausb. [%]
	H⎯⎯⎯R R⎯O⎯$\overset{\oplus}{N_2}\overset{\ominus}{BF_4}$			
(88a)	R = Phenyl		187—190 (Z)	28
(88b)	R = p-Tolyl		> 140	29
(88c)	R = p-Chlor-phenyl		238—245	16
	H⎯⎯⎯$\overset{\oplus}{N_2}\overset{\ominus}{BF_4}$ R⎯O⎯R			
(89a)	R = m-Chlor-phenyl		216—218	17
(89b)	R = m-Tolyl		150—155	20

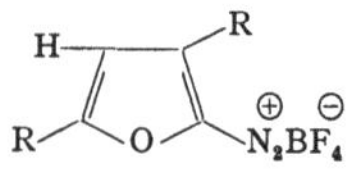

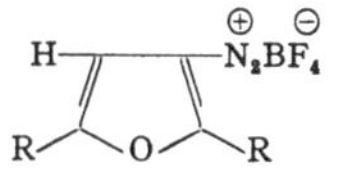

Darstellungsmethode (171)

2.4-Diphenyl-furan-diazonium-(5)-fluoroborat (88a).

11 g (0,075 Mol) Benzoyldiazomethan, aus Petroläther umkristallisiert, werden in 60 ml absolutem Toluol mit 6 ml = 6,9 g (0,05 Mol) Bortrifluorid-ätherat und 6 ml Benzoylchlorid versetzt. Nach 10 min Stehenlassen erwärmt man in einem Kolben (mit Thermometer und CaCl$_2$-Rohr) auf 60—70° C. Nach Beendigung der N$_2$-Entwicklung kühlt man ab, versetzt mit Äther, stellt in Kältemischung und saugt das Diazoniumfluoroborat ab; es wird mit Äther gewaschen. Ausbeute 2,45 g (19,5% bezogen auf Diazoketon).

Setzt man das BF$_3$-Ätherat in stöchiometrischer Menge zu, so sinkt die Ausbeute stark, ebenso, wenn man ohne Benzoylchlorid arbeitet.

Verwendet man bei der Darstellung von (88a) nur 45% der stöchiometrisch berechneten Menge an BF$_3$-Ätherat und setzt während der Reaktion Impfkristalle zu, so wird eine Ausbeute von 28% erzielt.

16. Beständige aliphatische Diazoniumsalze

Aus α.α'-Dicarbonyl-diazo-Verbindungen werden durch Einwirkung stark elektrophiler Substanzen wie BF_3 und BCl_3 farblose, beständige innere Diazoniumkomplexe (90) erhalten, die allerdings gegen Feuchtigkeit sehr empfindlich sind (175):

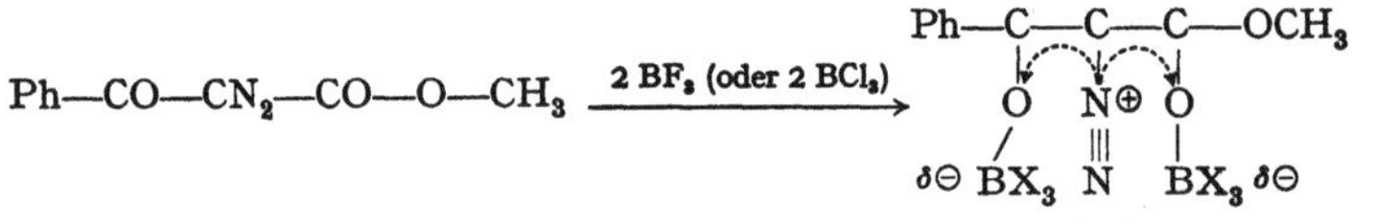

$$Ph-CO-CN_2-CO-O-CH_3 \xrightarrow{2\ BF_3\ (oder\ 2\ BCl_3)} \underset{(90)}{\begin{array}{c} Ph-C-C-C-OCH_3 \\ |\ \ \ \ |\ \ \ \ | \\ O\ \ N^{\oplus}\ O \\ /\ \ \ |||\ \ \ \backslash \\ {}^{\delta\ominus}BX_3\ \ N\ \ BX_3{}^{\delta\ominus} \end{array}}$$

Aus Diazoketonen werden mit BF_3 ähnliche Produkte erhalten, die allerdings geringeren Diazoniumsalz-Charakter aufweisen und sehr zersetzlich sind (175). Mit konz. Salzsäure oder konz. Schwefelsäure statt BF_3 oder BCl_3 entstehen in der Kälte und nur in Lösung beständige Diazoniumverbindungen (175).

Jüngst berichtete auch BOTT (176) über die Darstellung stabiler, aliphatischer Diazoniumionen aus aliphatischen Diazocarbonyl- bzw. Diazo-dicarbonyl-Verbindungen durch Einwirkung von Triäthyloxoniumhexachloroantimonat oder Antimonpentachlorid/Salzsäure, z.B.:

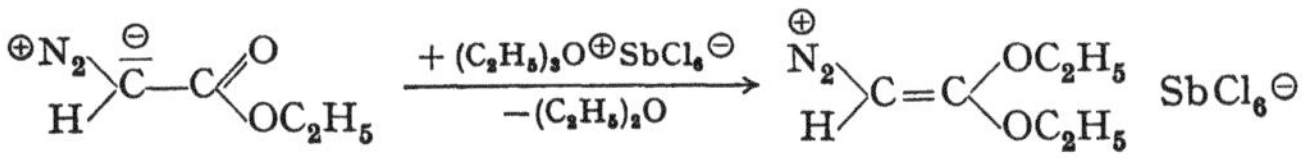

$$\underset{H}{\overset{{}^{\oplus}N_2\ \ \ \ominus}{\diagdown}}C-C\underset{OC_2H_5}{\overset{O}{\diagup}} \xrightarrow[-(C_2H_5)_2O]{+(C_2H_5)_3O^{\oplus}SbCl_6{}^{\ominus}} \underset{H}{\overset{{}^{\oplus}N_2}{\diagdown}}C=C\underset{OC_2H_5}{\overset{OC_2H_5}{\diagup}}\ SbCl_6{}^{\ominus} \quad (91)$$

17. Einwirkung von Halogenen auf Chinondiazide (177)

Tetrachlor-o-chinondiazid bildet nach der Stickstoffabspaltung ein Rumpfmolekül, das nicht zur Wolffschen Umlagerung neigt. In Gegenwart von Chlor oder Brom sollte es am Carbenkohlenstoff halogeniert werden. Bei der Reaktion — die Stickstoffabspaltung in Gegenwart von Brom setzt schon bei Raumtemperatur ein — substituiert jedoch das Ketocarben ein Chloratom in einem Molekül Tetrachlor-o-chinondiazid unter Bildung eines o-Chinondiazids des Diphenyls (92b). Bei Durchführung des Versuches in Gegenwart von Chlor oder Jod werden analoge Verbindungen erhalten. Für diese Verbindungen wird die Struktur (92) vorgeschlagen; welches Chloratom im Tetrachlor-o-chinondiazid substituiert wird, kann auf Grund der vorliegenden Versuchsergebnisse noch nicht entschieden werden.

Bei der Reduktion von (92b) durch Hydrierung mit Raney-Nickel bei 65—70° C und 65 atü in Methanol wird das Brom wieder eliminiert,

die Ketogruppen in Phenolgruppen überführt und die Diazogruppe dabei
gegen ein H-Atom ausgetauscht (177):

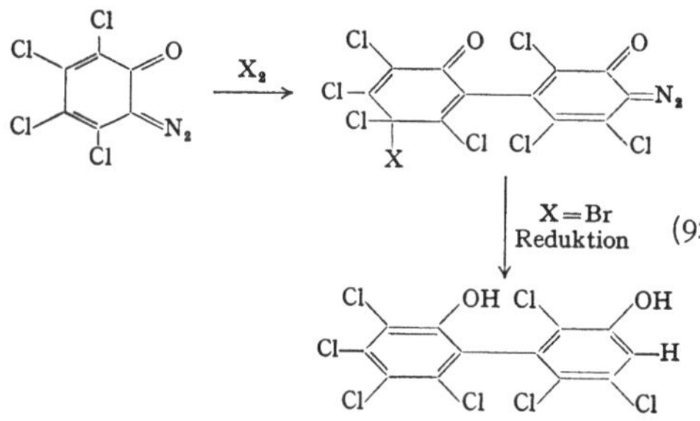

(a) X=Cl
(b) X=Br
(c) X=J

Bei der Umsetzung von Tetrachlor-p-benzochinondiazid mit Chlor
und Brom lagert sich nach der Stickstoffabspaltung das Halogen an
den Carbenkohlenstoff an (93). Verwendet man Chlor im Überschuß, so
findet weitere Addition an einer C=C-Doppelbindung statt (94). Die
Reaktion wurde in Äthanol durchgeführt, dabei konnte auch Pentachlor-
phenol (95) isoliert werden. Die Verbindungen (93 a) und (94) können
durch Reduktion in (95 a) überführt werden. Aus (93 b) erhält man in
gleicher Weise 2.3.5.6-Tetrachlor-4-brom-phenol (95 b) (177).

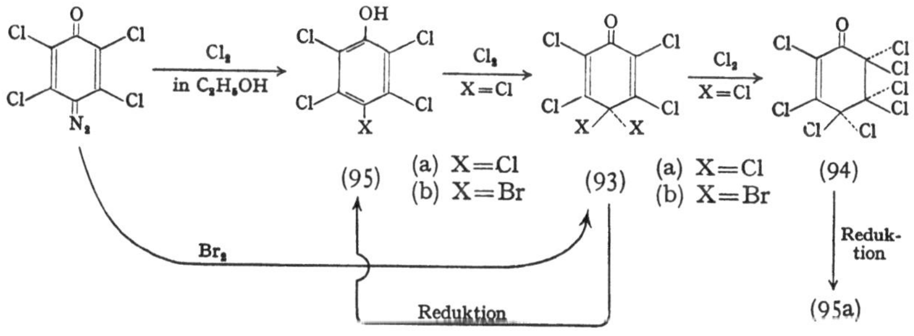

Darstellungsmethoden (177)

3.5.6-Trichlor-4-(2.3.4.5-tetrachlor-4-brom-6-oxo-cyclohexadien-(1.4)-yl)-o-chi-
nondiazid-(2) (92b): 5 g Tetrachlor-o-chinondiazid werden unter Eiskühlung in
10 ml Chloroform suspendiert und mit Brom im Überschuß portionsweise versetzt.
Wenn das Reaktionsgemisch viskos geworden ist, wird es mit dem doppelten Volumen Petroläther versetzt und stehen gelassen. Der gelbe Niederschlag wird abfiltriert und mit Petroläther gewaschen. Aus Methanol erhält man gelbe, lange
Nadeln, Fp 149—150° C, Ausbeute 3,5 g (34%).

18. Einwirkung von Neutralsalzen und Mineralsäuren auf Bisdiazoketone (5)

Aus den Bisdiazoketonen $N_2HC-CO-(CH_2)_n-CO-CHN_2$ wurden
mit Mineralsäuren (H_2SO_4, HNO_3) in Gegenwart hoher Neutralsalz-

Konzentrationen (KBr bzw. KSCN oder NaNO₃) erstmals die Bromketone $BrCH_2—CO—(CH_2)_n—CO—CH_2Br$ (n = 3—7), die Dioxodirhodanide $NCS—CH_2—CO—(CH_2)_n—CO—CH_2—SCN$ (n = 3—8) und die Dioxodinitrate $O_2N—O—CH_2—CO—(CH_2)_n—CO—CH_2—O—NO_2$ (n = 4—6) in guten Ausbeuten hergestellt (5).

19. Umsetzung von Diazoketonen mit Diaroylperoxyd (178)

Bei der Einwirkung von Benzoylperoxyd auf die Diazoketone R—CO—CHN₂ bzw. auf Diazoessigester werden die Verbindungen R—CO—CH₂—O—CO—C₆H₅ bzw. ROOC—CH₂—O—CO—C₆H₅ gebildet (178).

20. Umsetzung von Diazoketonen mit Diazoäthan (179)

Bei der Umsetzung von α-Diazo-p-nitro-acetophenon und α-Diazo-p-nitro-propiophenon mit Diazoäthan wurde jüngst von YATES u. Mitarb. (179) der Reaktionsverlauf unter Azinbildung bestätigt:

$$Ar—CO—CRN_2 + HCN_2 \xrightarrow{-N_2} Ar—CO—C=N—N=CHCH_3$$
$$|\phantom{CN_2 \xrightarrow{-N_2} Ar—CO—C=N—N=CH}|$$
$$CH_3\phantom{N_2 \xrightarrow{-N_2} Ar—CO—C=N—N=CHC}R$$

21. Ringerweiterung mit Diazoketonen

3.4.5-Triphenyl-cyclopenten-(4)-dion-(1.2) (96) addiert in Abwesenheit von Katalysatoren langsam 1 Mol Diazoessigester; das dabei entstehende Addukt (97) spaltet bei Säureeinwirkung Stickstoff ab wobei das Brenzcatechinderivat (98) gebildet wird. Durch konz. Schwefelsäure wird (98) zum Fluorenonderivat (99) cyclisiert (180). Wird die Umsetzung des Diazoessigesters mit Di- und Triphenylcyclopentendionen durch Zinkchlorid katalysiert, so erfolgt rasch Stickstoffabspaltung. Aus (96) entsteht das Resorcinderivat (100) neben dem Brenzcatechinderivat (98) (180).

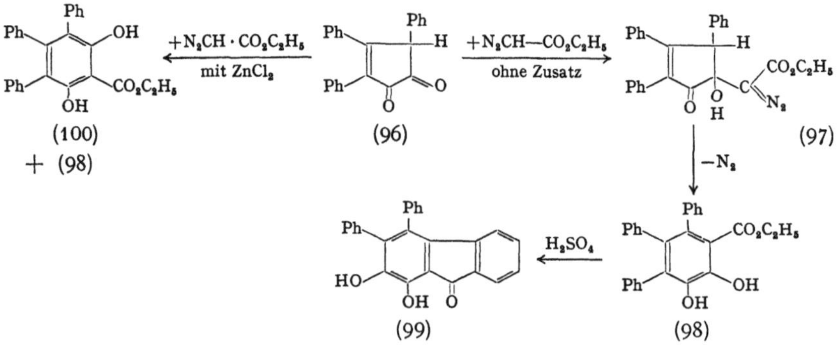

Mit Benzoyldiazomethan ist in Gegenwart von Zinkchlorid eine analoge Ringerweiterung unter Bildung eines Resorcinderivates möglich (*180*):

$$(96) \xrightarrow[\text{(ZnCl}_2\text{)}]{+ N_2CH-CO-C_6H_5} \text{[Resorcinderivat]}$$

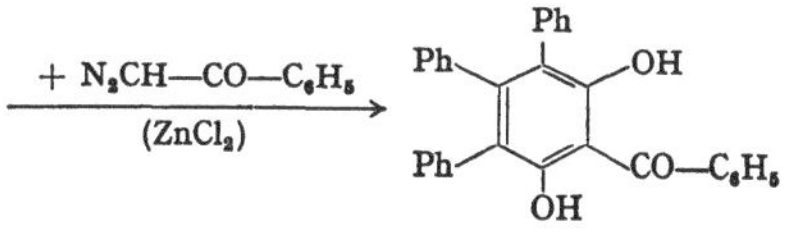

22. Cyclisierung von 2-Cyan-ω-diazo-acetophenon (*181*)

HOLT und WALL (*181*) fanden jüngst eine neuartige Cyclisierungsreaktion von 2-Cyan-ω-diazo-acetophenon, die über ein Triazolsystem (101) zu dem von REGITZ und HECK (*46*) auf anderem Wege erhaltenen 2-Diazo-indandion-(1.3) (102) führt:

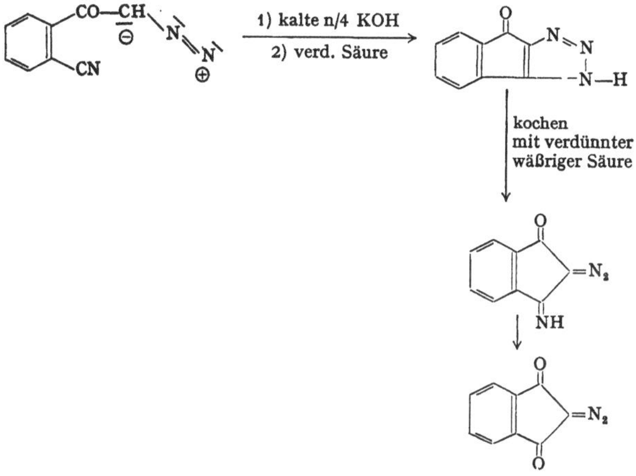

(101)

(102)

23. Cyclisierung von 2-Nitro-ω-diazo acetophenon

Der Mechanismus der säurekatalysierten Bildung von N-Hydroxyisatin (103) aus o-Nitro-benzoyldiazomethan (*182*) wurde kürzlich von TAYLOR und ECKROTH (*183*) untersucht.

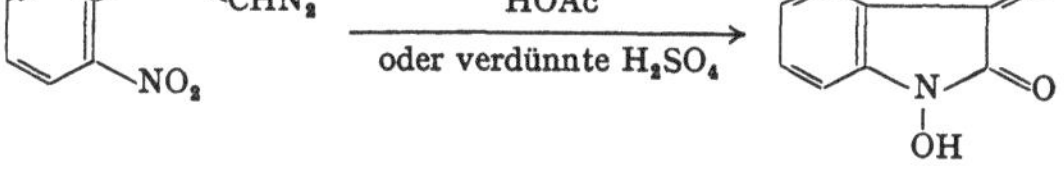

(103)

24. Die Kupplung von o-Chinondiaziden mit Aldehyd-Arylhydrazonen

o-Chinondiazide lassen sich in methanolisch alkalischer Lösung mit Aldehyd-arylhydrazonen kuppeln (*184*). Hierbei entstehen hydroxylierte Formazane des folgenden Typs:

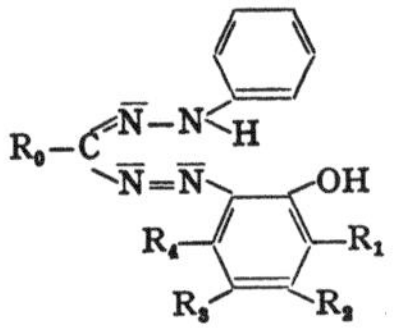

Der Grundkörper, das 3.5-Diphenyl-1-(2-hydroxy)-phenyl-formazan wurde bereits 1949 von WIZINGER und BIRO *(184a)* durch Umsetzung von diazotiertem o-Aminophenol mit Benzaldehydphenylhydrazon erhalten. Die Verbindungen bilden mit den Ionen Cu^{2+} und Ni^{2+} Komplexe folgender Konstitution *(184a)*:

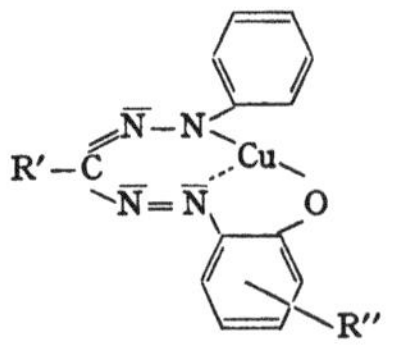

R_0 = Phenyl

R_1	R_2	R_3	R_4	Fp [°C]
Cl	Cl	H	Cl	193–194
H	NO_2	H	H	186–187
Cl	H	Cl	H	169–170
H	H	NO_2	H	165–166
Cl	Cl	Cl	Cl	192–193
H	H	SO_2NH_2	H	193–194
H	Cl	H	H	166–167
NO_2	H	Cl	H	196–197
H	CH_3	Cl	H	185–186
H	H	COOH	H	187–188
H	NO_2	Cl	H	193–194
H	H	Cl	H	173–174

R_0 = o-hydroxy-phenyl

R_1	R_2	R_3	R_4	Fp [°C]
H	NO_2	H	H	202° C

Die Farbe der hier angegebenen Formazane ist in Lösung vom pH-Wert des Lösungsmittels abhängig, da aufgrund der phenolischen Hydroxylgruppe eine Phenol- und eine Phenolat-Form gebildet werden können.

25. Reduktion der o- und p-Chinondiazide *(185a—d)*

Aus o- bzw. p-Chinondiaziden lassen sich durch Reduktion, die besonders glatt mit Zinn(II)-chlorid verläuft, aber auch mit Natriumsulfit sowie mit Zink und Essigsäure durchführbar ist, die zugehörigen Hydroxyphenylhydrazine darstellen.

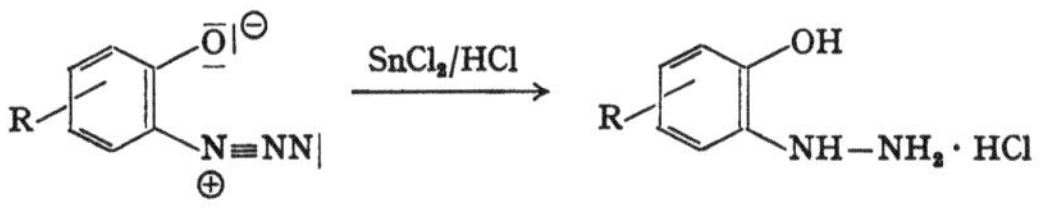

Werden als Ausgangsmaterialien o- oder p-Aminophenole eingesetzt, so erübrigt sich die Isolierung der Chinondiazide. Die o-Hydroxyphenylhydrazine sind relativ unbeständige Verbindungen, ihre Hydrochloride aber sind gut lagerfähig.

Dieser Beitrag, der die neueren und neuesten Ergebnisse auf dem Gebiet der Diazocarbonylverbindungen wiedergibt, zeigt die Vielzahl der präparativen Möglichkeiten, die in diesem Gebiet der organischen Chemie liegen. Die sich häufenden Mitteilungen aus den verschiedensten Arbeitskreisen lassen eine weitere intensive Entwicklung voraussehen.

Nach Abschluß des Manuskriptes erhielten wir noch Kenntnis von den unter Lit. Zit. 186—200 genannten Arbeiten.

Die Verfasser danken allen Mitarbeitern, die in vorbildlicher Zusammenarbeit an den Untersuchungen der Diazocarbonyl-Verbindungen mitgewirkt haben. Professor Dr. TH. WIELAND danken wir für Interesse und stete Förderung. Weiterhin haben wir dem Fonds der Chemischen Industrie, der Farbwerke Hoechst AG, der Farbenfabriken Bayer AG, der BASF, der Chemischen Werke Hüls AG und der Riedel de Haen AG für die stets gewährte Hilfe zu danken.

Literatur

1. EISTERT, B., in: W. FOERST, Neuere Methoden der präparativen organischen Chemie I, S. 359. Weinheim: Verlag Chemie 1949.
2. HUISGEN, R.: Angew. Chem. 67, 439 (1955).
3. WEYGAND, F., u. H. J. BESTMANN, in: W. FOERST, Neuere Methoden der präparativen organischen Chemie III, S. 280. Weinheim: Verlag Chemie 1961; vgl. Angew. Chem. 72, 535 (1960).
4. FAHR, E.: Liebigs Ann. Chem. 617, 11 (1958).
5. — Liebigs Ann. Chem. 638, 1 (1960).
5a. HAUPTMANN, S., M. KLUGE, K.-D. SEIDIG u. H. WILDE: Angew. Chem. 77, 678 (1965).
6. HÖRMANN, W. D., u. E. FAHR: Liebigs Ann. Chem. 663, 1 (1963).
7. FAHR, E., u. K. H. KEIL: Liebigs Ann. Chem. 663, 5 (1963).
8. — H. AMAN u. A. ROEDIG: Liebigs Ann. Chem. 675, 59 (1964).
9. SÜS, O.: Liebigs Ann. Chem. 556, 65 (1944).
10. — H. STEPPAN u. R. DIETRICH: (10. Mitt.), Liebigs Ann. Chem. 617, 20 (1958).
11. HORNER, L., u. W. DÜRCKHEIMER: Chem. Ber. 95, 1206 (1962).
12. — E. SPIETSCHKA u. A. GROSS: Liebigs Ann. Chem. 573, 17 (1951).
13. LE FÈVRE, R. J. W., J. B. SOUSA, and R. L. WERNER: J. chem. Soc. (London) 1954, 4686
14. HUISGEN, R., u. R. FLEISCHMANN: Liebigs Ann. Chem. 623, 47 (1959).
15. HOLZACH, K.: Die aromatischen Diazoverbindungen, S. 84ff. Stuttgart: Ferdinand Enke 1947.
16. SAUNDERS, K. H.: The Aromatic Diazo-Compounds, 2. Aufl. London 1949.
17. (a) ZOLLINGER, H.: Chemie der Azofarbstoffe. Basel u. Stuttgart: Birkhäuser 1958, sowie (b) Azo and Diazo Chemistry-Aliphatic and Aromatic Compounds. New York: Interscience Publ. 1961.
18. WOLFF, L.: Vgl. z. B. Liebigs Ann. Chem. 394, 23 (1912).
19. — Liebigs Ann. Chem. 312, 126 (1900).
20. BAMBERGER, E.: Ber. dtsch. chem. Ges. 28, 837 (1895). — KLEMENC, A.: Ber. dtsch. chem. Ges. 47, 1407 (1914); s. a. Lit. Zit. 17a, uns zwar S. 49.
21. — Ber. dtsch. chem. Ges. 29, 446 (1896); 53, 2308 (1920).
22. PAULSEN, S. R.: Angew. Chem. 72, 781 (1960). — SCHMITZ, E., u. R. OHME: Angew. Chem. 73, 115 (1961); — Chem. Ber. 94, 2166 (1961); — Tetrahedron Letters 1961, 612.
23. KIRMSE, W., u. L. HORNER: Liebigs Ann. Chem. 625, 34 (1959).
24. MILLER, F. A., and W. B. WHITE: J. Amer. chem. Soc. 79, 5974 (1957).
25. FAHR, E.: Chem. Ber. 92, 398 (1959).

26. STAUDINGER, H., u. A. GAULE: Ber. dtsch. chem. Ges. **49**, 1897 (1916).
27. KLAGES, E., u. K. BOTT: Chem. Ber. **97**, 735 (1964).
28. WOLFF, L.: Liebigs Ann. Chem. **325**, 129 (1902).
29. ROEDIG, A., u. H. LUNK: Chem. Ber. **87**, 971 (1954).
30a. YATES, P., and B. L. SHAPIRO: J. Amer. chem. Soc. **81**, 212 (1959).
30b. —, and D. G. FARNUM: Tetrahedon Letters (London) **17**, 22 (1960). — REIMLINGER, H.: Chem. Ber. **97**, 339 (1964).
31. CROWTHER, A. L., and G. HOLT: J. chem. Soc. (London) **1963**, 2818; vgl. Angew. Chem. **75**, 990 (1963).
32. KORNBLUM, N.: Organic Reactions, Vol. II, p. 262. New York: John Wiley & Sons 1949.
33. CROSSLEY, M. L., R. H. KIENLE, and C. H. BENBROOK: J. Amer. chem. Soc. **62**, 1400 (1940).
34. Privatmitteilung Dr. R. DIETRICH.
35. RIED, W., u. G. DEUSCHEL: Diplomarbeit G. DEUSCHEL, Universität Frankfurt a.M. 1960.
36. MORRISON, H., S. DANISHEFSKY, and P. YATES: J. org. Chemistry **26**, 2617 (1961); vgl. Angew. Chem. **73**, 743 (1961).
37. FUSON, R. C., L. J. ARMSTRONG, and W. J. SHENK jr.: J. Amer. chem. Soc. **66**, 964 (1944).
38. ATTENBURROW, J., A. F. B. CAMERON, J. H. CHAPMAN, R. M. EVANS: B. A. HEMS, A. B. A. JANSEN, and T. WALKER: J. chem. Soc. (London) **1952**, 1094.
39. REIMLINGER, H.: Angew. Chem. **72**, 33 (1960).
40. WHITE, E. H., and R. J. BAUMGARTEN: J. org. Chemistry **29**, 2070 (1964).
41. HAUPTMANN, S., F. BRANDES, E. BRAUER u. W. GABLER: J. prakt. Chem. [4] **25**, 56 (1964).
42. STAUDINGER, H., J. BECKER u. H. HIRZEL: Ber. dtsch. chem. Ges. **49**, 1978 (1916).
43. REGITZ, M.: Tetrahedron Letters (London) **1964**, 1403, Nr. 22.
43a. CURTIUS, TH., u. G. EHRHART: J. prakt. Chem. **106**, 66 (1923).
44. REGITZ, M.: Angew. Chem. **76**, 601 (1964).
45. — Liebigs Ann. Chem. **676**, 101 (1964).
45a. —, u. D. STADLER: Liebigs Ann. Chem. **687**, 214 (1965).
46. — u. G. HECK: Chem. Ber. **97**, 1482 (1964).
47. — Chem. Ber. **97**, 2742 (1964).
47a. — Chem. Ber. **98**, 36 (1965).
48. J. Amer. chem. Soc. **75**, 5955 (1953); — Chem. Engng. News **31**, 1295 (1953).
49. CURTIUS, TH., u. G. KRAEMER: J. prakt. Chem. [2] **125**, 323 (1930).
50. TEDDER, J. M., and B. WEBSTER: J. chem. Soc. (London) **1960**, 4417.
51. Agfa Akt. Ges., W. Pelz, Amer. Pat. 2950273 vom 23. 8. 1960, C. A. **55**, 2116i (1961).
52. ROSENBERGER, M., and P. YATES: Tetrahedron Letters **1964**, 2285 (Nr. 33).
53. BALLI, H., u. V. MÜLLER: Angew. Chem. **76**, 573 (1964).
54. Privatmitteilung von Dr. H. BALLI, vgl. dazu Lit.-Zit. 34.
55. BALLI, H., u. F. KERSTING: Liebigs Ann. Chem. **647**, 1 (1961).
56. CAVA, M. P., R. L. LITTLE, and D. R. NAPIER: J. Amer. chem. Soc. **80**, 2257 (1958).
57. RIED, W., u. R. DIETRICH: Chem. Ber. **94**, 387 (1961).
58. BORSCHE, W., u. R. FRANK: Liebigs Ann. Chem. **450**, 75 (1926).
59. FREUDENBERG, K., u. F. BLÜMMEL: Liebigs Ann. Chem. **440**, 45 (1924), und zwar S. 51.
60. RIED, W., u. R. DIETRICH: Liebigs Ann. Chem. **649**, 57 (1961); vgl. Angew. Chem. **73**, 765 (19161).

61. Vgl. K. Holzach, Lit. 15., S. 85—86f., sowie K. J. P. Orton, and W. W. Reed: J. chem. Soc. (London) **91**, 1554 (1907).
62. Nikiforov, G. A., i. V. V. Eršov: Izv. Akad. S.S.S.R. **1964**, Nr. 7, 1335.
63. Ried, W., u. M. Ritz: Diplomarbeit M. Ritz, Universität Frankfurt a.M. 1965.
64. Severin, Th., u. J. Dahlström: Angew. Chem. **76**, 954 (1964).
65. Diplomarbeit K. O. Johne, Universität Frankfurt a.M. 1963.
66. Forster, M. O.: J. chem. Soc. (London) **107**, 260 (1915); vgl. Lit. Zit. 3., Weygand u. Bestmann.
67. Schönberg, A.: Präparative organische Photochemie. Berlin-Göttingen-Heidelberg: Springer 1958.
68. Süs, O., u. K. Möller: Liebigs Ann. Chem. **593**, 91 (1955).
69. — K. Möller u. H. Heiss: Liebigs Ann. Chem. **598**, 123 (1956).
70. Yates, P., and E. W. Robb: J. Amer. chem. Soc. **79**, 5760 (1957).
71. Ried, W., u. R. Dietrich: Liebigs Ann. Chem. **639**, 32 (1961).
72. Diplomarbeit R. Dietrich, Universität Frankfurt a.M. 1959/60.
73. Ried, W., u. H. Lohwasser: Liebigs Ann. Chem. **683**, 118 (1965).
74. —, u. W. Radt: Liebigs Ann. Chem. **676**, 110 (1964).
75. — G. Deuschel u. A. Kotélko: Liebigs Ann. Chem. **642**, 121 (1961).
76. Über Carbene vgl. W. Kirmse, Angew. Chem. **71**, 537 (1959); **73**, 161 (1961); — Progr. in organ. Chemistry Nr 6, 164 (1964). — Wanzlick, H. W.: Angew. Chem. **74**, 129 (1962); Ber. **97**, 3513 (1964). — Franzen, V.: Ber. **94**, 2942 (1961); und frühere Arbeiten. — Reimlinger, H.: Ber. **97**, 3503 (1964).
77. Huisgen, R.: Theoretische Chemie und Organische Synthese. Zehnjahresfeier des Fonds der Chemischen Industrie, Düsseldorf 1960, S. 73.
78. — H. König, G. Binsch u. H. J. Sturm: Angew. Chem. **73**, 368 (1961).
79. — Angew. Chem. **75**, 604 (1963).
80. — Angew. Chem. **75**, 742 (1963).
81. — G. Binsch u. H. König: Chem. Ber. **97**, 2868 (1964).
82. Huisgen, R.: Chem. Ber. **97**, 2884 (1964).
83. Binsch, G., R. Huisgen u. H. König: Chem. Ber. **97**, 2893 (1964).
84. Jonge, J. de, R. J. H. Alink et R. Dijkstra: Recueil Trav. chim. Pays-Bas **69**, 1448 (1950).
85. Huisgen, R., H. J. Sturm u. G. Binsch: Chem. Ber. **97**, 2864 (1964).
86. D'Yakanov, I. A., M. I. Komendantov u. S. P. Korshunov: J. allg. Chem. (russ.) **32**, 923 (1962); C. A. **58**, 2375 (1963); vgl. bei Lit. Zit. 85.
87. Weygand, F., H. Dworschak, K. Koch u. S. Konstas: Angew. Chem. **73**, 409 (1961).
88. Grundmann, C.: Liebigs Ann. Chem. **536**, 29 (1938).
89. Novák, J., J. Ratuský, V. Šnerberk u. F. Šorm: Collection Czechoslov. Chem. Commun. **22**, 1836 (1957); C. A. **51**, 10508 (1957).
90. Huisgen, R., G. Binsch u. Léon Ghosez: Chem. Ber. **97**, 2628 (1964).
91. Cowan, D. O., M. M. Couch, K. R. Kopecky, and G. S. Hammond: J. org. Chemistry **29**, 1922 (1964).
92. Stork, G., and J. Ficini: J. Amer. chem. Soc. **83**, 4678 (1961).
93. Doering, W. v. E., E. T. Fossel, and R. L. Kaye: Tetrahedron **21**, 25 (1965).
94. Dolgij, J. E., u. A. P. Meščerjakov: Doklady Akad. S.S.S.R. **157**, 615 (1964).
95. Regitz, M., u. G. Heck: Vgl. Lit. Zit. 46.
96. Roedig, A., E. Fahr u. H. Aman: Chem. Ber. **97**, 77 (1964).
97. Smith, P. A. S., and W. L. Berry: J. org. Chemistry **26**, 27 (1961).
98. Dewar, M. J. S., and A. N. James: J. Chem. Soc. (London) **1958**, 4265.
99. Kunitake, T., and C. C. Price: J. Amer. chem. Soc. **85**, 761 (1963).
100. Stetter, H., and K. Kiehs: Tetrahedron Letters **1964**, 3531

101. RIED, W., u. R. DIETRICH: Naturwissenschaften **47**, 445 (1960).
102. —, u. R. DIETRICH: Liebigs Ann. Chem. **666**, 113 (1963).
103. Über Ketene vgl. H. STAUDINGER, Die Ketene. Stuttgart: Ferdinand Enke 1912.
104. RIED, W., u. R. DIETRICH: Liebigs Ann. Chem. **666**, 135 (1963).
105. Vgl. G. QUADBECK, in: W. FOERST, Neuere Methoden der präparativen organischen Chemie, Bd. 2, S. 88. Weinheim/Bergstr.: Verlag Chemie 1960.
106. RIED, W., u. K. WAGNER: Liebigs Ann. Chem. **681**, 45 (1965).
107. —, u. A. GÖBEL: Unveröffentlicht; vgl. bei 106.
108. —, u. R. KRAEMER: Liebigs Ann. Chem. **681**, 52 (1965).
109. BESTIAN, H., u. D. GÜNTHER: Angew. Chem. **75**, 841 (1963).
110. RIED, W., u. H. MENGLER: Angew. Chem. **73**, 218 (1961).
111. —, u. H. MENGLER: Liebigs Ann. Chem. **651**, 54 (1962).
112. STAUDINGER, H., u. TH. REBER: Helv. chim. Acta **4**, 3 (1921).
113. RIED, W., u. H. MENGLER: Liebigs Ann. Chem. **678**, 113 (1964).
114. JAPP, F. R., and F. KLINGEMANN: J. chem. Soc. (London) **57**, 662 (1890), und zwar S. 677.
115. FITTIG, R., u. M. GINSBERG: Liebigs Ann. Chem. **299**, 1 (1898), und zwar S. 17.
116. SHYAMSUNDER RAO, Y.: Chem. Reviews **64**, 353 (1964).
117. ARNDT, F., u. B. EISTERT: Ber. dtsch. chem. Ges. **68**, 200 (1935). — STETTER, H., u. W. DIERICHS: Chem. Ber. **85**, 61 (1952). — HUISGEN, R., u. D. PAWELLEK: Liebigs Ann. Chem. **641**, 71 (1961). — ERNEST, I.: Zit. bei vgl. Lit. 3., dort S. 547. — HANSEN, S.: Acta chem. scand. **8**, 695 (1954). — HÜNIG, S., E. LÜCKE u. E. BENZING: Chem. Ber. **91**, 129 (1958).
118. HUANG-MINLON: J. Amer. chem. Soc. **68**, 2487 (1946).
119. Vgl. M. KUGEL, Liebigs Ann. Chem. **299**, 50 (1898), und zwar S. 54, sowie M. T. BOGERT ,and J. J. RITTER, J. Amer. chem. Soc. **46**, 2871 (1924).
120. RIED, W., u. R. KRAEMER: Unveröffentlicht.
121. WIBERG, K. B., and TH. W. HUTTON: J. Amer. chem. Soc. **76**, 5367 (1954).
122. YATES, P., and T. J. CLARK: Tetrahedron Letters **13**, 435 (1961).
123. BALDWIN, J. E.: Tetrahedron **20**, 2933 (1964).
124. RIED, W., u. H. MENGLER: Angew. Chem. **75**, 723 (1963).
125. —, u. H. MENGLER: Liebigs Ann. Chem. **678**, 95 (1964).
126. KURTZ, P., H. GOLD u. H. DISSELNKÖTTER: Liebigs Ann. Chem. **624**, 1 (1959).
126a. Lit. Zit. 79., dort S. 610; Lit. Zit. 80., dort S. 747. — HUISGEN, R., H. STANGL, H. J. STURM u. H. WAGENHOFER: Angew. Chem. **73**, 170 (1961)
127. RIED, W., u. B. M. BECK: Liebigs Ann. Chem. **673**, 128 (1964).
128. PECHMANN, H. v., u. A. NOLD: Ber. dtsch. chem. Ges. **29**, 2588 (1896).
129. DORAN, R. E.: J. chem. Soc. (London) **69**, 324 (1896).
130. RIED, W., u. B. M. BECK: Liebigs Ann. Chem. **673**, 124 (1964).
131. BACCHETTI, T., A. ALEMAGNA and B. DANIELI: Tetrahedron Letters (London) **47**, 3569 (1964).
132. Vgl. Lit. Zit. 1. in Lit. 131.
133. STAUDINGER, H., u. J. SIEGWART: Helv. chim. Acta **3**, 840 (1920).
134. RIED, W., u. J. OMRAN: Liebigs Ann. Chem. **673**, 120 (1964).
135. CLARK, T. J., and P. YATES: J. org. Chemistry **27**, 286 (1962).
136. GUHA, P. C., u. M. S. MUTHANNA: Ber. dtsch. chem. Ges. **71**, 2665 (1938).
137. Vgl. in der Zusammenfassung bei Lit. Zit. 2.
138. PECHMANN, H. v.: Ber. dtsch. chem. Ges. **31**, 2950 (1898).
139. HEYNS, K., u. A. HEINS: Angew. Chem. **73**, 64 (1961). — BUCHNER, E.: Ber. dtsch. chem. Ges. **22**, 842 (1889); weitere Lit. vgl. Fußnote [5] bei Lit. Zit. 140.

140. RIED, W., u. J. OMRAN: Liebigs Ann. Chem. **666**, 144 (1963).
141. —, u. M. SCHÖN: Angew. Chem. **76**, 98 (1964).
142. (a) FRIEDMAN, L., and F. M. LOGULLO: J. Amer. chem. Soc. **85**, 1548 (1963); weitere Literatur vgl. bei Zit. 141; — (b) Aus Carboxylat, nach Privatmitt. von L. FRIEDMAN.
143. STAUDINGER, H., u. J. MEYER: Helv. chim. Acta **2**, 619 (1919).
144. —, u. W. BRAUNHOLTZ: Helv. chim. Acta **4**, 897 (1921). — BRAUNHOLTZ, W. T. K.: J. chem. Soc. (London) **121**, 300 (1922).
145. —, u. G. LÜSCHER: Helv. chim. Acta **5**, 75 (1922).
146. HORNER, L., u. E. LINGNAU: Liebigs Ann. Chem. **591**, 135 (1955).
147. WITTIG, G., u. W. HAAG: Chem. Ber. **88**, 1654 (1955).
148. BESTMANN, H. J., H. BUCKSCHEWSKI u. H. LEUBE: Chem. Ber. **92**, 1345 (1959).
149. HORNER, L., u. H. HOFFMANN: Angew. Chem. **68**, 473 (1956) und in W. FOERST, Neuere Methoden der präparativen organischen Chemie II, S. 122. Weinheim/Bergstr.: Verlag Chemie 1960.
150. BESTMANN, H. J., O. KLEIN, L. GÖTHLICH u. H. BUCKSCHEWSKI: Chem. Ber. **96**, 2259 (1963).
151. —, u. O. KLEIN: Liebigs Ann. Chem. **676**, 97 (1964).
152. WITTIG, G., and M. SCHLOSSER: Tetrahedron **18**, 1023 (1962).
153. GOETZ, H., u. H. JUDS: Liebigs Ann. Chem. **678**, 1 (1964).
154. HORNER, L., u. H. STÖHR: Chem. Ber. **86**, 1073 (1953).
155. RIED, W., u. HG. APPEL: Z. Naturforsch. **15b**, 684 (1960).
156. —, u. HG. APPEL: Liebigs Ann. Chem. **646**, 82 (1961).
157. SCHWEIZER, E. E., G. J. O'NEILL, and J. N. WEMPLE: J. organ. Chem. **29**, 1744 (1964).
158. HORNER, L., u. H.-G. SCHMELZER: Chem. Ber. **94**, 1326 (1961).
159. RIED, W., and HG. APPEL: Liebigs Ann. Chem. **678**, 127 (1964).
160. —, u. HG. APPEL: Liebigs Ann. Chem. **679**, 56 (1964).
161. HENDERSON jr., W. A., and C. A. STREULI: J. Amer. chem. Soc. **82**, 5791 (1960).
162. BESTMANN, H. J., u. L. GÖTHLICH: Liebigs Ann. Chem. **655**, 1 (1962).
163. NÖTH, H., u. H. J. VETTER: Chem. Ber. **96**, 1298 (1963).
164. FRANKE, W.: Dtsch. Bundes-Pat. 1024967 v. 27. 2. 1958, Chemische Werke Hüls AG [C. A. **54**, 7744 (1960)].
165. MICHAELIS, A., u. K. LUXEMBOURG: Ber. dtsch. chem. Ges. **28**, 2205 (1895).
166. STUEBE, C., and H. LANKELMA: J. Amer. chem. Soc. **78**, 976 (1956). — BURG, A. B., and P. J. SLOTA jr.: J. Amer. chem. Soc. **80**, 1107 (1958).
167. RIED, W., u. HG. APPEL: Liebigs Ann. Chem. **679**, 51 (1964).
168. —, u. H. TRUMMLITZ: Diplomarbeit H. TRUMMLITZ, Universität Frankfurt a. M. 1965.
169. —, u. W. REITZENSTEIN: Unveröffentlicht.
170. —, u. A. KLEEMANN: Diplomarbeit A. KLEEMANN, Universität Frankfurt a. M., 1965.
171. —, u. W. BODENSTEDT: Liebigs Ann. Chem. **667**, 96 (1963).
172. —, u. W. BODENSTEDT: Liebigs Ann. Chem. **679**, 77 (1964).
173. LEUCKART, R.: J. prakt. Chem. [2] **41**, 179 (1890).
174. BIILMANN, E.: Liebigs Ann. Chem. **364**, 314 (1909).
175. FAHR, E.: Angew. Chem. **73**, 766 (1961). — FAHR, E., u. W. D. HÖRMANN: Liebigs Ann. Chem. **682**, 48 (1965).
176. BOTT, K.: Angew. Chem. **76**, 992 (1964).
177. RIED, W., u. E. TOROK: Liebigs Ann. Chem. **687**, 232 (1965).
178. FAHR, E., u. H. LIND: Angew. Chem. **75**, 1118 (1963).

179. YATES, P., D. G. FARNUM, and D. W. WILEY: Tetrahedron **18**, 881 (1962); vgl. ferner 3., dort Lit. Zit. 31.
180. EISTERT, B., u. E. A. HACKMANN: Liebigs Ann. Chem. **657**, 120 (1962).
181. HOLT, G., and D. K. WALL: J. chem. Soc. (London) **1965**, 1428.
182. ARNDT, F., B. EISTERT u. W. PARTALE: Ber. dtsch. chem. Ges. **60**, 1364 (1927).
183. TAYLOR, E. C., and D. R. ECKROTH: Tetrahedron **20**, 2059 (1964).
184. RIED, W., u. W. KUNKEL: Dipl.-Arbeit, Univ. Frankfurt a. M. 1965.
184a. WIZINGER, R., u. V. BIRO: Helv. chim. Acta **32**, 901 (1949).
185. RIED, W., u. K. WAGNER: Teil der Dissertation K. WAGNER, Universität Frankfurt a. M. 1965/66.
185a. REISENEGGER, H.: Liebigs Ann. Chem. **221**, 315 (1884).
185b. ALTSCHUL, J.: J. prakt. Chem. [2], **57**, 202 (1898).
185c. KUNZE, E.: Ber. dtsch. chem. Ges. **21**, 3333 (1888).
185d. DRP. 249626, Farbenfabriken Bayer A.G. (1911) Friedländer **11**, 184.
186. D'YAKONOV, I. A., u. M. I. KOMMENDANTOV: J. allg. Chem. U.d.S.S.R. **33**, 2448 (1963); C. **1965**, 7864, Zit. 0992 — (zu Abschnitt 11).
187. MASAMUNE, S., and N. T. CASTELLUCCI: Proc. chem. Soc. (London) **1964**, 298 — (zu Abschnitt 3).
188. KAZICYNA, L. A., B. S. KIKOT', L. E. VINOGRADOVA u. O. A. REUTOV: Doklady Akad. S.S.S.R. **158**, 1369 (1964).
189. KOROBICYNA, I. K., u. L. L. RODINA: Ž. obšč. Chim. **34**, 2851 (1964); C.A. **61**, 16030f. (1964) — (zu Abschnitt 2).
190. GOETZ, H., u. A. SIDHU: Liebigs Ann. Chem. **682**, 71 (1965) — (zu Abschnitt **12**).
191. MARTIN, D., u. W. MUCKE: Liebigs Ann. Chem. **682**, 90 (1965) — (zu Abschnitt 6).
192. SCHÖNBERG, A., u. K. JUNGHANS: Chem. Ber. **98**, 820 (1965) — (zu Abschnitt 20).
193. STETTER, H., u. K. KIEHS: Chem. Ber. **98**, 1181 (1965) — (zu Abschnitt 3).
194. — — Chem. Ber. **98**, 2099 (1965) — (zu Abschnitt 3).
195. REGITZ, M.: Chem. Ber. **98**, 1210 (1965) — (zu Abschnitt 2).
196. HUNECK, S.: Chem. Ber. **98**, 2284 (1965) — (zu Abschnitt 2 und 3).
197. — Chem. Ber. **98**, 2291 (1965) — (zu Abschnitt 3).
198. SCHÖLLKOPF, U., u. H. SCHÄFER: Angew. Chem. **77**, 379 (1965) — (zu Abschnitt 2).
199. ANDERSON jr., A. G., and R. C. RHODES: J. org. Chemistry **30**, 1616 (1965).
200. CAUQUIS, G., M. RASTOLDO et G. REVERDY: Bull. Soc. chim. France **1965**, 1263 — (zu Abschnitt 2).

Entwicklung und präparative Möglichkeiten der Carben-Chemie*,**

Erster Teil

Prof. Dr. B. Jerosch Herold und Prof. Dr. P. P. Gaspar

Instituto Superior Técnico Avenida Rovisco Pais Lisboa-1, Portugal und Washington University, St. Louis, Mo. USA

Inhaltsübersicht
Seite

0. Historische Einführung 90
1. Heterosubstituierte Carbene 92
1.1. Dichlor- und Dibromcarben 92
1.1.1. Erzeugung 92
   1.1.1.1. Dichlor- und Dibromcarben durch alkalische Hydrolyse der Haloforme 92
   1.1.1.2. Dichlor- und Dibromcarben bei der Zersetzung der Haloforme durch Alkoholate 94
   1.1.1.3. Dichlor- und Dibromcarben bei der Zersetzung der Haloforme durch metallorganische Verbindungen 96
   1.1.1.4. Dichlor- und Dibromcarben bei der Zersetzung der Haloforme durch Alkaliamide 96
   1.1.1.5. Dichlor- und Dibromcarben bei der Zersetzung von Tetrahalomethanen durch metallorganische Verbindungen 96
   1.1.1.6. Dichlor- und Dibromcarben durch elektrolytische Reduktion von Tetrahalomethanen 97
   1.1.1.7. Dichlorcarben bei der Zersetzung von Trichloressigester durch Alkoholate 98
   1.1.1.8. Dichlorcarben bei der Zersetzung von Hexachloraceton durch Alkoholate 98
   1.1.1.9. Dichlorcarben durch thermische Zersetzung von Natriumtrichloracetat. 99
   1.1.1.10. Dichlorcarben bei der Zersetzung von Trichlormethansulfinsäureester und Trichlormethan-sulfonylchlorid durch Alkoholate 100
   1.1.1.11. Weitere Methoden zur Erzeugung von Dichlor- und Dibromcarben und abschließende Zusammenfassung 100

---

* Frühere Übersichtsreferate, s. z.B. (14), (30), (58), (96), (97), (98), (113), (151), (194).

** Der „Fundação Calouste Gulbenkian" sei herzlich für eine Beihilfe zur Beschaffung der in Lissabon nicht greifbaren Literatur, der Deutschen Forschungsgemeinschaft für eine wertvolle Bücher- und Zeitschriftenspende an das „Instituto Superior Técnico" gedankt. Herrn Prof. Dr. U. Schöllkopf, Göttingen danken wir für die Mitteilung unveröffentlichter Ergebnisse, Dr. R. Hoffmann, Heidelberg für Literaturhinweise und Frau U. Jerosch Herold für die Maschinenschrift des Manuskripts.

                                                                    Seite
1.1.2.   Reaktionen von Dichlor- und Dibromcarben 103
1.1.2.1. Anlagerung an Verbindungen mit freien Elektronenpaaren 103
1.1.2.2. Anlagerung an ungesättigte Verbindungen 106
1.1.2.2.1. Anlagerung an unkonjugierte Doppelbindungen 106
1.1.2.2.2. Stereochemischer Verlauf der Anlagerung von Dichlor- und Dibromcarben an Olefine 108
1.1.2.2.3. Reaktivität von Olefinen gegenüber Dichlor- und Dibromcarben 109
1.1.2.2.4. Anlagerung an konjugierte Doppelbindungen und aromatische Bindungssysteme 110
1.1.2.3. Einschiebung in σ-Bindungen 113
1.2.   Difluorcarben 115
1.3.   Bromchlor-, Bromfluor- und Chlorfluorcarben 118
1.4.   Chlorcarben 119
1.5.   Sauerstoff-, Schwefel- und Selensubstituierte Carbene 124
1.6.   Stickstoff-substituierte Carbene 128
1.7.   Grundzustand und Reaktivität der heterosubstituierten Carbene. Mechanismus der Addition an Doppelbindungen 130
Literatur 135

0. Historische Einführung

Die Suche nach zweiwertigen Kohlenstoffverbindungen begann schon, bevor überhaupt der Begriff der Wertigkeit bestimmt war, und zwar mit M. M. J. DUMAS und E. PÉLIGOT (*39*), die bereits vor 130 Jahren in der französischen Akademie der Wissenschaften eine „Mémoire sur l'esprit de bois et sur les divers composés ethérés qui en proviennent" verlasen. Darin definierten sie Methylen als eine Verbindung, die nach der heutigen Schreibweise CH_2 ist. Sie sahen die Monosubstitutionsprodukte des Methans als Abkömmlinge des Methylens an, so z.B. Methylalkohol als Verbindung von Methylen mit Wasser, und Methylchlorid als Verbindung von Methylen mit Chlorwasserstoff. Diese Anschauung wurde auch in ihrer Nomenklatur zum Ausdruck gebracht, indem z.B. Methylchlorid Methylenchlorhydrat genannt wurde. Sie stellten fest, daß es ihnen zwar gelang, durch Pyrolyse des Methylchlorids Chlorwasserstoff abzuspalten, es aber nicht möglich war, bei diesem Versuch Methylen zu isolieren.

Auch später findet man ähnliche Versuche zur Darstellung von Verbindungen des zweiwertigen Kohlenwasserstoffes, z.B. von M. HERMANN (*57*), der als Zwischenprodukt der alkalischen Hydrolyse des Bromoforms „Bromkohlenstoff" CBr_2 erwähnt, ohne allerdings eine ausreichende experimentelle Grundlage dafür zu haben. 1857 erscheint eine neue Arbeit von A. PERROT (*137*) über die Pyrolyse des Methylchlorids, bei der wiederum kein Methylen isoliert werden konnte. M. A. BUTLEROW (*12*) versuchte 1861, Methylen durch Einwirken von Kupfer auf Methylen-Iodid zu erhalten und schloß aus seinen Versuchen, daß

es „sehr zweifelhaft" sei, daß freies Methylen existieren könne. A. GEU-
THER (51) schloß sich 1862 in einer Arbeit „Über die Zersetzung des
Chloroforms durch alkoholische Kalilösung" den Ansichten HERMANNs
über die alkalische Zersetzung des Bromoforms an, indem er in ähnlicher
Weise das Auftreten von „Chlorkohlenstoff" CCl_2 annimmt.

In den Jahren 1892 bis 1897 erschienen Abhandlungen von J. U.
NEF (121), (122) „Über das zweiwertige Kohlenstoffatom", in denen eine
große Anzahl organischer Reaktionen über Zwischenstufen mit zwei-
wertigem Kohlenstoff formuliert wurden. In manchen Fällen haben sich
diese Hypothesen in neuerer Zeit als richtig erwiesen, in vielen Fällen
allerdings als falsch.

H. STAUDINGER (182) hat ab 1911 in einer Reihe von Abhandlungen
„über Reaktionen des Methylens" angenommen, daß beim Zerfall der
Diazoverbindungen durch Stickstoffabspaltung Methylenderivate als
Zwischenstufen entstehen, und er erklärte die von ihm beobachteten
Reaktionsprodukte auf diese Weise. In ähnlicher Weise nahm er an,
daß solche Zwischenstufen auch durch Kohlenoxydabspaltung aus
Ketenen entstehen. Einen strengen Beweis für das intermediäre Auftreten von Methylen bzw. substituierten Methylenen lieferte er nicht,
sondern er nahm stillschweigend einen monomolekularen Zerfall an,
bei dem ja ein Methylen entstehen muß.

$$CH_2N_2 \rightarrow CH_2 + N_2$$

Bei der thermischen Zersetzung von Diazomethanen im Kohlen-
oxydstrom erhielt H. STAUDINGER Ketene, womit er das intermediäre
Auftreten von Methylen wahrscheinlich machte.

$$CH_2 + CO \rightarrow CH_2CO$$

Allerdings schloß er nicht experimentell aus, daß Keten durch direkte
Reaktion von Diazomethan mit Kohlenoxyd ohne Auftreten von freiem
Methylen entsteht.

Ein weiterer Hinweis auf die Existenz von Methylen wurde zu Beginn
der 30er Jahre vor allem bei der thermischen und photolytischen Zersetzung von Diazomethan und Keten unter Benutzung der Panethschen
Spiegeltechnik erbracht (136), (145).

Hiermit endet die rein spekulative Ära der Chemie der Derivate
des „zweiwertigen Kohlenstoffs". In den 50er Jahren bahnte sich eine
immer rascher werdende Entwicklung dieses Zweiges der Chemie an,
eine Entwicklung, über die hier ausführlich berichtet werden soll.

Zu dieser Zeit wurde von DOERING, WINSTEIN und WOODWARD der
Ausdruck „Carben" für die Substitutionsprodukte des Methylens ge-
prägt (34). Der Begriff Carben erweitert den des Methylens wie Carbinol
den des Methanols.

1. Heterosubstituierte Carbene

Unter heterosubstituierten Carbenen sollen hier solche verstanden werden, bei denen das zweiwertige Kohlenstoffatom an ein oder zwei Heteroatome gebunden ist. Carbene, in denen das zweiwertige Kohlenstoffatom an einen Aryl- oder Alkylrest und an ein Heteroatom gebunden ist, werden zusammen mit den Alkyl- und Arylcarbenen behandelt.

1.1. Dichlor- und Dibromcarben

1.1.1. Erzeugung

1.1.1.1. Dichlor- und Dibromcarben durch alkalische Hydrolyse der Haloforme. Wie bereits erwähnt, erscheint Dibromcarben zum ersten Mal in der Literatur 1855 bei M. HERMANN (57) unter der Bezeichnung Bromkohlenstoff, und Dichlorcarben 1862 bei A. GEUTHER (51) unter der Bezeichnung „Chlorkohlenstoff". J. U. NEF (121), (122) bezeichnet 1897 Dijodcarben als „Dijodmethylen" und erklärt, daß die Reimer-Thiemannsche Reaktion und die Isonitrilsynthese über „Dichlormethylen" ablaufen. Eine experimentelle Grundlage für die letzteren Theorien wurde erst ab 1950 von J. HINE geschaffen.

J. HINE berichtete 1950 (59) über kinetische Untersuchungen der alkalischen Hydrolyse von Chloroform, in der er sehr wahrscheinlich machte, daß bei dieser Reaktion Dichlorcarben : CCl_2 als Zwischenstufe auftritt. In einer großen Anzahl sich anschließender Untersuchungen (60)—(83) wurde diese Theorie experimentell gesichert.

J. HINE schloß dabei an ältere Untersuchungen von P. PETRENKO-KRITSCHENKO und V. OPOTSKY (138) an, die 1926 feststellten, daß Chloroform viel rascher alkalisch hydrolysiert wird als die anderen drei Chlormethane (63), und zwar stellten diese Autoren folgende Reaktivitätsreihe auf:

$$CH_3Cl \gg CH_2Cl_2 \ll CHCl_3 \gg CCl_4$$

Wenn alle alkalischen Zersetzungen der vier Chlormethane S_N2-Reaktionen wären, dann müßte die Reaktivität infolge der elektronenanziehenden Wirkung der Chloratome vom Methylchlorid zum Tetrachlorkohlenstoff abnehmen. Tatsächlich unterliegt aber die Reaktivität der Chlormethane gegenüber nucleophilen Agentien, die schwache Basen sind, folgender Abstufung:

$$CH_3Cl \gg CH_2Cl_2 > CHCl_3 < CCl_4$$

Die leicht erhöhte Reaktivität von Tetrachlorkohlenstoff läßt sich durch Mitwirkung eines S_N1-Mechanismus erklären (58), (183).

Die überaus erhöhte Reaktivität des Chloroforms in der alkalischen Zersetzung im Vergleich zu den anderen Chlormethanen läßt sich aber auf diese Weise nicht mehr deuten.

Zu diesem auffallenden Merkmal der alkalischen Zersetzung des Chloroforms kam noch, daß J. HORIUTI und Y. SAKAMOTO (86), (147) im Jahre 1936 festgestellt hatten, daß Chloroform in Gegenwart von schwerem Wasser einen alkalisch-katalysierten Deuteriumaustausch erleidet, der viel rascher ist als die Hydrolyse (60), (73), vgl. auch (87).

Dieser Deuteriumaustausch zeigt, daß Chloroform in alkalischem Medium folgendes Gleichgewicht rasch ausbildet:

$$CHCl_3 + OH^\ominus \underset{}{\overset{rasch}{\rightleftarrows}} CCl_3^\ominus + H_2O \qquad (A)$$

Die vorigen Überlegungen zeigten aber, daß keine S_N2-Reaktion folgender Art bei der alkalischen Hydrolyse von Chloroform eine Rolle spielen kann:

$$CHCl_3 + OH^\ominus \xrightarrow{langsam} HOCHCl_2 + Cl^\ominus \qquad (B)$$

Eine S_N1-Reaktion kommt auch nicht in Frage, denn bei dieser Art Solvolyse wäre die Bildung eines Carbeniumions der erste und geschwindigkeitsbestimmende Schritt (58), (183), was sich nicht mit der Tatsache vereinbaren läßt, daß die hydrolytische Zersetzung des Chloroforms basisch katalysiert ist.

Mechanismus (A) enthielt das ungewöhnliche Merkmal des Auftretens eines bis dahin unbekannten Zwischenproduktes :CCl_2, und Mechanismus (B) das ungewöhnliche Merkmal einer Teilreaktion mit nucleophilem Angriff auf ein Anion, d.h. ein dafür ungeeignetes Substrat. Um diesem Dilemma zu entrinnen, knüpfte J. HINE an folgende Tatsache an: Thiophenolat ist ein sehr nucleophiles Anion, ist aber nicht nucleophil genug, um mit Chloroform (in neutralem Medium) zu reagieren. Das Zwischenprodukt :CCl_2 muß aber andererseits elektrophil sein, denn es hat ein Elektronensextett am Kohlenstoff. Falls also :CCl_2 auftritt, wird es sehr wahrscheinlich vom sehr nucleophilen Thiophenolat angegriffen.

J. HINE stellte nun fest (59), daß bei Zusatz von Natrium-thiophenolat die alkalische Zersetzung von Chloroform ganz andere Endprodukte liefert, nämlich nicht Kohlenoxyd und Natriumformiat, sondern Trithioorthoameisensäure-triphenylester $(C_6H_5S)_3CH$. Das heißt, daß ein elektrophiles Zwischenprodukt abgefangen wird, wahrscheinlich :CCl_2. Es bestände auch die Möglichkeit, daß $HO-CCl_2^\ominus$, obwohl ein Anion, also selbst nucleophil, von Thiophenolat nucleophil angegriffen wird; das ist aber nicht sehr wahrscheinlich.

Ein wichtiges Argument gegen den Mechanismus (B) und für das Auftreten von elektrophilem :CCl_2 stammt von J. HINE und A. M. DOWELL (61). Sie zeigten, daß die Zugabe von Natriumjodid, -bromid oder -chlorid die Geschwindigkeit der alkalischen Hydrolyse von Chloroform herabsetzt, und zwar am stärksten Natriumjodid und am schwächsten Natriumchlorid. Dieser Effekt in dieser Abstufung läßt sich nur durch einen nucleophilen Angriff der Halogenidionen auf Dichlorcarben erklären, wobei sich das entsprechende Trihalogenanion $:CCl_2X^\ominus$ unter Zurückdrängung der Hydrolyse bildet. Die Abnahme der Geschwindigkeit bei Zusatz einer bestimmten Menge Halogenid läßt sich in eine Gleichung fassen, in die sich die Swainschen Nucleophiliekonstanten (58), (183) für die verschiedenen Halogenide einsetzen lassen, wobei eine gute Übereinstimmung erzielt wurde. Diese letzten Versuche zusammen mit dem Ergebnis der alkalischen Zersetzung von Chloroform in Gegenwart von Natrium-thiophenolat zeigen eindeutig, daß bei dieser Zersetzung ein elektrophiles Zwischenprodukt auftreten muß. Dieses Zwischenprodukt kann nur Dichlorcarben sein.

Selbstverständlich ist dieses Dichlorcarben mit einer Solvenshülle umgeben. Außerdem ist es auch durchaus möglich, daß sich das abgespaltene Chlorid-Ion und das entsprechende Natrium-Ion noch in der unmittelbaren Nachbarschaft des Dichlorcarbens befinden, wenn es mit einem Partner reagiert, und es in seiner Reaktivität beeinflussen.

Für die alkalische Hydrolyse von Bromoform wurden von J. HINE, A. M. DOWELL und J. E. SINGLEY (62) 1956 ähnliche Untersuchungen angestellt, die zur Annahme berechtigen, daß bei dieser Reaktion Dibromcarben erzeugt wird.

1.1.1.2. Dichlor- und Dibromcarben bei der Zersetzung der Haloforme durch Alkoholate.

W. VON E. DOERING und A. K. HOFFMANN (32) gelang es 1954, Dichlorcarben bei der wasserfreien basischen Zersetzung von Chloroform in Gegenwart von Cyclohexen und anderen Olefinen abzufangen, wobei Dichlornorcaran in 59%iger Ausbeute gewonnen wurde.

$$CHCl_3 + RO^\ominus \rightarrow :CCl_3^\ominus + ROH$$
$$:CCl_3^\ominus \rightarrow :CCl_2 + Cl^\ominus$$

◯ + $:CCl_2$ → ◯$\begin{smallmatrix}Cl\\Cl\end{smallmatrix}$

Als Base erwies sich Kalium-tert.-butanolat als besonders geeignet. Dieser Abfangversuch hat gegenüber dem mit Thiophenolat von J. HINE den Vorteil, daß das abgefangene Dichlorcarben als ganzes im Reaktionsprodukt auftritt. Den Zweifeln, ob es sich nicht hier um einen Angriff von $:CCl_3^\ominus$ an die Doppelbindung mit anschließender Chloridion-Eliminierung an Stelle eines Angriffs von $:CCl_2$ auf die Doppelbindung handele, wurde wie folgt begegnet:

W. VON E. DOERING und W. A. HENDERSON (36) führten die Zersetzung von Chloroform mit Kalium-tert.-butanolat in Gegenwart von 1:1

Gemischen verschiedener Olefine durch, die sich durch ihre π-Elektronendichten unterschieden. Die Olefine mit der höheren π-Elektronendichte wurden rascher angegriffen, wie sich aus den höheren Ausbeuten gegenüber dem anderen im Gemisch vorliegenden Olefin ergab.

Es mußte sich also um einen elektrophilen Angriff auf die Doppelbindung handeln, und als angreifendes Agens kommt nur Dichlorcarben in Frage. Auch wenn man das Gegenion K$^+$ mit berücksichtigt, also die Verbindung KCCl$_3$ betrachtet, so dürfte sie sich nach den Erfahrungen über die alkalimetallorganischen Verbindungen auf keinen Fall elektrophil, sondern nucleophil verhalten (216), (24a).

Außerdem wäre es wahrscheinlich, daß im Falle eines Angriffs von :CCl$_3^{\ominus}$ auf die Doppelbindung folgende Verbindung isoliert würde:

$$\underset{}{\bigcirc}\!\!\!\!<\!\!\!{}^{CCl_3}_{H}$$

Es gelang bisher nicht einmal durch Gaschromatographie diese Verbindung nachzuweisen (32).

Weiterhin ist bekannt, daß alkalimetallorganische Verbindungen im allgemeinen nichtkonjugierte Doppelbindungen, wie im Fall des Cyclohexens eine vorliegt, nur unter forcierten Bedingungen angreifen (216).

Also dürfte der Angriff auf die Cyclohexen-Doppelbindung höchstwahrscheinlich durch ein elektrophiles Agens, nämlich :CCl$_2$ erfolgen. Zu dem Problem, inwieweit man das bei dieser Reaktion auftretende Dichlorcarben als wirklich freies Carben ansehen kann, wird weiter unten noch Stellung genommen.

Der Nachteil dieses Verfahrens zur Erzeugung von :CCl$_2$ liegt in der Möglichkeit, daß der in der Reaktion von Chloroform mit dem Alkoholat entstehende Alkohol mit dem Carben reagiert, und daß diese Konkurrenzreaktion die Ausbeute an Dichlornorcaran mindert.

$$:CCl_2 + ROH \rightarrow Cl-\overset{\ominus}{\underset{Cl}{C}}-\overset{\oplus}{\underset{H}{O}}-R \rightarrow \ldots$$

Um eine höhere Ausbeute an Dichlornorcaran zu gewinnen, muß also die Reaktion des Carbens mit dem entstehenden Alkohol möglichst langsam sein. Die Überlegenheit des Kalium-tert.-butanolats über Methylat, Äthylat etc. läßt sich daher durch größere sterische Behinderung der Reaktion des entstehenden Alkohols mit Dichlorcarben erklären (32).

Analog erhielten dieselben Autoren (32) bei der Zersetzung von Bromoform mit Kalium-tert.-butanolat in Gegenwart eines Überschusses von Cyclohexen Dibromnorcaran in 75%iger Ausbeute. Die Elektrophilie von Dibromcarben wurde ähnlich wie im Falle von Dichlorcarben von P. S. SKELL und A. Y. GARNER (179) festgestellt.

1.1.1.3. Dichlor- und Dibromcarben bei der Zersetzung der Haloforme durch metallorganische Verbindungen. Es liegt der Gedanke nahe, den Vorläufer von Dichlorcarben, das Trichlormethyl-Anion, aus Chloroform mit Hilfe einer metallorganischen Verbindung zu erzeugen, denn die entsprechende konjugierte Säure, ein Kohlenwasserstoff, wird im allgemeinen nicht mit dem Carben in der Art eines Alkohols reagieren.

Es existieren aber nur wenige Berichte über die Ausnutzung dieser Möglichkeit. W. E. PARHAM und R. R. TWELVES (125) erhielten 1957 Folgeprodukte von Dichlorcarben in Gegenwart von Chloroform und Indenylnatrium.

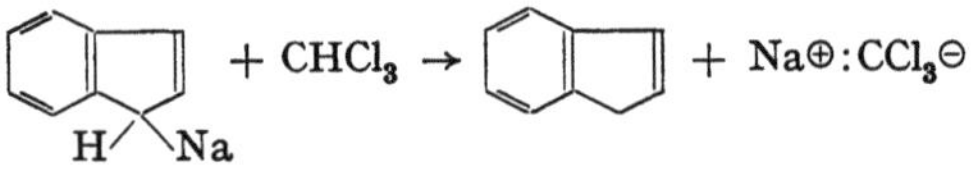

$$\text{Indenyl-HNa} + CHCl_3 \rightarrow \text{Indenyl} + Na^{\oplus}:CCl_3^{\ominus}$$

$$:CCl_3^{\ominus} \rightarrow :CCl_2 + Cl^{\ominus}$$

$$\text{Inden} + :CCl_2 \rightarrow \text{Addukt(Cl,Cl)} \quad 33\%$$

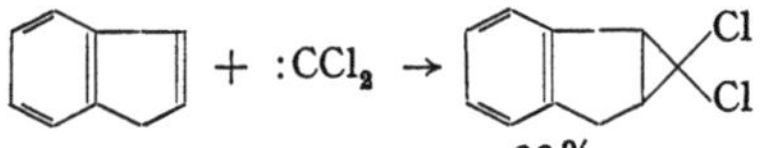

Mit Bromoform wurde ein Ringerweiterungsprodukt des Adduktes erhalten.

C. R. HAUSER u. Mitarb. (56) benutzten Diphenylmethylkalium als Base und fingen Dichlorcarben mit Cyclohexen als Dichlornorcaran in nur 11—15%iger Ausbeute ab.

1.1.1.4. Dichlor- und Dibromcarben bei der Zersetzung der Haloforme durch Alkaliamide. Anstelle einer metallorganischen Verbindung läßt sich als Base auch Natrium- oder Kaliumamid verwenden. Die Reaktion wurde mit Chloroform und Bromoform in flüssigem Ammoniak durchgeführt. Die entstehenden Trichlormethyl- bzw. Tribromethyl-anionen wurden mit geeigneten elektrophilen Partnern (Carbonylverbindungen) abgefangen (193). In Abwesenheit solcher Partner reagierten die entsprechenden Carbene mit Ammoniak weiter (103), (193)[1].

$$CHX_3 + NH_2^{\ominus} \rightarrow :CX_3^{\ominus} + NH_3$$
$$:CX_3^{\ominus} \rightarrow :CX_2 + X^{\ominus}$$

1.1.1.5. Dichlor- und Dibromcarben bei der Zersetzung von Tetrahalomethanen durch metallorganische Verbindungen. W. T. MILLER und C. S. Y. KIM (114) berichteten 1959 (vgl. auch 167) über die Reaktion von Tetrahalomethanen mit Lithium-Alkylen in Gegenwart von Cyclohexen. Sie isolierten in wechselnden Ausbeuten Dichlornorcaran. Von den möglichen Kombinationen von Methyllithium und n-Butyllithium mit Tetrachlorkohlenstoff, Bromtrichlormethan und Jodtrichlor-

---
[1] Siehe Abschn. 1.1.2.1.

methan erwies sich die Kombination von Bromtrichlormethan mit n-Butyllithium für die Ausbeute am günstigsten (91% Dichlornorcaran). Beim entsprechenden Versuch mit Tetrabromkohlenstoff wurde in nur 11%iger Ausbeute Dibromnorcaran gewonnen[1].

Zunächst erschien es am natürlichsten, diese Reaktion als dreistufig anzusehen:

1. Halogenmetallaustausch:

$$BrCCl_3 + n\text{-}C_4H_9Li \rightarrow LiCCl_3 + n\text{-}C_4H_9Br$$

2. Lithiumchloridabspaltung:

$$LiCCl_3 \rightarrow LiCl + :CCl_2$$

3. Anlagerung des Dichlorcarbens an Cyclohexen.

Die metallorganische Verbindung Trichlormethyllithium wurde kürzlich von W. T. MILLER und D. M. WHALEN (114a) durch Reaktion von Bromtrichlormethan mit n-Butyllithium bei $-115°$ dargestellt. G. KÖBRICH, K. FLORY und W. DRISCHEL (101a) erhielten dieselbe Verbindung durch Metallieren von Chloroform bei $-110°$ mit n-Butyllithium.

W. T. MILLER und D. M. WHALEN stellten fest, daß Trichlormethyllithium, obwohl bei $-100°$ in ätherischer Lösung stabil, sich bei dieser Temperatur rasch mit Cyclohexen zu Dichlornorcaran und Lithiumchlorid umsetzt. Trichlormethyllithium erweist sich also überraschenderweise als ein elektrophiles Reagens, und es zeigt sich, daß bei $-100°$ Dichlorcarben nicht als Zwischenprodukt auftritt.

Das heißt aber nicht unbedingt, daß die Reaktion von Bromtrichlormethan, n-Butyllithium und Cyclohexen bei höheren Temperaturen nicht doch über das Carben verläuft, denn es ist nicht ausgeschlossen, daß bei höheren Temperaturen die Lithiumchloridabspaltung von Trichlormethyllithium schneller verläuft als der Angriff von Trichlormethyllithium auf Cyclohexen.

C. R. HAUSER u. Mitarb. (56) setzten Tetrahalomethane und Cyclohexen mit Diphenylmethylkalium anstelle von Butyllithium um. Sie erhielten dabei bei Verwendung von Tetrachlorkohlenstoff jedoch nur 26% Ausbeute an Dichlornorcaran, bei Verwendung von Bromtrichlormethan nur 17%. Noch geringere Ausbeuten wurden bei Verwendung von Kaliumamid und Kalium-tert.-butanolat erzielt (103).

W. G. KOFRON und C. R. HAUSER (102) nehmen an, daß bei dieser Reaktion Dichlorcarben in folgender Weise entsteht:

$$(C_6H_5)_2CH + X\text{—}CCl_3 \rightarrow (C_6H_5)_2CHX + :CCl_3^\ominus$$
$$:CCl_3^\ominus \rightarrow :CCl_2 + Cl^\ominus$$

1.1.1.6. Dichlor- und Dibromcarben durch elektrolytische Reduktion von Tetrahalomethanen. Sehr ähnlich im Prinzip wie die

---
[1] Vgl. auch (123a) und (190a).

vorhergehende Reaktion ist die elektrolytische Reduktion von Tetrahalomethanen. S. WAWZONEK und R. C. DUTY (*207*) untersuchten kürzlich polarographisch diese Reduktionen. Diese Untersuchungen wurden in Dimethylformamid und Acetonitril durchgeführt, die gleichermaßen gute Solventien für Salze und unpolare Verbindungen sind. Dadurch ist es möglich, in ihnen solche polarographischen Untersuchungen durchzuführen. Als Elektrolyt diente Tetra-n-butylammoniumbromid. Die Polarogramme ließen die Hypothese zu, daß sich folgende Reaktionen abspielen:

$$CX_4 + 2e \rightarrow :CX_3^{\ominus} + X^{\ominus}$$
$$:CX_3^{\ominus} \rightarrow :CX_2 + X^{\ominus}$$

Um über die Entstehung von $:CX_2$ größere Sicherheit zu erlangen, führten diese Autoren die Reduktion von Tetrachlorkohlenstoff in größerem Maßstab in Gegenwart von Tetramethyläthylen durch und identifizierten gaschromatographisch das zu erwartende Cyclopropanderivat.

1.1.1.7. Dichlorcarben bei der Zersetzung von Trichloressigester durch Alkoholate. W. E. PARHAM und E. W. SCHWEIZER (*129*) erzeugten 1959 Dichlorcarben durch Reaktion von Trichloressigsäureäthylester mit Alkoholaten. Wieder wird also zunächst die Entstehung des Trichlormethylanions als Vorläufer von Dichlorcarben angestrebt.

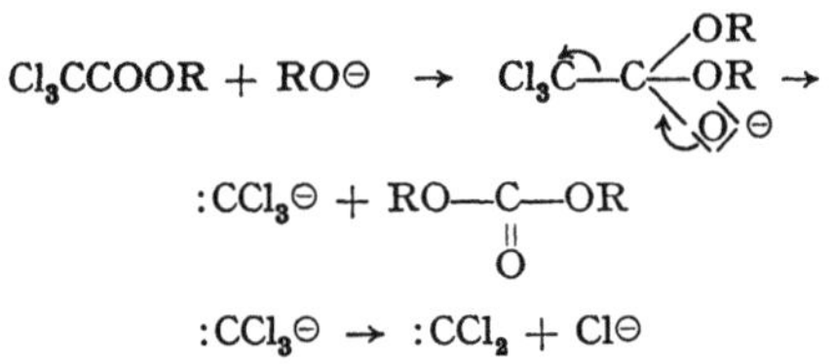

$$Cl_3CCOOR + RO^{\ominus} \rightarrow Cl_3C-C\underset{O^{\ominus}}{\overset{OR}{\underset{|}{-}}}OR \rightarrow$$

$$:CCl_3^{\ominus} + RO-\underset{\overset{\|}{O}}{C}-OR$$

$$:CCl_3^{\ominus} \rightarrow :CCl_2 + Cl^{\ominus}$$

Dichlorcarben wurde hier wieder in Anlehnung an W. VON E. DOERING und A. K. HOFFMANN (*32*) mit Olefinen abgefangen.

Da bei dieser Reaktion kein Alkohol entsteht, der mit dem entstehenden Carben reagieren könnte, besteht kein Grund mehr, (sterisch gehindertes) Kalium-tert.-butanolat zu verwenden. Als am günstigsten für die Ausbeute an Dichlorcyclopropanen erwies sich Natriummethylat, womit Ausbeuten von 72—88% erzielt wurden (bei Verwendung von Cyclohexen 88% Dichlornorcaran).

In älteren Versuchen hatten W. E. PARHAM u. Mitarb. (*128*), (*130*) Dichlorcarben ähnlich aus Dichloressigester erzeugt. Sie zeigten, daß diese Reaktion wahrscheinlich über Trichloressigester verläuft.

1.1.1.8. Dichlorcarben bei der Zersetzung von Hexachloraceton durch Alkoholate. P. D. KADABA und J. O. EDWARDS (*90*), sowie F. W. GRANT und W. B. CASSIE (*55*) berichteten 1960 über die Erzeugung von Dichlorcarben aus Hexachloraceton. Die Reaktion verläuft sehr ähnlich wie die im obigen Abschnitt beschriebene:

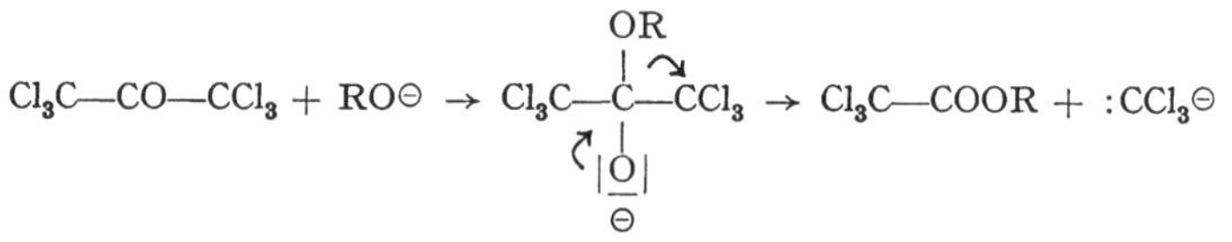

$$Cl_3C-CO-CCl_3 + RO^\ominus \rightarrow Cl_3C-\underset{\underset{\ominus}{|\underline{O}|}}{\overset{OR}{C}}-CCl_3 \rightarrow Cl_3C-COOR + :CCl_3^\ominus$$

$$:CCl_3^\ominus \rightarrow :CCl_2 + Cl^\ominus$$

Der entstandene Trichloressigester reagiert wie bereits beschrieben weiter und dient ebenfalls als Carbenerzeuger. Bei Verwendung von Cyclohexen zum Abfangen von Dichlorcarben entstand wieder Dichlornorcaran. Die Angaben über die Ausbeute gehen auseinander: 34—43 % (*90*) und 59% (*55*).

1.1.1.9. Dichlorcarben durch thermische Zersetzung von Natriumtrichloracetat. Eine weitere Möglichkeit, den Carbenvorläufer $CCl_3^\ominus$ zu erzeugen, besteht in der Thermolyse des Natriumsalzes der Trichloressigsäure und geht auf F. WAGNER (*196*) zurück.

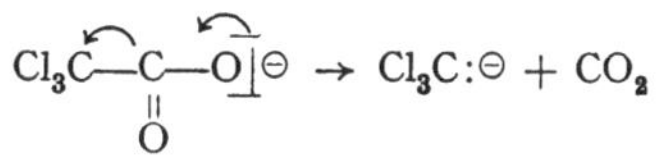

$$Cl_3C-C-O|^\ominus \rightarrow Cl_3C:^\ominus + CO_2$$
$$\underset{O}{\|}$$

$$Cl_3C:^\ominus \rightarrow Cl_2C: + Cl^\ominus$$

Die Decarboxylierung wird üblicherweise durch Kochen in Glykoldimethyläther durchgeführt. Dieses Verfahren hat gegenüber allen oben beschriebenen den Vorteil, in neutralem Medium vor sich zu gehen. Dadurch ist es möglich, Addukte von Dichlorcarben an basenempfindliche Acceptoren wie z. B. Allylchlorid zu erhalten (*197*). Bei Verwendung eines so elektrophilen Acceptors wie Vinylacetat entstand gleichzeitig das Addukt des Trichlormethylanions an Vinylacetat, 1-Trichlormethyläthylacetat, wie auch das Addukt von Dichlorcarben in je ca. 10%iger Ausbeute.

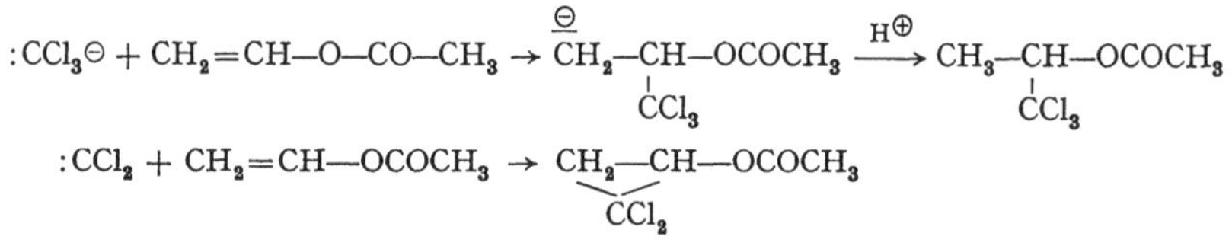

$$:CCl_3^\ominus + CH_2=CH-O-CO-CH_3 \xrightarrow{\ominus} \underset{\underset{CCl_3}{|}}{CH_2-CH-OCOCH_3} \xrightarrow{H^\oplus} \underset{\underset{CCl_3}{|}}{CH_3-CH-OCOCH_3}$$

$$:CCl_2 + CH_2=CH-OCOCH_3 \rightarrow \underset{\underset{CCl_2}{\frown}}{CH_2-CH-OCOCH_3}$$

In Anwesenheit von Ketonen wurden keine für Dichlorcarben typische Reaktionen beobachtet, sondern wie bei den Versuchen von H. G. VIEHE und P. VALANGE (*192*) (s. Abschnitt 1.1.1.4.) Addition des Trichlormethylanions an die Carbonylgruppe. Bei der Thermolyse von Natriumtrichloracetat in Glykolmethyläther in Abwesenheit jeglicher anderer Verbindungen entstehen in einem komplizierten Reaktionsablauf NaCl, CO_2, CO, CCl_4, Perchlorisopropenylacetat und Perchlor-1,2-dimethyl-cyclobutan (198), (199), (200):

$$\underset{(198)}{\underset{O}{Cl_3C}\overset{}{\underset{}{\diagdown}}\underset{O}{\overset{}{C}}\overset{}{\underset{}{\diagup}}\overset{CCl_3}{\underset{O}{\overset{}{C}}}} \qquad \underset{(199),\,(200)}{\begin{matrix}Cl_2C-C=CCl_2\\ |\qquad|\\ Cl_2C-C=CCl_2\end{matrix}}$$

Diese Verbindungen entstehen höchstwahrscheinlich nicht über Dichlorcarben, sondern über das Trichlormethyl-Anion. Die Reaktion, die zu diesen Verbindungen führt, wird auch dann beobachtet, wenn Olefine als Dichlorcarbenacceptoren vorhanden sind, und treten um so stärker in den Hintergrund, je nucleophiler die Olefine sind (200).

In Gegenwart von Cyclohexen beträgt die Ausbeute an Dichlornorcaran 65% (197).

1.1.1.10. Dichlorcarben bei der Zersetzung von Trichlormethansulfinsäureester und Trichlormethan-sulfonylchlorid durch Alkoholate. Trichlormethan-sulfinsäureester wurde durch Kalium-tert.-butanolat in Anwesenheit von Cyclohexen von U. SCHÖLLKOPF und P. HILBERT (155) bei 82° C zersetzt. Dabei konnten Ausbeuten von bis zu 84% Dichlornorcaran erzielt werden. Vermutlich wird auch hier wieder zunächst das Trichlormethyl-Anion durch Substitution am Schwefelatom erhalten, das in der gewohnten Weise weiterreagiert.

$$Cl_3C\underset{\underset{O}{\|}}{-S}-OCH_3 + {}^{\ominus}OR \rightarrow RO\underset{\underset{O}{\|}}{-S}-OCH_3 + :CCl_3{}^{\ominus}$$

$$:CCl_3{}^{\ominus} \rightarrow :CCl_2 + Cl{}^{\ominus}$$

Dichlornorcaran entsteht auch in 35%iger Ausbeute, wenn man Trichlormethan-sulfonylchlorid in Cyclohexen mit Kalium-tert.-butanolat zersetzt.

Die Thermolyse des trichlormethansulfinsauren Natriums Cl_3C-SO_2Na in Cyclohexen führt aber nicht analog der Thermolyse von $Cl_3C-COONa$ zu Dichlornorcaran.

1.1.1.11. Weitere Methoden zur Erzeugung von Dichlor- und Dibromcarben und abschließende Zusammenfassung. In allen bisher behandelten Verfahren zur Erzeugung von Dichlor- und Dibromcarben wird zunächst das entsprechende Trihalomethyl-Anion erzeugt, von dem man annimmt, daß es dann ein Halogenid-Ion abspaltet.

Eine Ausnahme ist wahrscheinlich folgende Reaktion: W. I. BEVAN, R. N. HASZELDINE und J. C. YOUNG (8) berichteten 1961 über die Zersetzung von Trichlormethyl-siliciumtrichlorid bei 250° C. Es gelang ihnen, in Gegenwart von Cyclohexen Dichlorcarben als Dichlornorcaran in 60%iger Ausbeute abzufangen:

$$Cl_2\overset{\frown}{C}\text{—}SiCl_3 \rightarrow \,:CCl_2 + SiCl_4$$
$$\underset{Cl}{|}\text{—}\!\!\rightarrow$$

Die Autoren nehmen an, daß $:CCl_2$ in einem einzigen Reaktionsschritt entsteht. In Anbetracht der Tatsache, daß es sich um eine Gasphasenreaktion handelt, wäre außerdem ja nur ein Zerfall in $SiCl_3$- und CCl_3-Radikale plausibel, der aber zu ganz anderen Reaktionsprodukten führen würde.

Der Abfangversuch mit Cyclohexen ist in diesem Falle ein brauchbares Kriterium, weil hier kein anderes elektrophiles Agens denkbar ist als eben Dichlorcarben.

In anderen Fällen (Abschnitt 1.1.1.5.) wurde dieses Kriterium in Frage gestellt. Es wurde einerseits bereits weiter oben erwähnt, daß die Entstehung von Dichlor- und Dibromnorcaran aus Cyclohexen auf den Angriff eines elektrophilen Agens zurückgehen muß, denn in Konkurrenzversuchen wurde festgestellt, daß die Reaktivität der Olefine in der Cyclopropanisierungsreaktion mit wachsender π-Elektronendichte der Doppelbindung zunimmt (36), (179). Zunächst wurde angenommen, daß dieses elektrophile Agens nur das Carben CX_2 sein kann. Seit man aber weiß, daß Trichlormethyl-lithium mit Cyclohexen reagiert (s. Abschnitt 1.1.1.5.), kann der Abfangversuch mit Cyclohexen nicht mehr als bewährtes Mittel zum Beweis des intermediären Auftretens von Carbenen angesehen werden. Er ist nur dann beweisend, wenn man ausschließen kann, daß der Vorläufer CX_3M des hypothetischen Carbens CX_2 sich elektrophil gegenüber der anzugreifenden Doppelbindung verhält.

Man wird von Fall zu Fall untersuchen müssen, ob in den verschiedenen Reaktionen, bei denen die Entstehung von Carbenen aus CX_3M postuliert wurde, nicht diese metallorganische Verbindung selbst das elektrophile Agens ist, das Cyclopropanisierungen und andere Reaktionen verursacht.

Ausgenommen von dieser Einschränkung sind allerdings die Hineschen Experimente über die alkalische Hydrolyse von Haloformen, bei denen eine Beweisführung benutzt wurde, die sich nicht auf Abfangversuche mit Cyclohexen stützt (s. Abschnitt 1.1.1.1.).

Daß Trichlormethyl-lithium elektrophil ist, ist außerdem überraschend. Hat jedoch in der Verbindung CX_3M das Metall eine Elektronenlücke, so ist es sehr wahrscheinlich, daß CX_3M elektrophil ist. In solchen Fällen kann die Cyclopropanisierung von Cyclohexen noch weniger als sicheres Kriterium für das Auftreten von Carbenen angesehen werden.

Bei der kürzlich von D. SEYFERTH u. Mitarb. *(168)* entdeckten Reaktion von Cyclohexen mit Phenyl-(trihalomethyl)-quecksilber ist es z.B. noch notwendig, durch besondere Versuche das intermediäre Auftreten von $:CX_2$ abzusichern.

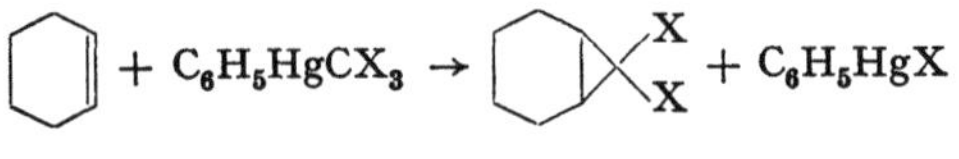

$$\bigcirc + C_6H_5HgCX_3 \rightarrow \bigcirc\!\!<^X_X + C_6H_5HgX$$

Dies ist notwendig, da es Quecksilberverbindungen gibt, die sich gegenüber ungesättigten Verbindungen elektrophil verhalten *(24a)*, wie z.B. in der bekannten Mercurierung von Aromaten.

Unabhängig von diesen theoretischen Erwägungen ist diese Reaktion von besonders großem praktischen Wert zur Präparierung von Dihalocyclopropanen, weil auch solche Olefine mit Phenyl-(trihalomethyl)-quecksilber reagieren, die an sich gegenüber Dichlorcarbenen wenig reaktiv sind *(170)*.

Um $:CCl_2$ an Olefine anzulagern, benutzt man $C_6H_5HgCCl_2Br$, und um $:CBr_2$ anzulagern $C_6H_5HgCBr_3$. Das bei der Cyclopropanisierung entstehende Phenylquecksilberbromid läßt sich zur Herstellung von neuem Phenyl-(trihalomethyl)-quecksilber verwenden *(168)*, *(170)*.

Weitere Verfahren, Cyclohexen in Dichlor- oder Dibromnorcaran zu verwandeln, gehen auf C. D. NENITZESCU u. Mitarb. zurück *(4)*, *(88)*. Aus Chloroform, Bromoform oder auch Trichloressigsäure läßt sich in Gegenwart von Cyclohexen in etwa 10%iger Ausbeute das entsprechende Dihalonorcaran herstellen. Die Autoren nehmen an, daß durch elektrophilen Angriff eines Silberions auf ein Halogenatom Dihalocarbene entstehen:

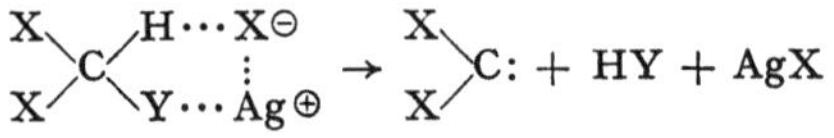

$$\begin{matrix} X \\ X \end{matrix}\!\!>\!\!C\!\!<\!\!\begin{matrix} H \cdots X^\ominus \\ \vdots \\ Y \cdots Ag^\oplus \end{matrix} \rightarrow \begin{matrix} X \\ X \end{matrix}\!\!>\!\!C: + HY + AgX$$

Das gleiche Ergebnis läßt sich durch Zerfall von Silbertrichloracetat erreichen. Man findet in der Literatur auch sonst noch eine Reihe von Reaktionen erwähnt, die über Dichlor- und Dibromcarben formuliert werden [z.B. *(25)*, *(140)*, *(141)*]. Weiterhin liegen sichere Anzeichen dafür vor, daß bei der Pyrolyse von Tetrachlorkohlenstoff, von Tetrachloräthylen und von Chloroform Dichlorcarben intermediär auftritt. So wurde z.B. von T. EL KHALAFAWI und A. JOHANNIN-GILLES *(92)* im Jahre 1956 über das UV-Emissionsspektrum von Tetrachlorkohlenstoff berichtet, daß in ihm ein nichtbindender Anregungszustand eine Rolle spielt, der der Dissoziation

$$CCl_4 \rightarrow :CCl_2 + 2Cl$$

entspricht.

Bei der Pyrolyse von Chloroform, die kürzlich erneut von G. P. SEMELUK und R. B. BERNSTEIN (165), (166) untersucht worden ist, entsteht vor allem Tetrachloräthylen und Chlorwasserstoff. Die Kinetik dieser Zersetzung läßt sich mit einem Mechanismus in Einklang bringen, bei dem $:CCl_2$ intermediär auftritt.

1.1.2. Reaktion von Dichlor- und Dibromcarben

Die wichtigste Reaktion von Dichlor- und Dibromcarben, sowie überhaupt aller Carbene, ist die bereits am Fall des Cyclohexens erläuterte Cyclopropanisierung durch Anlagerung an eine Doppelbindung. Dichlor- und Dibromcarben reagieren aber auch mit anderen Acceptoren. Es handelt sich dabei immer um nucleophile Acceptoren.

Es wird sich in der Zukunft vielleicht herausstellen, daß in gewissen Fällen das elektrophile Agens, das bisher als Carben angesehen wurde, der Carbenvorläufer CX_3M ist.

1.1.2.1. Anlagerung an Verbindungen mit freien Elektronenpaaren. Dichlor- und Dibromcarben lagern sich sehr leicht an nucleophile Partner mit einem freien Elektronenpaar an.

$$Nu: + :CX_2 \rightarrow Nu^{\oplus}-\ddot{C}X_2^{\ominus}$$

Schon in den ersten Arbeiten von J. HINE (59) über die alkalische Hydrolyse von Chloroform wird ein Abfangversuch von Dichlorcarben mit einem solchen Partner durchgeführt, und zwar mit Natrium-thiophenolat. Das unmittelbare Folgeprodukt ist aber offensichtlich nicht stabil, sondern reagiert weiter zu Trithioorthoameisensäure-triphenylester.

$$C_6H_5-S^{\ominus} + :CCl_2 \rightarrow C_6H_5-\ddot{C}Cl_2^{\ominus} \rightarrow C_6H_5-\ddot{C}-Cl + Cl^{\ominus} \rightarrow \cdots$$

Bei dem Verfahren der Erzeugung von Dichlor- und Dibromcarbenen aus den respektiven Haloformen durch Zersetzung mit Alkoholaten wird für die relativ geringe Ausbeute an Dichlornorcaran die Reaktion von $:CX_2$ mit den Alkoholaten verantwortlich gemacht (32).

$$RO^{\ominus} + :CX_2 \rightleftharpoons RO-\overline{C}X_2^{\ominus} \rightleftharpoons RO-\overline{C}-X + X^{\ominus}$$

Über das weitere Schicksal der Carbene, die auf diese Weise entstehen, ist relativ wenig bekannt. Kürzlich wurde von W. A. SANDERSON und H. S. MOSHER (155) die Umlagerung von Neopentylalkohol-1-d unter der Einwirkung von Bromoform und wäßriger Kalilauge untersucht. Die Autoren nehmen an, daß Dibromcarben mit dem Alkohol sowie mit Alkoholat zu RO—C—Br reagiert. Da die Reaktion stereospezifisch verläuft, wird folgendes Reaktionsschema angenommen, wobei alle Bindungen sich simultan in der angegebenen Weise verändern sollen:

$$HO^\ominus + CH_3-\underset{\underset{CH_3}{|}}{\overset{\overset{CH_3}{|}}{C}}-\underset{\underset{D}{|}}{\overset{\overset{H}{|}}{C}}-O-\overset{-}{C}-Br \rightarrow \underset{CH_3}{\overset{CH_3}{>}}C-\underset{\underset{CH_3}{|}}{\overset{\overset{H}{|}}{C}}-D + CO + Br^\ominus$$
$$\text{(3\%)}$$

$$HO^\ominus + CH_3-\underset{\underset{CH_3}{|}}{\overset{\overset{CH_3}{|}}{C}}-\underset{\underset{D}{|}}{\overset{\overset{H}{|}}{C}}-O-\overset{-}{C}-Br \rightarrow \underset{CH_3}{\overset{CH_3}{>}}C=C\underset{CH_3}{\overset{D(H)}{<}} + H_2O + CO + Br^\ominus$$
$$\text{(14\%)}$$

$$HO^\ominus + H-CH_2-\underset{\underset{CH_3}{|}}{\overset{\overset{CH_3}{|}}{C}}-\underset{\underset{D}{|}}{\overset{\overset{H}{|}}{C}}-O-\overset{-}{C}-Br \rightarrow H_2O + CH_2=C\underset{CH_3}{\overset{\overset{H}{|}}{\underset{D}{C}-CH_3}} + CO + Br^\ominus$$
$$\text{(31\%)}$$

Die Autoren glauben, diese Tatsachen als Argument gegen die Entstehung von Carbenium-Ionen durch Zersetzung von Carbenen benutzen zu können, da eine solche Zersetzung wahrscheinlich von einer Racemisierung der Gruppe R begleitet sein würde.

$$RO-\overset{-}{C}-Br \rightarrow R^\oplus + CO + Br^\ominus$$

Als nucleophile Partner für Dichlor- und Dibromcarben kommen nicht nur Atome aus der sechsten Hauptgruppe, sondern auch aus der siebten und fünften in Frage. In der siebten Hauptgruppe kennt man die Reaktion der Halogenid-Ionen mit Carbenen, die bereits bei der Besprechung der alkalischen Zersetzung des Chloroforms erwähnt wurden.

In der fünften Hauptgruppe wurde die Reaktion von Dichlor- und Dibromcarben mit Phosphinen und Aminen untersucht.

Sowohl metallorganisch aus den entsprechenden Tetrahalomethanen wie durch Zersetzung von Chloroform mit Kalium-tert.-butanolat erzeugtes Dichlor- und Dibromcarben lagert sich an Tripenylphosphin an (*167*), (*181*).

$$(C_6H_5)_3P: + :CX_2 \rightarrow (C_6H_5)_3P=CX_2$$

Das entstandene Triphenylphosphinmethylen-Derivat läßt sich in der Wittigschen Carbonyl-Olefinierung verwenden und vergrößert so den Anwendungsbereich dieser Methode (*167*), (*181*):

$$(C_6H_5)_3P=CX_2 + O=C\underset{R_2}{\overset{R_1}{<}} \rightarrow (C_6H_5)_3PO + X_2C=C\underset{R_2}{\overset{R_1}{<}}$$

Außer den Phosphinen kommen als nucleophile Partner für Dichlorcarben noch Ammoniak und Amine in Frage. Wie aus dem Triphenylphosphin ein Ylen entsteht, sollten aus tertiären Aminen Ylide entstehen.

$$\begin{matrix} R_1 \\ R_2 \\ R_3 \end{matrix}\!\!>\!\!N: \;+\; :CX_2 \;\rightarrow\; \begin{matrix} R_1 \\ R_2 \\ R_3 \end{matrix}\!\!>\!\!\overset{\oplus}{N}\!\!-\!\!\overset{\ominus}{CX_2}$$

Stickstoff-Ylide sind aber bekanntlich nicht immer stabil, sondern können durch Stevens-Umlagerung oder Hofmann-Eliminierung weiterreagieren[1]. Die aus tertiären Aminen und Dichlorcarben entstehenden Ylide werden nicht isoliert, sondern verwandeln sich in teilweise recht unübersichtlicher Weise (149).

Einer der einfachsten Fälle ist die Reaktion von Benzyldimethylamin mit Dichlorcarben (aus Chloroform und Kalium-tert.-butanolat) mit anschließender Hydrolyse, bei der als Folgeprodukt einer Stevens-Umlagerung N—N-Dimethylphenylacetamid isoliert wurde (150).

$$C_6H_5\!-\!CH_2\!-\!N\!\!<\!\!\begin{matrix}CH_3\\CH_3\end{matrix} \xrightarrow{:CCl_2} C_6H_5\!-\!CH_2\!-\!\overset{\oplus}{N}\!\!<\!\!\begin{matrix}CH_3\\CH_3\end{matrix}\!\!-\!\!\overset{\ominus}{CCl_2} \rightarrow$$

$$C_6H_5CH_2\!-\!CCl_2\!-\!N\!\!<\!\!\begin{matrix}CH_3\\CH_3\end{matrix} \xrightarrow{H_2O} C_6H_5CH_2\underset{\underset{O}{\|}}{C}\!-\!N\!\!<\!\!\begin{matrix}CH_3\\CH_3\end{matrix}$$

Mit sekundären Aminen entstehen mit $:CCl_2$ und anschließender Hydrolyse regelmäßig die entsprechenden N,N-disubstituierten Formamide (46), (149), (150).

$$\begin{matrix}R_1\\R_2\end{matrix}\!\!>\!\!N\!-\!H \;+\; :CCl_2 \rightarrow \begin{matrix}R_1\\R_2\end{matrix}\!\!>\!\!\overset{\oplus}{N}H\!-\!\overset{\ominus}{CCl_2} \rightarrow \begin{matrix}R_1\\R_2\end{matrix}\!\!>\!\!N\!-\!CHCl_2 \xrightarrow{H_2O} \begin{matrix}R_1\\R_2\end{matrix}\!\!>\!\!N\!-\!\underset{\underset{O}{\|}}{C}H$$

Die Reaktion läßt sich durch Zusatz von Schwefelwasserstoff so abwandeln, daß N,N-disubstituierte Thioformamide entstehen (201).

Mit primären Aminen entstehen nach Hydrolyse Isonitrile:

$$R\!-\!NH_2 \;+\; :CCl_2 \rightarrow R\overset{\oplus}{N}H_2\!-\!\overset{\ominus}{CCl_2} \rightarrow RNH\!-\!CHCl_2 \xrightarrow{H_2O} \cdots \rightarrow R\!-\!\overset{\oplus}{N}\!\!\equiv\!\!\overset{\ominus}{C}:$$

Die bekannte Isonitrilsynthese läßt sich also zwanglos als Reaktion von Dichlorcarben mit primären Aminen ansehen. Diese Annahme wurde neuerdings dadurch bestätigt, daß die Ausbeute an Isonitril erhöht wird, wenn man anstelle des klassischen Verfahrens (Chloroform und wäßrige Kalilauge) Chloroform mit Kalium-tert.-butanolat in Gegenwart des Amins zersetzt (175).

Ammoniak schließlich reagiert mit aus Trihalo-methyl-Anionen erzeugtem Dichlor- und Dibromcarben zu Cyanid-Ionen (56), (102), (103), (192), (193):

$$H_3N: \;+\; :CX_2 \rightarrow H_3\overset{\oplus}{N}\!-\!\overset{\ominus}{CX_2} \rightarrow \cdots \rightarrow CN^{\ominus}$$

---
[1] Literatur s. bei (149).

Weiterhin kann Dichlorcarben mit Enolaten reagieren, wie folgendes Beispiel zeigt (104):

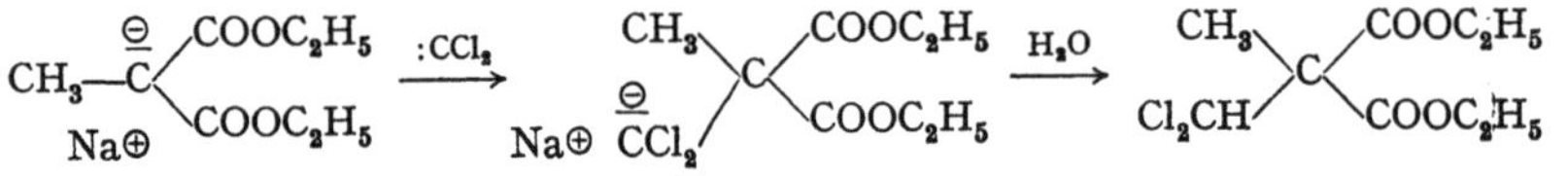

$$CH_3-\overset{\ominus}{\underset{Na^{\oplus}}{C}}\begin{pmatrix}COOC_2H_5\\COOC_2H_5\end{pmatrix} \xrightarrow{:CCl_2} \underset{Na^{\oplus}\,\overset{\ominus}{C}Cl_2}{CH_3}\begin{pmatrix}COOC_2H_5\\COOC_2H_5\end{pmatrix} \xrightarrow{H_2O} \underset{Cl_2CH}{CH_3}\begin{pmatrix}COOC_2H_5\\COOC_2H_5\end{pmatrix}$$

Als Folgereaktion einer Anlagerung von Carbenen an ein negativiertes Kohlenstoffatom läßt sich die kürzlich von H. REIMLINGER (143), (144) entdeckte Reaktion von Carbenen mit Diazoalkanen auffassen:

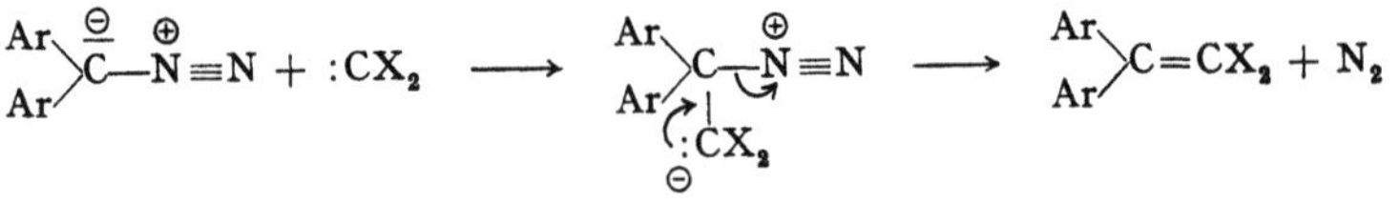

$$\underset{Ar}{\overset{Ar}{\diagdown}}\overset{\ominus}{C}-\overset{\oplus}{N}\equiv N + :CX_2 \longrightarrow \underset{Ar}{\overset{Ar}{\diagdown}}\overset{\oplus}{\underset{:CX_2^{\ominus}}{C-N}}\equiv N \longrightarrow \underset{Ar}{\overset{Ar}{\diagdown}}C=CX_2 + N_2$$

Diese Reaktion stellt eine neue Methode zur Synthese von 1,1-Dihalogenolefinen dar.

Aus Konkurrenzversuchen zwischen Diphenyldiazomethan und Tetramethyläthylen schloß H. REIMLINGER (144), daß diese Verbindungen sich in ihrer Carbenophilie kaum voneinander unterscheiden.

R. ODA, Y. ITO und M. OKANO untersuchten die Reaktion von Dibromcarben mit substituierten Yliden und kamen zu den gleichen Produkten wie bei der Reaktion mit substituierten Diazomethanen (123c).

1.1.2.2. Anlagerung an ungesättigte Verbindungen

1.1.2.2.1. Anlagerung an unkonjugierte Doppelbindungen. Die Anlagerung von Dichlor- und Dibromcarben an isolierte Doppelbindungen wurde nicht nur im bereits erwähnten Fall des Cyclohexens durchgeführt, sondern auch an vielen anderen Olefinen.

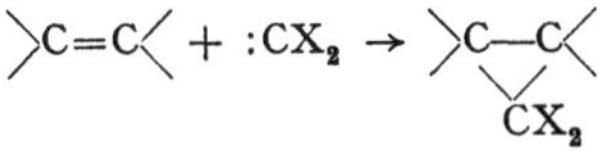

$$>C=C< + :CX_2 \rightarrow \underset{\underset{CX_2}{\diagdown\diagup}}{>C-C<}$$

Diese Reaktion ist eine bewährte präparative Methode zur Darstellung von Dichlor- und Dibromcyclopropanen (32), (41), (84), (90), (92a), (115), (119), (123), (123b), (129), (139a), (163), (176), (187), (195a), (197). Neuerdings wurde sie auch an exocyclischen Olefinen untersucht (49). Der erste Schritt zur kommerziellen Auswertung der Anlagerung von Dichlorcarben an Doppelbindungen ist kürzlich durch Untersuchung dieser Reaktion an Pregnadienen und Androstadienen (98a), (99), (100), (101) getan worden.

In Dichlor- und Dibromcyclopropanen lassen sich die Halogenatome mit Hilfe geeigneter Reduktionsmittel durch Wasserstoff ersetzen (32), (84), (123).

Wichtiger als präparative Methode ist die Allensynthese nach W. VON E. DOERING und P. M. LA FLAMME durch Umsetzung mit Natrium auf Aluminiumoxyd.

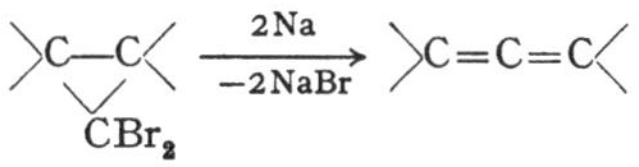

$$\underset{\underset{CBr_2}{\diagdown\diagup}}{\diagup C-C \diagdown} \xrightarrow[-2NaBr]{2Na} \diagup C=C=C\diagdown$$

Diese Methode ist neuerdings von W. R. MOORE und H. R. WARD (*115*) sowie von L. SKATTEBØL (*176*) in abgewandelter Form benutzt worden, indem an Stelle von Alkalimetallen Alkyllithium-Verbindungen verwendet wurden.

Einige Dihalocyclopropane, die durch Addition von Dichlor- oder Dibromcarben an isolierte Doppelbindungen entstehen, erleiden bei Erwärmung Ringerweiterungen. Es seien hier nur einige Beispiele herausgegriffen [vgl. auch (*195*) und (*208*)]:

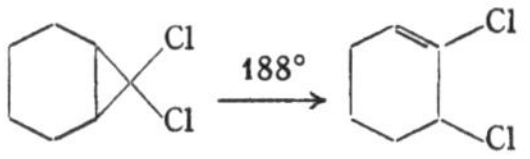

[(*7*), vgl. auch (*180*)]

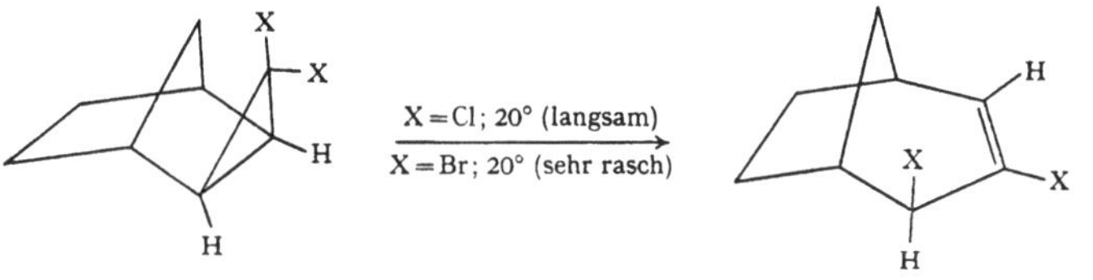

X=Cl; 20° (langsam)
X=Br; 20° (sehr rasch)

X=Cl (*31,117* vgl. auch *7* u. *53*)
X=Br (*117*)

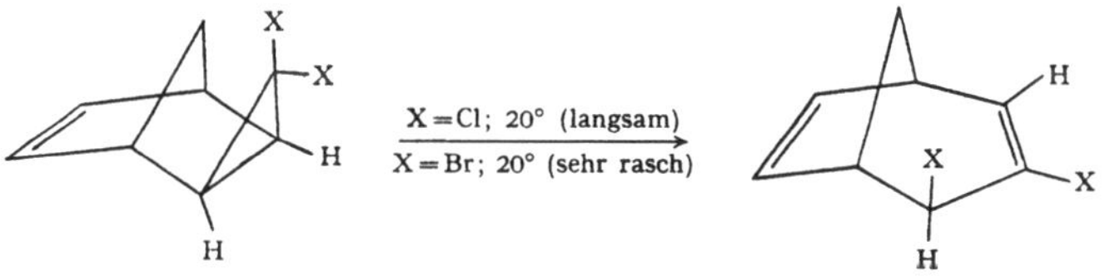

X=Cl; 20° (langsam)
X=Br; 20° (sehr rasch)

(*31*)

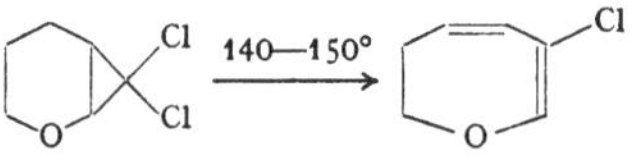

140—150°

(*134*)

P. S. SKELL u. S. R. SANDLER untersuchten die Reaktion dieser Dihalocyclopropane mit dem (elektrophilen) Silberkation.

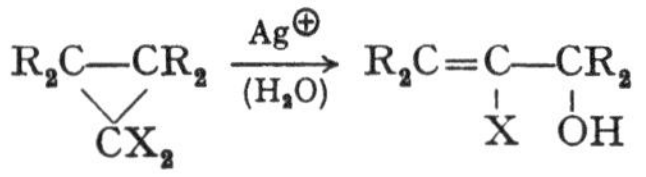

$$\underset{\underset{CX_2}{\diagdown\diagup}}{R_2C-CR_2} \xrightarrow[(H_2O)]{Ag^\oplus} R_2C=\underset{X}{\overset{}{C}}-\underset{OH}{\overset{}{C}}R_2$$

Diese Reaktion führt bei bicyclischen 1,1-Dihalocyclopropanen naturgemäß zu Ringerweiterungen (*180*).

Isolierte Doppelbindungen können auch dann von Dichlorcarben angegriffen werden, wenn es sich um substituierte Olefine handelt, wie z.B. Ketenacetale (*112*), Enolacetate (*27*), (*197*), Allylchlorid (*197*) und

Tetrachloräthylen (45), (116), (170), (188), (189). Je nach Reaktivität des Olefins gegenüber Carben und seiner Basen- und Temperaturempfindlichkeit wird man von den Verfahren zur Erzeugung von Carben das für den speziellen Fall günstigste aussuchen.

Schließlich wäre noch zu erwähnen, daß es auch möglich ist, Dichlorcarben an die C=N-Doppelbindung der Imine anzulagern (26), (43).

Dichlor- und Dibromcarben lassen sich nicht nur an isolierte, sondern auch an kumulierte Doppelbindungen (z. B. an Allene) anlagern:

$$\begin{array}{c}R\\R'\end{array}C=C=C\begin{array}{c}H\\R''\end{array} \xrightarrow{:CX_2} \begin{array}{c}R\\R'\end{array}C-C=C\begin{array}{c}H\\R''\end{array}$$
$$\underset{CX_2}{\vee}$$

R	R'	R''	X	
CH_3	CH_3	H	Cl	(9), (139)
CH_3	CH_3	H	Br	(5), (9)
C_2H_5	CH_3	H	Cl	(9)
C_2H_5	CH_3	H	Br	(5), (9)
C_2H_5	CH_3	H	Br	(5)
CH_3	CH_3	CH_3	Br	(5)

Reaktionen von Dichlor- und Dibromcarben mit Acetylenbindungen sind bisher nicht festgestellt worden. Zum Beispiel reagiert Dichlorcarben mit 2-Methyl-1-penten-3-in unter Anlagerung an die Doppelbindung, ohne daß die Dreifachbindung angegriffen wird (41).

1.1.2.2.2. Stereochemischer Verlauf der Anlagerung von Dichlor- und Dibromcarben an Olefine. Um Einblick in den Mechanismus der Anlagerung von Carbenen an Doppelbindungen zu erhalten, wurde die Addition von Dibromcarben (aus tert.-Butanolat und Bromoform) an cis- und trans-2-buten untersucht (33), (177). Es wurde festgestellt, daß die Reaktion stereospezifisch verläuft und daher je zu einem einzigen Anlagerungsprodukt führt. Die exakte Konfigurationsaufklärung der Reaktionsprodukte (37) zeigte, daß es sich um eine cis-Addition handelt:

$$\begin{array}{c}CH_3\\H\end{array}C=C\begin{array}{c}CH_3\\H\end{array} \xrightarrow{:CBr_2} \begin{array}{c}CH_3\\H\end{array}C-C\begin{array}{c}CH_3\\H\end{array}$$
$$\underset{CBr_2}{\vee}$$

$$\begin{array}{c}CH_3\\H\end{array}C=C\begin{array}{c}H\\CH_3\end{array} \xrightarrow{:CBr_2} \begin{array}{c}CH_3\\H\end{array}C-C\begin{array}{c}H\\CH_3\end{array}$$
$$\underset{CBr_2}{\vee}$$

Vor einiger Zeit wurde die Addition von Dichlorcarben an Bicyclo-[2.2.1.]-hepten untersucht (7), (31), (53), (117).

Erstaunlicherweise entsteht nicht das aus sterischen Gründen energieärmere exo-Addukt, sondern, wie die Kernresonanzuntersuchungen zeigen, das energiereichere isomere endo-Addukt (31), (117).

Die Interpretation dieser Tatsachen wird weiter unten zusammen mit der Diskussion des Grundzustandes von Dichlorcarben behandelt. Das entsprechende Reaktionsprodukt mit Dibromcarben konnte bisher nicht isoliert werden, da es sich sofort unter Ringerweiterung weiter umsetzt (s. oben).

1.1.2.2.3. Reaktivität von Olefinen gegenüber Dichlor- und Dibromcarben. Bereits bei den ersten Versuchen über die alkalische Hydrolyse von Chloroform wurde die elektrophile Natur von Dichlorcarben offenbar (59).

Die Reaktivität gegenüber Olefinen wurde sowohl beim Dichlorcarben (36) wie beim Dibromcarben (179) sorgfältig untersucht. Es wurden je zwei von einer Reihe von Olefinen vorgelegt und in ihrer Gegenwart mit Hilfe von tert.-Butanolat und Haloform Carben erzeugt. An Hand der relativen Ausbeuten wurde eine Reaktivitätsskala der Olefine aufgestellt. Danach nimmt die Reaktivität in folgender Reihenfolge ab:

Tetramethyläthylen > Trimethyläthylen > Isobutylen > Cyclohexen > Styrol > Hexen > Allylbenzol.

Das Absinken der Reaktivität der Olefine gegenüber den untersuchten Carbenen bestätigt, daß sich diese Carbene *elektrophil* verhalten. Sie reagieren bevorzugt mit dem Olefin, das eine höhere Elektronendichte an der Doppelbindung aufweist. Daher verwundert es auch nicht, daß diese Reaktivitätsreihe der Olefine gegenüber Carbenen die gleiche ist wie bei der ionischen Anlagerung von Brom und der Epoxydierung mit Persäuren.

Tatsächlich nimmt man ja bei der Bromierung und Epoxydierung (nach ionischen Mechanismen) ein Zwischenprodukt an, das dem Addukt des Carbens an die Doppelbindung außerordentlich ähnelt.

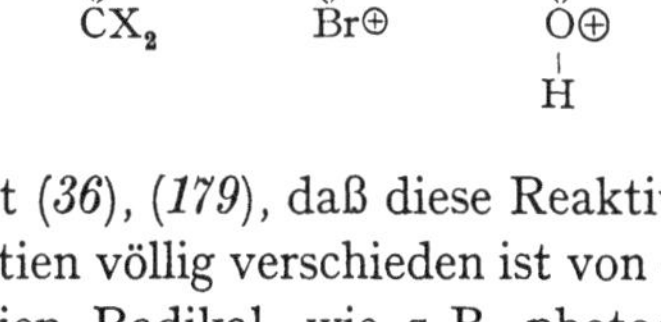

$$\begin{array}{ccc} \overset{\displaystyle >C-C<}{\underset{CX_2}{\vee}} & \overset{\displaystyle >C-C<}{\underset{Br^{\oplus}}{\vee}} & \overset{\displaystyle >C-C<}{\underset{\underset{H}{|}}{\underset{O^{\oplus}}{\vee}}} \end{array}$$

Bemerkenswert ist (36), (179), daß diese Reaktivitätsreihe gegenüber elektrophilen Reagentien völlig verschieden ist von der Reaktivitätsreihe gegenüber einem freien Radikal, wie z.B. photochemisch aus $BrCCl_3$ erzeugtem $\cdot CCl_3$ (93), (94), (95):

Styrol > Isobutylen > Trimethyläthylen > Allylbenzol > Cyclohexen.

Olefine, die infolge benachbarter elektronenabziehender Gruppen eine geringe π-Elektronendichte in der Doppelbindung haben, reagieren mit Dichlor- und Dibromcarben also nur schwer. Tatsächlich bereitete z. B. die Addition von Dichlor- und Dibromcarben an Tetrachloräthylen erhebliche Schwierigkeiten, die nur durch besondere Kunstgriffe überwunden werden konnten (45), (116), (188), (189).

Die höchsten Ausbeuten wurden durch Zersetzung von Phenyl-(trihalo-methyl)-quecksilberverbindungen von D. SEYFERTH u. Mitarb. (170) erzielt. Wie oben schon erwähnt, kann bei diesem Verfahren noch nicht mit Sicherheit gesagt werden, ob tatsächlich Dichlor- bzw. Dibromcarben entsteht. Nach diesem Verfahren lassen sich 1,1-Dihalocyclopropane aus Olefinen erzeugen, die an sich sehr wenig reaktiv gegenüber Dihalocarben sind.

D. SEYFERTH u. Mitarb. (170) berichteten kürzlich über die Reaktion der erwähnten Quecksilberverbindungen nicht nur mit Tetrachloräthylen, sondern sogar mit Trimethylvinylsilan, trans-Stilben und Äthylen.

An die erste Verbindung lagert sich bei dem tert.-Butanolat-Chloroform-Verfahren nur in sehr geringem Ausmaße Dichlorcarben an (29). Bei den beiden anderen Verbindungen war es bisher nicht möglich, Dichlorcarben anzulagern. Dieses Verfahren wurde auch auf das basenempfindliche Dimethylvinylchlorsilan erfolgreich angewandt (170).

Angesichts dieser Reaktivitätsverhältnisse von Dichlor- und Dibromcarben gegenüber Doppelbindungen ist auch zu verstehen, weshalb bei der weiter oben erwähnten Addition an Allene die Doppelbindung angegriffen wird, die am stärksten mit Alkylgruppen substituiert ist.

1.1.2.2.4. Anlagerung an konjugierte Doppelbindungen und aromatische Bindungssysteme. Bei der 1,4-Addition von Brom an Butadien entsteht ausschließlich trans-1,4-Dibrombutadien. Das heißt, daß sich nur das Bromoniumkation mit dem dreigliedrigen Ring bildet, und nicht das entsprechende mit fünfgliedrigem Ring [Lit. bei (58)].

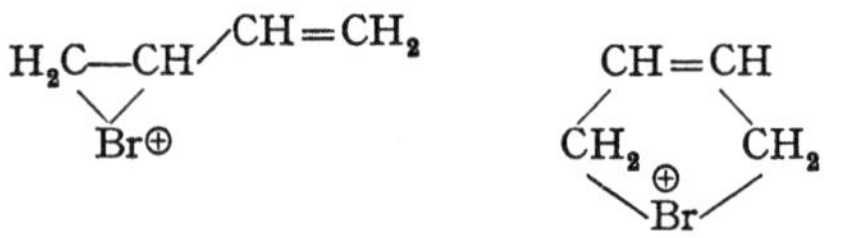

Falls die Analogie zwischen Brom-Kation und Dihalocarben vollständig ist, sollte bei der Addition von letzterem an Butadien nur das Cyclopropanderivat entstehen und nicht die entsprechende Cyclopentenverbindung (213).

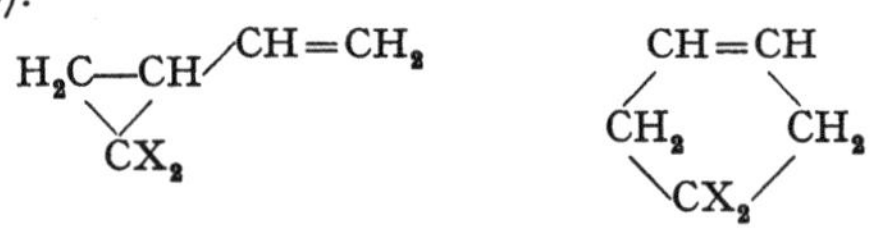

Tatsächlich entsteht 1,1-Dihalo-2-vinyl-cyclopropan (neben wenig 2,2,2',2'-Tetrahalobicyclopropyl) und nicht das Produkt einer 1,4-Addition *(124)*, *(213)*.

Untersuchungen an mehreren Butadienhomologen bestätigen diesen Befund *(40)*, *(109)*, *(124)*, *(184)*, *(213)*.

Es wird also bei Butadienhomologen immer die Doppelbindung angegriffen, die die höhere Elektronendichte hat.

Cyclisch konjugierte Olefine lassen ebenfalls 1,2-Addition von Dichlorcarben zu. Während in einigen Fällen das Reaktionsprodukt sich sofort unter Ringerweiterung umlagert, findet die Ringerweiterung in anderen Fällen erst durch Erhitzen des Reaktionsproduktes statt *(125)*, *(126)*, *(127)*, *(132)*, *(133)*, *(185)*, *(186)*, z.B.

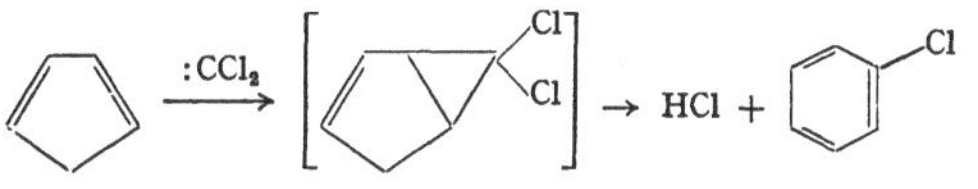

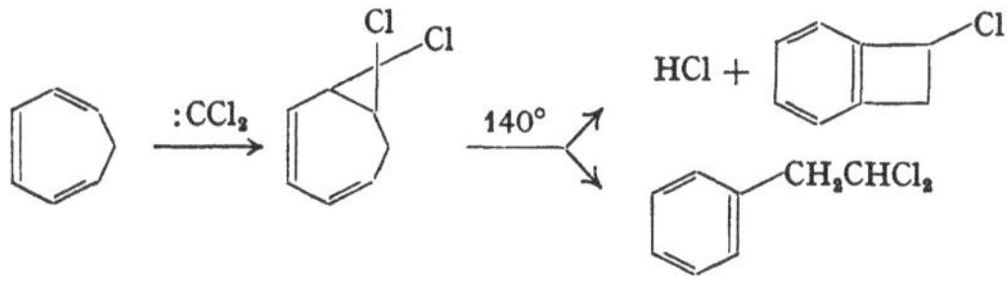

Die Reaktion von Dichlorcarben mit aromatischen Verbindungen bleibt normalerweise nicht beim erwarteten Addukt stehen, sondern überschreitet dieses hypothetische Zwischenprodukt unter Ringerweiterung, z.B. bei der Reaktion mit Anthracen *(120)*.

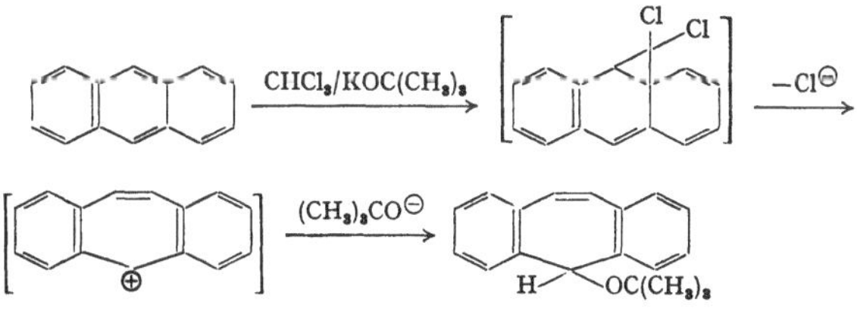

Anlagerung an Benzol und Naphthalin wurde bisher nicht beobachtet. Wenn aber der Naphthalinkern durch eine Methoxygruppe aktiviert wird, so findet Anlagerung mit Ringerweiterung statt *(131)*.

Diese Ringerweiterungsreaktion, von der in der älteren *(215)* und in der neueren Literatur eine Reihe weiterer Beispiele bekannt sind *(131)*, *(135)*, ist unter dem Gesichtspunkt einer anormalen Reimer-Tiemann-Reaktion von H. WYNBERG in einem Übersichtsreferat *(215)* behandelt worden.

Der Reimer-Tiemann-Reaktion wird im allgemeinen folgender Mechanismus zugeschrieben (75), (215), vgl. auch (122), (191):

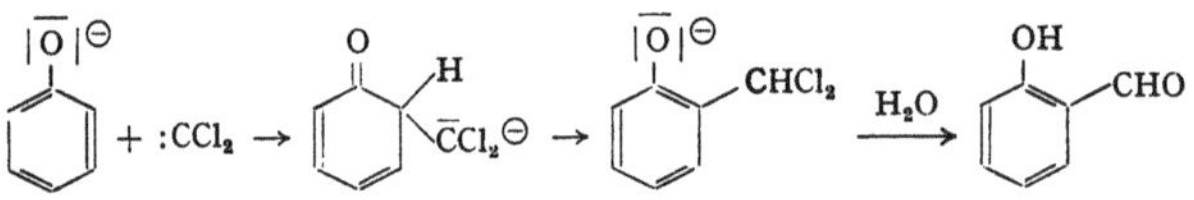

Daß es sich um einen Angriff von Dichlorcarben auf das Phenolation handelt, zeigten J. HINE und J. M. VAN DER VEEN (75), indem sie feststellten, daß Phenolat mit Chloroform nur extrem langsam reagiert, während in Anwesenheit von einem Überschuß Natriumhydroxyd die Reaktion sehr rasch erfolgt.

Mitunter werden auch Dihalocyclopropane als Zwischenprodukte der Reimer-Tiemann-Reaktion formuliert:

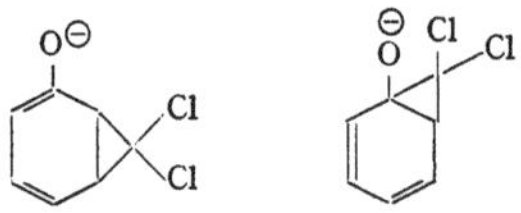

Man ist aber versucht anzunehmen, daß ein solches Zwischenprodukt analog zu den oben zitierten Beispielen zu Ringerweiterung führen würde. Außerdem ist nicht recht einzusehen, warum nicht z.B. Benzol unter den gleichen Bedingungen mit Dichlorcarben reagieren soll, wenn sich dieses Zwischenprodukt bildete.

Die Reimer-Tiemann-Reaktion bezieht sich aber nicht nur auf Phenolate, sondern auch auf die Alkalisalze der Pyrrole und Indole (215). Bei Pyrrolen und Indolen treten aber als Nebenreaktion Ringerweiterungen auf.

Vor einiger Zeit wurde kurz nacheinander von zwei Seiten (142), (146) über die Neuuntersuchung der Reaktion von Dichlorcarben mit 2,3-Dimethylindol berichtet. Es wurde festgestellt, daß gleichzeitig 3-Chlor-2,4-dimethylchinolin und 3-Dichlormethyl-2,3-dimethylindolenin entstehen. Je schwächer basisch das Reaktionsmedium ist, um so stärker verschiebt sich das Verhältnis der Produkte zugunsten des Ringerweiterungsproduktes. Dieses Verhalten wurde folgendermaßen interpretiert: In schwach basischem Medium erhält man durch Addition von Dichlorcarben an *2,3-Dimethylindol* Ringerweiterung:

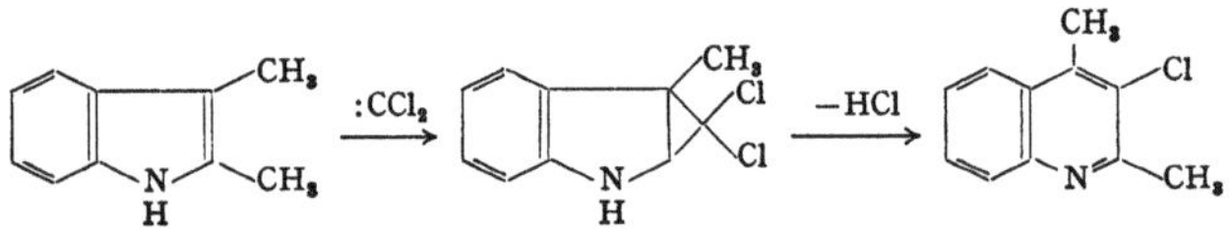

In stark basischem Milieu wird Dichlorcarben an die konjugierte Base von 2,3-Dimethylindol angelagert:

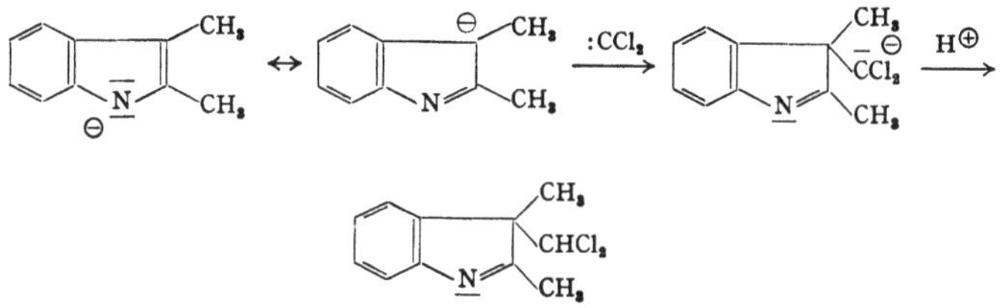

Es ist sehr wahrscheinlich, daß nur die konjugierten Basen sowohl der Phenole wie der Pyrrole und Indole Reimer-Tiemann-Reaktion mit Dichlorcarben eingehen (ohne Auftreten einer 1,1-Dichlor-cyclopropylverbindung). Die Phenole, Pyrrole und Indole selbst dagegen werden sich über eine 1,1-Dichlorcyclopropylverbindung in die Ringerweiterungsprodukte verwandeln.

1.1.2.3. Einschiebung in σ-Bindungen.
Die Einschiebung von Carbenen in σ-Bindungen ist vor allem beim Methylen selbst genau bekannt, wie weiter unten noch erläutert werden soll.

Beim reaktionsträgeren Dichlorcarben sowie auch bei Dibromcarben ist eine solche Einschiebung nur in Einzelfällen bekannt, die noch wenig aufgeklärt sind.

Zunächst ist dazu zu bemerken, daß von einem sehr formalen Standpunkt die Reimer-Tiemannsche Aldehydsynthese eine Einschiebung eines Carbens in eine C—H-Bindung ist. Die oben beschriebenen Ringerweiterungen wären danach Einschiebungen in C—C-Bindungen.

Es sind mindestens zwei Fälle bekannt, in denen die Einschiebung von Dichlorcarben in die C—H-Bindung in α-Stellung zum Heteroatom eines Heterocyclus stattfindet.

Zunächst sei folgende im Jahre 1961 von W. E. PARHAM und R. KONCOS (*132*) entdeckte Reaktion erwähnt (mit Dichlorcarben aus Trichloressigester und Natriummethylat):

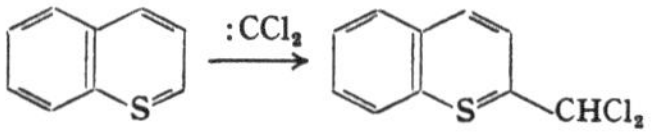

[vgl. im Gegensatz dazu andere ähnliche Verbindungen, aus denen das normale Addukt an die Doppelbindung entsteht (*132*), (*133*)].

1963 berichteten J. C. ANDERSON und C. B. REESE (*1*) über eine ähnliche Reaktion, bei der aber im Gegensatz zu der oben erwähnten Reaktion nebeneinander das Addukt an die Doppelbindung und das Einschiebungsprodukt entstehen.

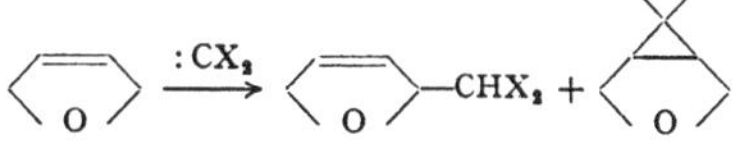

Das Verhältnis Einschiebung zu Cycloaddition war 1:1,88, wenn Dichlorcarben aus Trichloressigester und Natriummethylat erzeugt wurde; 1:1,12, wenn es durch Thermolyse von Natriumtrichloracetat erzeugt wurde. Bei höheren Temperaturen scheint also die Selektivität des Dichlorcarbens abzunehmen. Bei der Reaktion mit Dibromcarben (aus Bromoform und Kalium-tert.-butanolat) werden analoge Produkte, aber in schlechter Ausbeute erzielt.

In beiden Fällen steht der Reaktionsmechanismus nicht fest. Es muß neben der direkten Einschiebung, wie sie beim Methylen bekannt ist, vor allem ein Ylidmechanismus in Betracht gezogen werden (132):

$$\text{[Benzothiophen]} + :CX_2 \rightarrow \text{[Benzothiophen-}S^{\oplus}\text{-CH}_2\text{, }^{\ominus}:CX_2\text{]} \rightarrow \text{[Benzothiophen-}S\text{-CH, }^{\ominus}CHX_2\text{]} \rightarrow \text{[Benzothiophen-}S\text{-CHX}_2\text{]}$$

Demnach wären diese Einschiebungen also als Folgereaktion einer Reaktion des Carbens mit dem Heteroatom des Heterocyclus aufzufassen.

Diese Auffassung läßt sich allerdings *nicht* zur Erklärung der Einschiebung von Dichlorcarben in die C—H-Bindung der Benzylkohlenstoffe heranziehen, über die 1962 E. K. FIELDS (44) berichtete, so daß die Frage gestellt werden muß, ob es überhaupt einen allgemein gültigen Mechanismus für die Einschiebung von Dichlor- und Dibromcarben in σ-Bindungen gibt, oder ob man verschiedenartige Mechanismen annehmen muß.

An diesen Versuchen ist bemerkenswert, daß die Reaktion nur mit Dichlorcarben stattfindet, das auf *thermischem* Weg aus Natriumtrichloracetat erzeugt wurde, und nicht, wenn das Dichlorcarben aus Chloroform und Basen oder Trichloressigester und Basen erzeugt wurde. Entweder muß also das bei höheren Temperaturen erhaltene Carben reaktiver sein, oder es fehlen bei dem Verfahren mit Natriumtrichloracetat Acceptoren, die mit der C—H-Bindung in Konkurrenz um das Carben treten. Offenbar reagiert bei den Verfahren, in denen Dichlorcarben mit Hilfe starker Basen aus geeigneten Verbindungen erzeugt wird, das Carben leichter mit der Base als mit der C—H-Bindung.

D. SEYFERTH und J. M. BURLITCH (171) berichteten 1963 über die Darstellung von Dihalomethylderivaten von Kohlenstoff, Silicium und Germanium durch Einwirkung von $C_6H_5HgCCl_2Br$ und $C_6H_5HgCBr_3$ auf C—H, Si—H und Ge—H-Bindungen. Ob bei dieser Reaktion tatsächlich Dichlor- und Dibromcarben intermediär auftreten, ist noch nicht geklärt. Es ist aber jedenfalls möglich, die Verbindungen zu erhalten, die durch Einschiebung von Dichlor- und Dibromcarben in eine C—H-, Si—H- und Ge—H-Bindung entstehen würden. Es gelingt sogar bei C—H-Bindungen, die nicht wie am Benzylkohlenstoff durch benachbarte Phenylkerne aktiviert sind, sondern auch bei der C—H-

Bindung des Cyclohexans. Diese Reaktion mit Cyclohexan ist aber eine Reaktion, die schwer anders als über ein freies Carben zu erklären ist.

Folgende Umwandlungen wurden auf diese Weise erzielt:

$(C_6H_5)_3SiH \rightarrow (C_6H_5)_3SiCCl_2H$ (90%)
$(C_6H_5)_3SiH \rightarrow (C_6H_5)_3SiCBr_2H$ (89%)
$(C_2H_5)_3SiH \rightarrow (C_2H_5)_3SiCCl_2H$ (79%)
$(C_6H_5)_2SiH_2 \rightarrow (C_6H_5)_2Si(CCl_2H)H$ (77%)
$(C_6H_5)_2SiH_2 \rightarrow (C_6H_5)_2Si(CCl_2H)_2$ (83%)
$(C_6H_5)_3GeH \rightarrow (C_6H_5)_3GeCCl_2H$ (88%)
$C_6H_5CH_2CH_3 \rightarrow C_6H_5CH(CH_3)(CCl_2H)$ (35%)
$C_6H_5CH(CH_3)_2 \rightarrow C_6H_5C(CH_3)_2(CClH)$ (58%)
$cyclo-C_6H_{12} \rightarrow cyclo-C_6H_{11}CCl_2H$ (32%)
$C_6H_5CH_2CH_3 \rightarrow C_6H_5CH(CH_3)(CBr_2H)$ (65%)

J. A. LANDGREBE und A. D. MATHIS (108) berichteten 1964 über einen Fall, in dem ganz offensichtlich Einschiebung von Dichlorcarben (aus Trichloressigester und Natriummethylat) in C—Hg stattfindet, nämlich an einigen Dialkylquecksilberverbindungen.

$$R-Hg-R \xrightarrow{:CCl_2} R-Hg-CCl_2-R$$

Eine Einschiebung von Dichlorcarben in C—Al-Bindungen wird innerhalb eines komplexeren Reaktionsschemas auch in der Literatur postuliert (25).

1.2. Difluorcarben

Die wichtigsten Verfahren zur Erzeugung von Dichlor- und Dibromcarben sind die, bei denen zunächst auf verschiedenen Wegen ein Haloform-Carbanion entsteht, das sich durch Abspaltung eines Halogenidions in das Carben verwandelt.

J. HINE u. Mitarb. (65), (66), (67) berichteten ab 1957 über den Verlauf der alkalischen Hydrolyse von Chlor-, Brom- und Ioddifluormethan. Sie verläuft um Größenordnungen schneller als bei Berücksichtigung der unterschiedlichen Substituenteneffekte der Halogene zu erwarten wäre, vorausgesetzt, daß die Hydrolyse den gleichen Mechanismus hätte wie die Hydrolyse von Chloroform und Bromoform.

Es wurde ähnlich wie bei der alkalischen Hydrolyse von Chloroform und Bromoform ein S_N2-Mechanismus ausgeschlossen (65).

Die Geschwindigkeit der Hydrolyse ist sogar höher als für die Entstehung des Haloform-carbanions $:CF_2X^\ominus$ zu erwarten wäre. Dieses Verhalten legt die Vermutung nahe, daß die Eliminierung von HX einstufig erfolgt, d.h. ohne intermediäres Auftreten von Chlor- oder Bromdifluormethyl-Anionen.

$$HO^\ominus + H-\underset{F}{\overset{F}{C}}-X \rightarrow HOH + :CF_2 + X^\ominus$$

Diese Vermutung wurde dadurch bestätigt, daß bei der Hydrolyse von Chlor-, Brom- und Joddifluordeuteromethan im Gegensatz zur Hydrolyse von Deuterochloroform und Deuterobromoform kein Deuteriumsaustausch zu beobachten ist (66).

Diese Anschauung wurde auch neuerdings von H. G. VIEHE und P. VALANGE (192), (193) bestätigt, die feststellten, daß im Gegensatz zu Chloroform Fluoroform in flüssigem Ammoniak in Gegenwart von Alkaliamiden keine für das Haloformcarbanion charakteristische Kondensationsreaktionen produziert. Difluorcarben reagiert dann mit Ammoniak ähnlich wie Dichlorcarben unter Entstehung von Cyanidionen (89), (192), (193).

T. Y. SHEN, S. LUCAS und L. H. SARETT (174) benutzten Chlordifluormethan und Natrium-tert.-butanolat, um das entstehende $:CF_2$ an Enolate und ähnliche Verbindungen anzulagern.

$$:CF_2 + \underset{Na^{\oplus}}{\overset{\ominus}{}}\diagdown C \diagup \begin{array}{c}COOC_2H_5\\COOC_2H_5\end{array} \rightarrow \underset{Na^{\oplus}}{\overset{\ominus}{F_2C}}\diagdown C \diagup \begin{array}{c}COOC_2H_5\\COOC_2H_5\end{array} \xrightarrow{H_2O} F_2HC\diagdown C \diagup \begin{array}{c}COOC_2H_5\\COOC_2H_5\end{array}$$

J. HINE und J. J. PORTER (80) erzeugten Difluorcarben aus Difluormethyl-phenylsulfon und Natriummethylat:

$$F_2CH-SO_2-C_6H_5 \xrightarrow{NaOCH_3} F_2CNa-SO_2C_6H_5 \rightarrow :CF_2 + NaSO_2C_6H_5$$

Hier handelt es sich um einen zweistufigen Prozeß, denn das Sulfon tauscht bei der Hydrolyse Deuterium aus. Daß tatsächlich $:CF_2$ entsteht, wurde mit Hilfe der in den Arbeiten von J. HINE gebräuchlichen Abfangmethode mit Thiophenolat festgestellt. Die Phenylsulfonylgruppe wirkt hier also wie zu erwarten stabilisierend auf die negative Ladung des Carbanions.

J. HINE und D. C. DUFFEY (74) untersuchten die Decarboxylierung von Natriumchlordifluoracetat und stellten mit Hilfe einer ganz ähnlichen Methodik fest, daß hier wieder ein einstufiger Prozeß vorliegt:

$$Cl-CF_2-\underset{\underset{O}{\|}}{C}-O^{\ominus}Na^{\oplus} \rightarrow NaCl + :CF_2 + CO_2$$

Durch dieses Verfahren erzeugtes Difluorcarben wurde von J. M. BIRCHALL, G. W. CROSS und R. N. HASZELDINE (10) mit Cyclohexen als Difluornorcaran in 22%iger Ausbeute abgefangen. Dieses Verfahren wurde seitdem verschiedentlich für ähnliche Anlagerungen an Olefine verwendet (99), (101).

Bromtrifluormethan und Dibromdifluormethan mit Buthyllithium wurden von V. FRANZEN und L. FIKENTSCHER (47), (48) (analog zu den bereits erwähnten Reaktionen zur Erzeugung von Dichlorcarben) zur Erzeugung von Difluorcarben verwendet.

Es tritt auch hier Brom-Lithium-Austausch ein und anschließend Lithiumfluorid-Abspaltung. Die Prozesse sind hier anscheinend nicht simultan (*48*). Auf diesem Weg erzeugtes Difluorcarben läßt sich mit Cyclohexen abfangen (*48*).

J. BANUS, H. J. EMELÉUS und R. N. HASZELDINE (*6*) berichteten bereits 1951 über die heterolytische Spaltung der Kohlenstoff-Jod-Bindung im Jodtrifluormethan und stellten fest, daß es in dieser Verbindung nicht möglich ist, Jod nucleophil durch OH, NH_2, CN oder NO_2 zu ersetzen. Alkalische Hydrolyse von Jodtrifluormethan gibt Fluoroform! Die Austauschreaktion von Jodid und Jodtrifluormethan in alkoholischer Lösung bei 20° wurde mit radioaktivem Jodid untersucht. Die Reaktion ist erster Ordnung in Jodtrifluormethan und nullter Ordnung in Jodid. Daraus schlossen sie auf eine Heterolyse der Kohlenstoff-Jod-Bindung nach folgendem Schema:

$$JCF_3 \rightarrow J^\oplus + :CF_3^\ominus$$

Ob sich aus dem Trifluormethyl-Anion unter diesen Bedingungen nicht Difluorcarben bildet, ist, soweit zu übersehen, noch nicht untersucht worden.

Es gibt eine Reihe Pyrolysen, bei denen intermediär Difluorcarben gebildet wird:

$$\begin{array}{lll}
CF_4 & \rightarrow :CF_2 + F_2 & (92), (111), (190) \\
CCl_2F_2 & \rightarrow :CF_2 + Cl_2 & (92) \\
F_2C=CF_2 & \rightarrow :CF_2 & (3) \\
F_3CSn(CH_3)_3 & \rightarrow :CF_2 + FSn(CH_3)_3 & (8), (14a) \\
F_3CPF_2 & \rightarrow :CF_2 + Pf_3 & (110) \\
K[CF_3BF_3] & \rightarrow :CF_2 + KF + BF_3 & (13)
\end{array}$$

Typische Folgeprodukte dieser Pyrolysen sind je nach Bedingungen [z.B. (*13*)]:

$$F_2C=CF_2 \qquad \underset{CF_2}{F_2C\!-\!CF_2} \qquad \begin{array}{c}F_2C-CF_2\\|\qquad|\\F_2C-CF_2\end{array}$$

Hexafluorcyclopropan entsteht dabei wahrscheinlich aus Tetrafluoräthylen und Difluorcarben.

Bei der Pyrolyse von F_3CPF_2 in Gegenwart von Hexafluoro-2-butin wurden von W. MAHLER 1960 (*110*) folgende Cyclopropen- und Bicyclobutanderivate isoliert:

$$F_3C\!-\!C\!\equiv\!C\!-\!CF_3 \xrightarrow{:CF_2} \underset{CF_2}{F_3C\!-\!C\!=\!C\!-\!CF_3} \xrightarrow{:CF_2} F_3C\!-\!\overset{F_2}{\underset{F_2}{\diamondsuit}}\!-\!CF_3$$

Durch Photolyse von Tetrafluoräthylen und fluorierten Ketonen läßt sich ebenfalls Difluorcarben erzeugen.

Wenn auch diese Pyrolysen und Photolysen zu komplizierten Reaktionsketten führen, so haben sie doch den Vorteil, soweit man sie in der Gasphase durchführen kann, sich spektroskopisch verfolgen zu lassen, wobei das für Difluorcarben typische Spektrum gefunden wird.

Durch Photolyse von Tetrafluoräthylen in Gegenwart von Nitrosylfluorid erhielt S. ANDREADES (2) folgende Produkte:

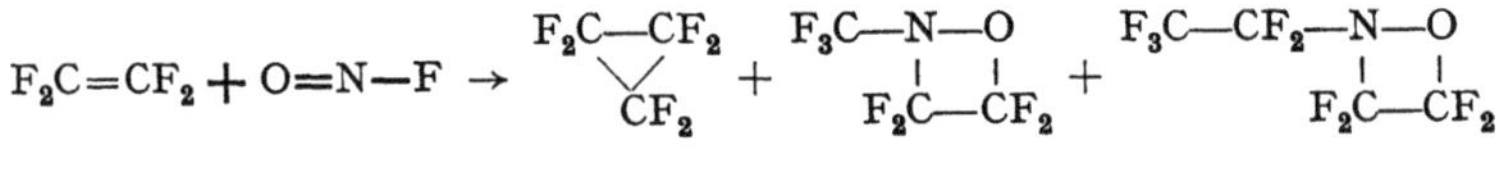

$$F_2C=CF_2 + O=N-F \rightarrow \underset{CF_2}{F_2C-CF_2} + \underset{F_2C-CF_2}{\overset{F_3C-N-O}{| \quad |}} + \underset{F_2C-CF_2}{\overset{F_3C-CF_2-N-O}{| \quad \quad \quad |}}$$

1.3. Bromchlor-, Bromfluor- und Chlorfluorcarben

J. HINE (58) bis (83) untersuchte die alkalische Hydrolyse aller 16 mit Fluor, Chlor, Brom und Jod denkbaren Haloforme und maß die Geschwindigkeit k_1 des basenkatalysierten Deuteriumaustausches und k_2 der Hydrolyse.

$$HCXYZ + OH^\ominus \underset{k_{-1}}{\overset{k_1}{\rightleftarrows}} :CXYZ^\ominus + H_2O$$

$$:CXYZ^\ominus \overset{k_2}{\rightarrow} :CXYZ + Z^\ominus$$

Der Vergleich der Geschwindigkeiten des basenkatalysierten Deuteriumaustausches zeigte, daß die vorhandenen Halogene die Entstehung der Haloformcarbanionen in folgender Reihenfolge fördern (83):

$$J \sim Br > Cl > F$$

Geschwindigkeitsbestimmend für die Hydrolyse ist der zweite Reaktionsschritt, der zum Carben führt. Der Vergleich der Geschwindigkeiten der Hydrolyse zeigte, daß Carben in folgender Reihenfolge von den Halogenen stabilisiert wird, die zurückbleiben, nachdem Z abgespalten worden ist (68).

$$F \gg Cl > Br > J$$

Demnach ist Difluorcarben von den Dihalocarbenen das stabilste. Im Licht dieser Theorie ist es auch verständlich, warum bei Chlordifluormethan eine α-Eliminierung in einem einzigen Schritt erfolgt, denn das Carbanion würde sich durch die hemmende Wirkung des Fluors langsamer bilden als es in das relativ stabile Difluorcarben zerfiele.

Es ist angesichts dieser Stabilitätsreihe auch einzusehen, daß bei der alkalischen Hydrolyse von Fluorodichlormethan Chlorfluorcarben intermediär entsteht, bei der von Fluordibrommethan, Bromfluorcarben und bei der von Chlordibrommethan dagegen Bromchlorcarben.

H. REIMLINGER (144) hat dies kürzlich ausgenutzt, um Substitutionsreaktionen mit diesen drei Carbenen an Diazofluoren und Diphenyldiazomethan durchzuführen, wobei die entsprechenden gemischten β,β-Dihalogen-α,α-biphenyl-äthylene bzw. β,β-Dihalogen-α,α-diphenyl-äthylene in guten Ausbeuten isoliert wurden (vgl. auch Abschnitt 1.1.2.1.).

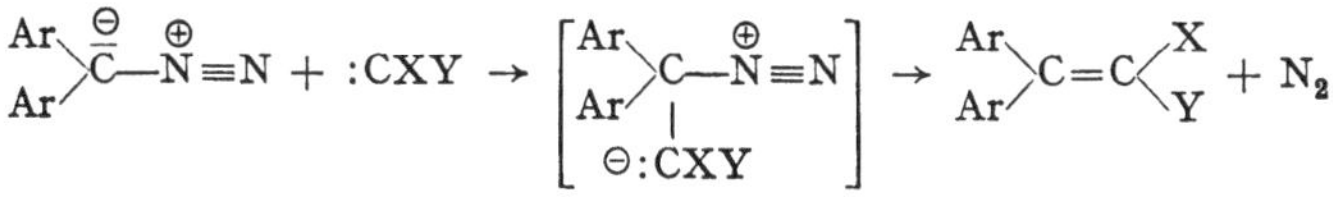

$$\begin{array}{c}Ar\\Ar\end{array}\!\!>\!\!\overset{\ominus}{C}\!\!-\!\!\overset{\oplus}{N}\!\!\equiv\!\!N + :CXY \rightarrow \left[\begin{array}{c}Ar\\Ar\end{array}\!\!>\!\!\overset{\oplus}{\underset{|}{C}}\!\!-\!\!\overset{\oplus}{N}\!\!\equiv\!\!N\\\ominus:CXY\end{array}\right] \rightarrow \begin{array}{c}Ar\\Ar\end{array}\!\!>\!\!C\!=\!C\!\!<\!\!\begin{array}{c}X\\Y\end{array} + N_2$$

Es ist auch verständlich, daß durch basische Hydrolyse von Dichlorfluoressigsäure Chlorfluorcarben intermediär entsteht (72). Eine der präparativ günstigsten Reaktionen zur Erzeugung von Chlorfluorcarben scheint die von B. FARAH und S. HORENSKY (42) untersuchte Reaktion von symm.-Difluortetrachloraceton mit Kalium-tert.-butanolat zu sein. Es entstand das Anlagerungsprodukt von Chlorfluorcarben an Cyclohexen in 36%iger Ausbeute.

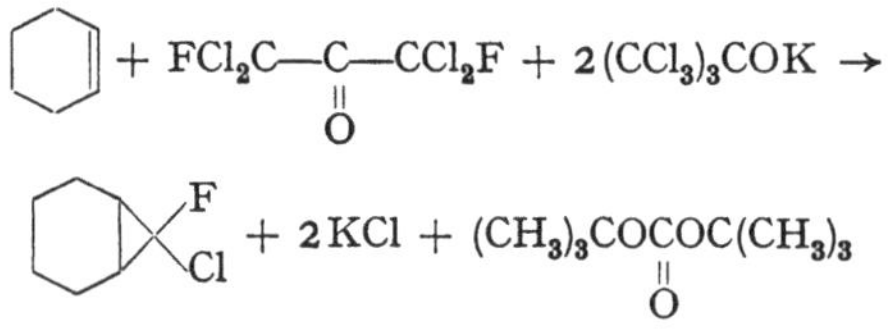

$$\bigcirc + FCl_2C\!-\!\underset{\underset{O}{\|}}{C}\!-\!CCl_2F + 2(CCl_3)_3COK \rightarrow$$

$$\bigcirc\!\!\!<\!\!\begin{array}{c}F\\Cl\end{array} + 2\,KCl + (CH_3)_3COCOC(CH_3)_3$$
$$\underset{O}{\|}$$

Der präparativ günstigste Überträger von Bromchlorcarben an Äthylene scheint $C_6H_5HgCBr_2Cl$ zu sein (170). Aber wie bereits erwähnt, ist noch nicht zu sehen, ob es in diesem Fall zur Entstehung eines Carbens kommt.

1.4. Chlorcarben

Um Chlorcarben zu erzeugen, untersuchten G. L. CLOSS und L. E. CLOSS (15), (17) die Reaktion von Methylenchlorid mit Alkyllithium in Gegenwart von Olefinen als Abfangreagentien. Sie erhielten die zu erwartenden Chlorcyclopropane.

$$RLi + CH_2Cl_2 \rightarrow RH + CHCl_2Li$$
$$CHCl_2Li \rightarrow :CHCl + LiCl$$
$$:CHCl + >\!\!C\!\!=\!\!C\!\!< \rightarrow \bigtriangleup\!\!\!-\!\!Cl$$

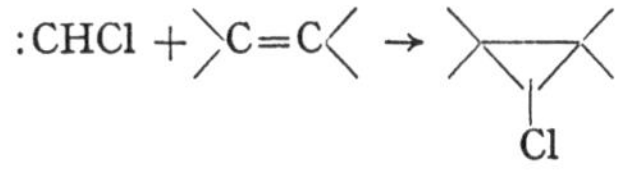

G. WITTIG und M. SCHLOSSER (209), sowie D. SEYFERTH, S. O. GRIM und T. O. READ (167) berichteten über die gleiche Reaktion in Gegenwart von Triphenylphosphin als Abfangreagens.

$$:CHCl + P(C_6H_5)_3 \rightarrow HClC\!=\!P(C_6H_5)_3$$

Das entstandene Triphenylphosphinchlormethylen erlaubte eine neue Erweiterung der Anwendung der Carbonyl-Olefinierung nach WITTIG.

Neuerdings wurde von G. L. CLOSS und J. J. COYLE (21) Chlordiazomethan durch Einwirkung von tert.-Butylhypochlorid auf Diazomethan bei —100° in inerten Lösungsmitteln gewonnen. Bei der thermischen (—20°) und photolytischen (—80°) Zersetzung des Chlordiazomethans sollte in Analogie zu Diazomethan Chlorcarben entstehen.

$$HClCN_2 \rightarrow {:}CHCl + N_2$$

Tatsächlich wurden auch bei der Zersetzung in Gegenwart von Olefinen die zu erwartenden Addukte gefunden. Überraschenderweise wurden daneben Produkte gefunden, die von der Einschiebung des Chlorcarbens in C—H-Bindungen resultieren, und die nicht entstehen, wenn Chlorcarben aus Methylenchlorid und Alkyllithium erzeugt wird. G. E. CLOSS und J. J. COYLE (21) beobachteten z.B. bei Zersetzung von Chlordiazomethan in n-Pentan die drei möglichen Einschiebungsprodukte:

$$CH_3(CH_2)_3CH_3 \xrightarrow{{:}CHCl} CH_3(CH_2)_4CH_2Cl + CH_3(CH_2)_2\underset{\underset{CH_2Cl}{|}}{CH}-CH_3 + (C_2H_5)_2CHCH_2Cl$$

Dieser Befund hat bisher noch keine endgültige Erklärung gefunden.

Daß aus Chlordiazomethan durch thermische oder photolytische Zersetzung Chlorcarben entsteht, kann angesichts der engen Analogie zu Diazomethan (136), (145) kaum bezweifelt werden.

Es ist sehr wahrscheinlich, daß auch aus Methylenchlorid und Alkyllithium Chlorcarben entsteht, denn G. L. CLOSS und M. E. SCHWARTZ (18) berichteten bereits 1960 über die Reaktion von Methylenchlorid mit Butyllithium in Gegenwart von binären Olefingemischen. Dabei beobachteten sie, daß ähnlich wie bei Dibrom- und Dichlorcarben das Olefin mit der höheren π-Elektronendichte rascher angegriffen wird. Damit ist bewiesen, daß bei dieser Reaktion das Olefin von einem elektrophilen Agens angegriffen wird. Zunächst wurde nicht bezweifelt, daß dieses Agens Chlorcarben ist[1].

Indessen ist aus Chlordiazomethan erzeugtes Chlorcarben reaktiver, wie es nicht nur die Einschiebungsreaktion in C—H-Bindungen, sondern auch die geringere Selektivität gegenüber binären Olefingemischen zeigt (21).

Wie läßt sich dieser Unterschied in der Reaktivität erklären? Es gibt mindestens drei Möglichkeiten:

1. Durch Zersetzung von Chlordiazomethan kann ein Chlorcarben entstehen, das ähnlich wie das aus Diazomethan erzeugte Methylen einen Energieüberschuß hat und daher reaktiver ist.

---
[1] Neuerdings wurde Dichlormethyllithium von G. KÖBRICH u. Mitarb. (101a) durch Metallierung von Methylenchlorid bei —110° dargestellt. Ob es gegenüber Cyclohexen wie Trichlormethyllithium elektrophil ist, wurde noch nicht bekannt.

2. Oder aber es entsteht aus Methylenchlorid und Alkyllithium ein Carben, das zusammen mit dem abgespaltenen Lithiumchlorid in einem Solvenskäfig bleibt und durch die Nachbarschaft von Lithiumchlorid weniger reaktiv ist als wenn es von Lithiumchlorid durch Solvensmoleküle getrennt wäre.

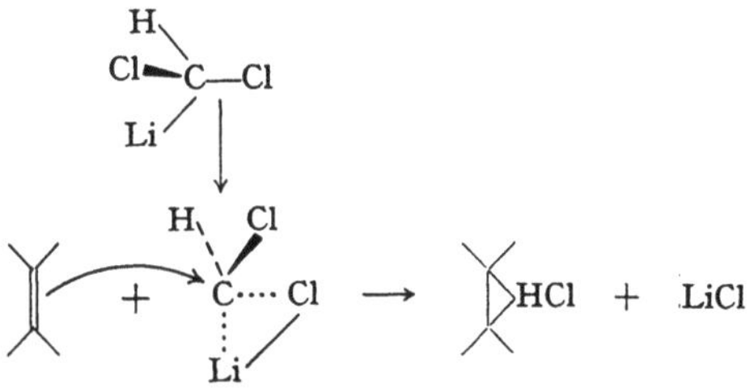

3. Schließlich besteht die Möglichkeit, daß gar kein Chlorcarben entsteht (21), sondern ähnlich wie in einer S_N2-Reaktion das Olefin Lithiumchlorid aus Dichlormethyllithium verdrängt[1].

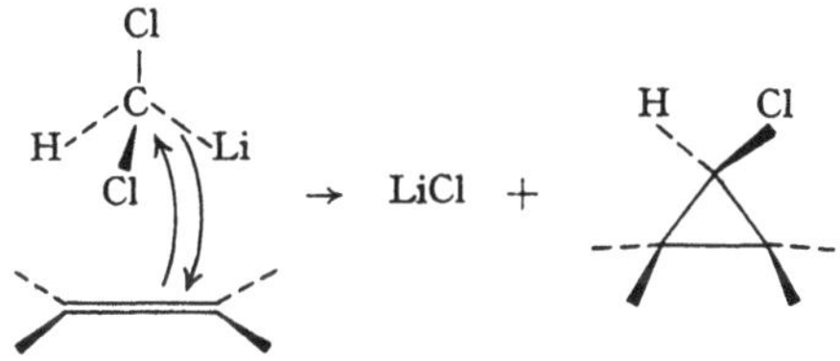

Dieses Schema, in dem gleichzeitig mit der Chlormethylenübertragung eine LiCl-Bindung geknüpft wird, hat den Nachteil, daß das Lithium vom Chloratom etwa doppelt so weit entfernt ist wie es dem Bindungsabstand entspricht. Daher scheint folgender einstufige Mechanismus plausibler:

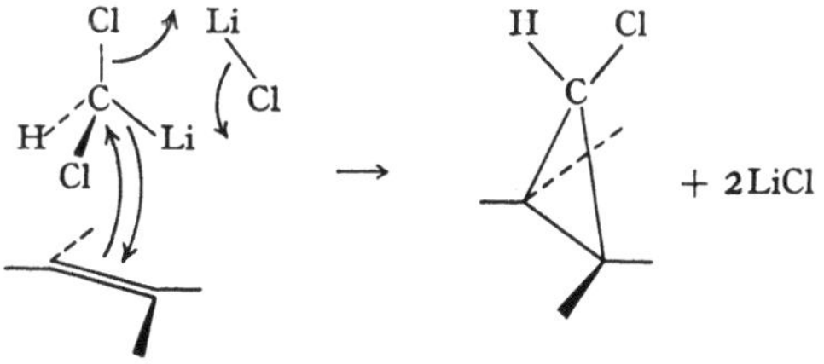

Obwohl ein katalytischer Einfluß des Lithiumchlorids nicht festgestellt worden ist, schließen die Beschreibungen der Experimente eine solche Möglichkeit nicht aus, und es ist bemerkenswert, daß G. WITTIG und F. WINGLER (210) bei einer ähnlichen Methylenübertragung[2] (mit Jodmethylenzinkjodid ($JZnCH_2J$), bei der sicher kein freies Methylen

---
[1] In Anlehnung an E. P. BLANCHARD u. H. E. SIMMONS (10a).
[2] Literatur im zweiten Teil dieses Referats.

auftritt, einen katalytischen Einfluß von Zinkchlorid festgestellt haben. Auch U. SCHOELLKOPF (159) hat im Falle lithiumorganisch erzeugter Carbenübertragungen eine katalytische Wirkung von Lithiumjodid beobachtet.

Solange nicht mehr Experimente auf diesem Gebiet vorliegen, läßt sich der Wahrheitsgehalt dieser Hypothesen und anderer (10a) nicht beurteilen.

Zusammenfassend ist zu sagen, daß die Arbeiten von G. L. CLOSS zeigen, daß alle Fälle, in denen man bisher bedenkenlos auf lithiumorganischem Wege erzeugte Carbene formulierte, genauer untersucht werden müssen, um zu sehen, ob diese Hypothese standhält oder durch Carbenübertragungsreaktionen ersetzt werden muß. Diese Zweifel erstrecken sich also auch auf die im Abschnitt 1.1.1.5 erwähnten Reaktionen. Der Einfachheit halber soll aber hier weiter angenommen werden, daß bei solchen Reaktionen Carbene vorkommen.

In diesem Fall ist nicht nur das aus Chlordiazomethan, sondern auch das auf lithiumorganischem Wege erzeugte Chlorcarben reaktiver als Dichlor- und Dibromcarben. In Konkurrenzversuchen mit binären Olefingemischen ist nämlich am wenigstens selektiv aus Chlordiazomethan erzeugtes Chlorcarben (21), lithiumorganisch erzeugtes Chlorcarben ist selektiver (18), und am selektivsten sind Dibrom- und Dichlorcarben (36), (179).

Außerdem reagiert auf lithiumorganischem Wege erzeugtes Chlorcarben, im Gegensatz zu Dichlor- und Dibromcarben, mit Benzol, wobei 7-Methylcyclohepta-1,3,5-trien in 20% und Tropyliumchlorid in Spuren entstehen (16). Folgender Chemismus wurde dafür vorgeschlagen:

$$:CHCl + C_6H_6 \longrightarrow \left[\bigotimes\!\!\!<^H_{Cl}\right] \longrightarrow (\oplus) Cl\ominus \xrightarrow[-LiCl]{CH_3Li} H_3C-\bigcirc$$

Die Addition von Chlorcarben an Olefine ist stereochemisch eine cis-Addition, gleichgültig, ob es aus Chlordiazomethan oder auf lithiumorganischem Wege erzeugt wird. Das heißt, daß z.B. aus cis-2-Buten nur folgende zwei Isomere entstehen (17), (21):

$$\underset{CH_3}{\overset{H}{>}}C=C\underset{CH_3}{\overset{H}{<}} \xrightarrow{:CHCl} \overset{exo}{CH_3\diagup\overset{Cl}{\underset{H}{|}}\diagdown CH_3} + \overset{endo}{CH_3\diagup\overset{H}{\underset{Cl}{|}}\diagdown CH_3}$$

Bei Chlorcarben, das aus Chlordiazomethan erzeugt wurde, entstehen die beiden Isomere im Verhältnis 1:1 (21) und bei auf lithiumorganischem Wege erzeugtem (bekanntlich selektiverem) Chlorcarben im Verhältnis 1:5,5. Zunächst wurde angenommen, daß das in höherer

Ausbeute entstehende Produkt exo-konfiguriert ist (*17*), vgl. (*164*), aber eine exakte Konfigurationsaufklärung durch Synthese auf unabhängigem Wege (*22*) ergab, daß das endo-konfigurierte Produkt in höherer Ausbeute entsteht.

G. L. CLOSS, R. A. MOSS und J. J. COYLE (*22*) bemerkten zu diesem ihrem Ergebnis, daß die augenfällige Analogie zum sterischen Verlauf der Diensynthese nach Diels-Alder sich unter Umständen als mehr als ein bloßer Zufall herausstellen würde.

Der Zusammenhang zwischen Stereochemie und Mechanismus der Addition an Doppelbindungen wird im Abschnitt 1.6. besprochen.

Abschließend seien noch einige Reaktionen des hypothetischen, aus Methylenchlorid und Alkyllithium erzeugten Chlorcarbens erwähnt, die synthetisches Interesse haben.

Zunächst sei die Reaktion mit Alkyllithium erwähnt, die zum mindesten als Nebenreaktion stattfindet, auch wenn ein anderer Acceptor für Chlorcarben vorhanden ist, und die in Abwesenheit des Acceptors Hauptreaktion ist:

$$:CHCl + RLi \rightarrow RCHLiCl \rightarrow R-\ddot{C}-H + LiCl$$

Es werden als Folgeprodukte der Alkylcarbene charakteristische Verbindungen isoliert, die im Abschnitt Alkylcarbene besprochen werden.

In Anbetracht der höheren Reaktivität von Chlorcarben im Verhältnis zu Dichlorcarben ist bemerkenswert, daß sich mit Methylenchlorid, Methyllithium und Lithiumphenolat keine Reimer-Thiemann-Synthese durchführen läßt, sondern ausschließlich Ringerweiterungsprodukte entstehen. Aus Lithiumphenolat entstehen Tropon und 2-Methyl-3,5-cycloheptadienon, aus o-Kresol 2,7-Dimethyl-3,5-cycloheptadienon, aus 2,6-Di-tert-butylphenol 2,7-Di-tert-butyltropon in guter Ausbeute (*19*).

Für letztere Reaktion schlugen G. L. CLOSS und L. E. CLOSS (*19*) etwa folgenden Mechanismus vor:

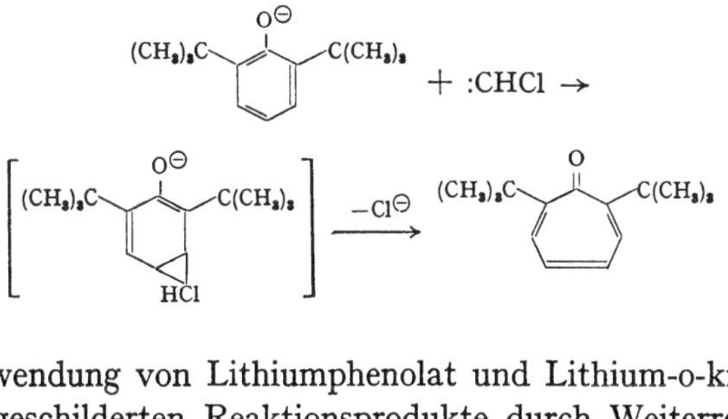

Bei Verwendung von Lithiumphenolat und Lithium-o-kresolat entstehen die geschilderten Reaktionsprodukte durch Weiterreaktion des Tropons mit Methyllithium (*19*).

Eine ungewöhnliche Reaktion, bei der wahrscheinlich auch Chlorcarben auftritt, ist die des Dikaliumcyclooctatetraenids mit Methylenchlorid (in Tetrahydrofuran) (91).

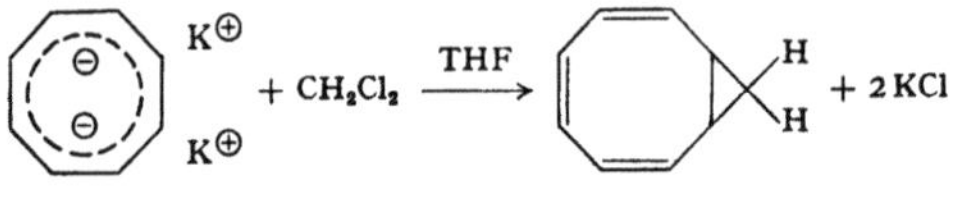

Cyclooctatetraen dagegen liefert mit Methylenchlorid und Methyllithium die normalen Addukte (107).

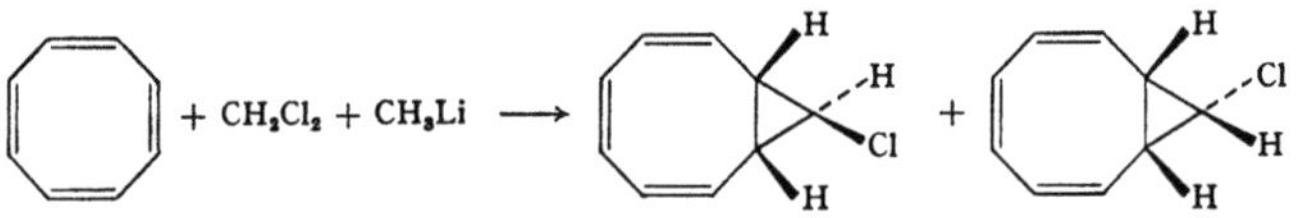

Gegenüber Butadien verhält sich Chlorcarben wie Dichlorcarben (139).

Schließlich sei erwähnt, daß H. GILMAN und D. AOKI (52) annehmen, daß bei der Reaktion von Triphenylsilyllithium mit Methylenchlorid Chlorcarben als Zwischenprodukt auftritt. Es gelang ihnen jedoch nicht, Chlorcarben mit Cyclohexen abzufangen.

1.5. Sauerstoff-, Schwefel- und Selensubstituierte Carbene

U. SCHÖLLKOPF u. Mitarb. (153), (154), (156 bis 159), (161), (162) gelang es in einer Reihe von Beispielen, mit Hilfe geeigneter Basen folgende α-Eliminierungen zu erreichen und die entstandenen Carbene mit Hilfe von Olefinen abzufangen.

$$Cl-CH_2-X-R + BM \rightarrow Cl-CHM-X-R + BH$$
$$Cl-CHM-X-R \rightarrow H-\bar{C}-X-R + MCl$$
$$H-\bar{C}-X-R + \rangle=\langle \rightarrow$$

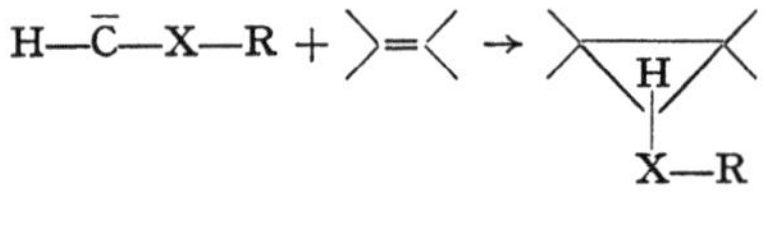

R = Alkyl oder Aryl   X = O, S, Se   B = Alkyl oder OR

Bei Verwendung von Chlormethylphenyläther (R=C_6H_5, X=O) und n-Butyllithium (B=n-C_4H_9, M=Li) wurden auf diese Weise in Gegenwart von Olefinen Phenoxycyclopropane in ca. 40—70% Ausbeute isoliert (153), (161).

Aus Chlormethylalkyläthern (R=Alkyl, X=O) wurden in ähnlicher Weise Alkoxycyclopropane in ca. 30—60%iger Ausbeute gewonnen. Hier war es allerdings nicht möglich, n-Butyllithium als Base zu verwenden, weil dann vorwiegend Substitution an Stelle von Elimination eintrat, z.B.

$$Cl-CH_2-O-CH_3 + n\text{-}C_4H_9Li \longrightarrow n\text{-}C_4H_9-CH_2OCH_3 + LiCl$$

Um diese Substitution zu unterbinden, verwendeten U. SCHÖLLKOPF u. Mitarb. das sperrigere tert.-Butyllithium (B=t-C_4H_9, M=Li) als Base (153), (154), (159), (162).

Aus Chlormethylphenylthioäther und Kalium-tert.-butanolat entstanden Phenylmercaptocyclopropane in ca. 90% Ausbeute (156), aus Chlormethylphenylselenid mit Kalium-tert.-butanolat Phenylselencyclopropane in ca. 70% Ausbeute (158).

Man kann annehmen, daß bei diesen Reaktionen Phenoxycarben, Alkoxycarbene, Phenylmercaptocarben und Phenylselencarben als Zwischenprodukte auftreten.

Wenn diese Carbene auf lithiumorganischem Wege erzeugt werden, könnte man ähnlich wie bei Chlor- und Dichlorcarben Zweifel an ihrer tatsächlichen Existenz als Zwischenprodukte äußern. Es soll hier aber angenommen werden, daß sie Zwischenprodukte dieser Reaktion sind.

Die Addition läßt sich nicht nur an Olefinen durchführen, sondern auch sehr gut an Ketenacetalen (156) und Enaminen[1].

Besondere Beachtung verdient die Stereochemie der Addition dieser Carbene an Doppelbindungen.

Wie bei allen anderen bisher hier erwähnten heterosubstituierten Carbenen erfolgt diese Reaktion streng als cis-Addition, z.B. entsteht aus cis-Buten mit Phenoxycarben ein Isomergemisch von zwei Phenoxydimethylcyclopropanen, in denen die beiden Methylgruppen weiterhin cis zueinander stehen (153), (161).

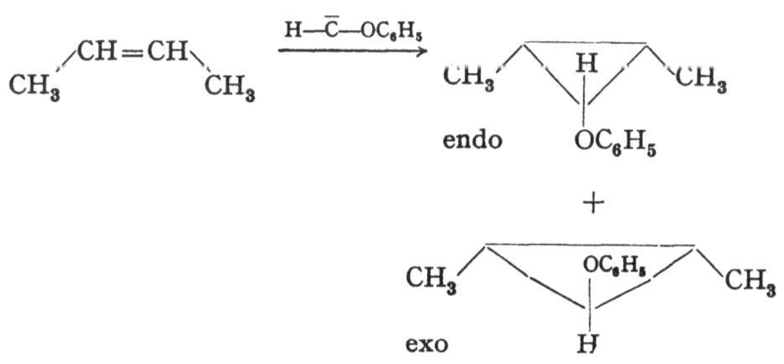

Wie bei Chlorcarben entsteht auch bei diesem Beispiel das aus stereochemischen Gründen thermodynamisch instabilere endo-Addukt in höherer Ausbeute. Das Verhältnis endo- zu exo- beträgt 3,7:1 (161).

Ein Überwiegen des endo-Adduktes wurde, mit Cyclohexen als Substrat, auch bei Phenylmercapto- und Phenylselencarben (158), (161)

---
[1] SCHÖLLKOPF, U.: Privatmitteilung.

beobachtet. Bei Phenoxy- und Alkoxycarbenen entstehen mit Cyclohexen als Substrat jedoch überwiegend exo-Addukte (161), (162).

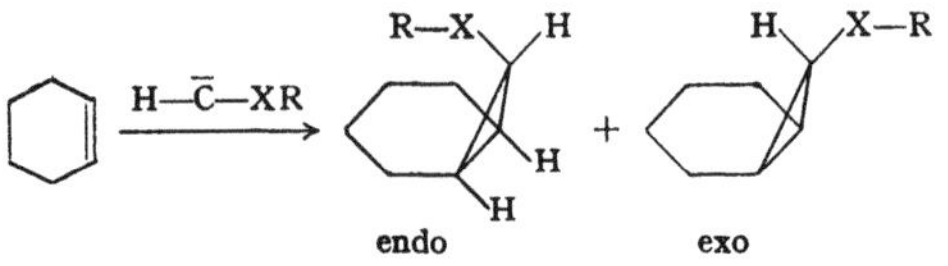

X	R	endo:exo
O	C_6H_5	1:1,8
O	$i\text{-}C_3H_7$	1:7
O	$n\text{-}C_4H_9$	1:4,5
O	CH_3	1:4
S	C_6H_5	2:1
Se	C_6H_5	2:1

Die scheinbare Regellosigkeit läßt sich, wie im Abschnitt 1.7. gezeigt wird, theoretisch interpretieren.

Die Konfigurationszuordnungen wurden hauptsächlich auf Kernresonanzmessungen gestützt in der Annahme, daß die Kopplungskonstante cis-ständiger Wasserstoffe beim Dreiring größer ist als die trans-ständige, eine Regel, von der bisher keine Ausnahme bekannt ist [Lit. s. (161)]. Bei den Phenylmercaptonorcaranen wurde die Konfiguration darüber hinaus von U. SCHÖLLKOPF[1] auch chemisch bewiesen. Endo- und exo-Phenylmercaptonorcaran wurden getrennt zu den entsprechenden Sulfonen oxydiert. Das höherschmelzende Sulfon läßt sich beim Äquilibrieren mit Kalium-tert.-butanolat in das niedriger schmelzende verwandeln, aber nicht umgekehrt. Da mit Sicherheit das exo-Sulfon thermodynamisch stabiler ist als das endo-Sulfon, folgt, daß das höher schmelzende Sulfon die endo-Konfiguration hat.

Neuerdings wurde von U. SCHÖLLKOPF[1] die photolytische Zersetzung von folgendem Tosylhydrazonsalz in Cyclohexen untersucht.

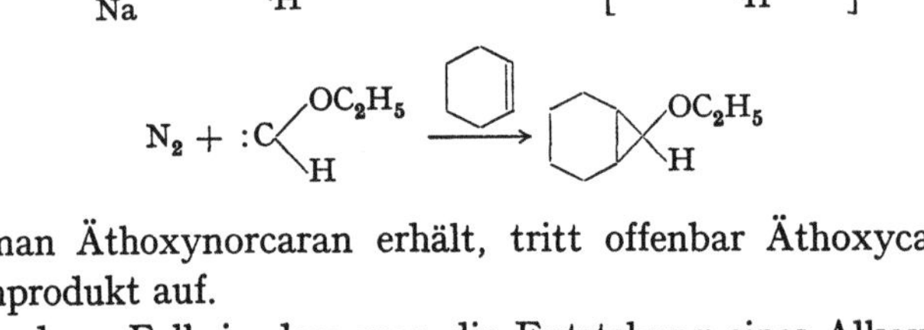

Da man Äthoxynorcaran erhält, tritt offenbar Äthoxycarben als Zwischenprodukt auf.

Ein anderer Fall, in dem man die Entstehung eines Alkoxycarbens annimmt, ist die Zersetzungsreaktion von Triphenylphosphin-butoxymethylen, die von G. WITTIG und W. BÖLL (211) untersucht wurde.

---
[1] Privatmitteilung.

$$(C_6H_5)_3P=CH-O-n\text{-}C_4H_9 \rightarrow (C_6H_5)_3P + H-\overline{C}-On\text{-}C_4H_9$$

$$(C_6H_5)_3P=CH-O-n\text{-}C_4H_9 + H-\overline{C}-On\text{-}C_4H_9 \rightarrow$$

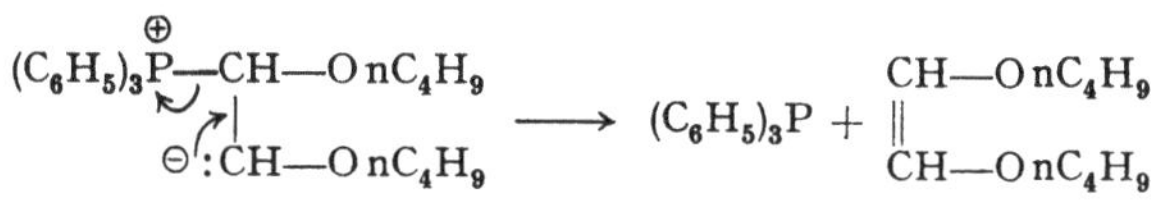

$$\begin{array}{c}(C_6H_5)_3\overset{\oplus}{P}-CH-OnC_4H_9 \\ \overset{\ominus}{:}CH-OnC_4H_9\end{array} \longrightarrow (C_6H_5)_3P + \begin{array}{c}CH-OnC_4H_9 \\ \parallel \\ CH-OnC_4H_9\end{array}$$

Über Dialkoxycarbene liegen noch wenige Angaben vor. Die Reaktionsprodukte der thermischen und photolytischen Zersetzung des folgenden Tosylhydrazonsalzes lassen sich zwar als Folgeprodukte von Diäthoxycarben auffassen, jedoch gelang ein Abfangversuch mit Cyclohexen nicht (28)[1].

$$\underset{Na}{Tos-\overline{N}-\overline{N}}=C(OC_2H_5)_2 \xrightarrow[-TosNa]{158°} [N_2=C(OC_2H_5)_2] \rightarrow N_2 + :C(OC_2H_5)_2 \rightarrow \cdots$$

Wie R. W. Hoffmann und H. Häuser (85), (85a) kürzlich berichteten, scheint Dimethoxycarben aus Tetramethoxyäthylen durch reversible homolytische Dissoziation zu entstehen. Jedenfalls ist die Dissoziation die einfachste Erklärung für folgende Reaktionsprodukte[1].

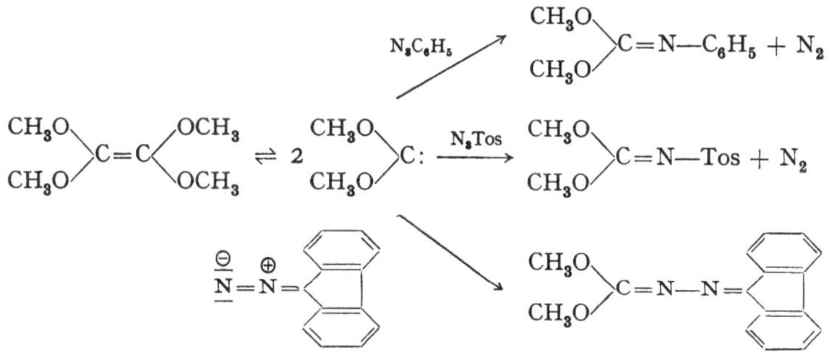

R. W. Hoffmann und H. Häuser (85a) weisen darauf hin, daß Dimethoxycarben offensichtlich in seinem Verhalten Phosphinen ähnelt, die neben einem nucleophilen freien Elektronenpaar noch die Möglichkeit zur Elektronenaufnahme haben. Beispielsweise sind für Triphenylphosphin die drei analogen Reaktionen bekannt [Lit. bei (85a)]. Eine Parallele läßt sich auch zu den Reaktionen der Stickstoffsubstituierten Carbene ziehen, die im nächsten Abschnitt (1.6.) besprochen werden.

U. Schöllkopf und E. Wiskott (160) erzeugten Bismethylmercaptocarben [vgl. auch (48a), (82) und (109a)] durch Zersetzung folgenden Tosylhydrazonsalzes[1]:

$$\underset{Na}{Tos-\overline{N}-\overline{N}}=C(SCH_3)_2 \xrightarrow[-TosNa]{120°} [N_2C(SCH_3)_2] \rightarrow N_2 + :C(SCH_3)_2$$

---

[1] Tos = $CH_3-\langle\rangle-SO_2^{\ominus}$.

Wird die Zersetzung z.B. in Ketendiäthylacetat durchgeführt, erhält man folgendes Cyclopropanaddukt:

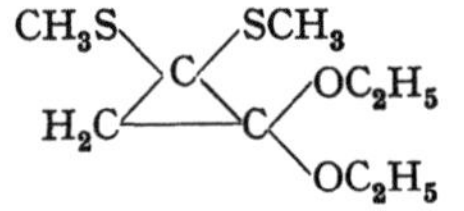

$$\begin{array}{c} CH_3S \diagdown \diagup SCH_3 \\ C \\ H_2C \diagup \diagdown\!\!\!C \diagup^{OC_2H_5}_{OC_2H_5} \end{array}$$

An Cyclohexen addiert sich das Carben nicht!

Carbene der Formel Cl—C̈—OR spielen, wie schon im Abschnitt 1.1.1.2. und 1.1.2.1. erörtert wurde, eine Rolle bei der Zersetzung der Haloforme durch Alkoholate, Carbene der Formel Cl—C—SR z.B. beim Abfangversuch der Dihalocarbene mit Thiophenolat [s. auch (64), (69), (76), (78), (79)].

U. SCHÖLLKOPF[1] hat außerdem C_6H_5S—C—Cl durch Umsetzung von Dichlormethylphenylsulfid mit Kalium-tert.-butanolat in Isobuten abgefangen.

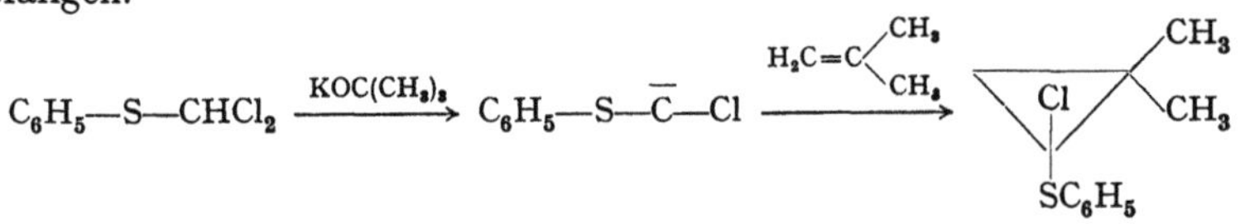

$$C_6H_5\text{—S—CHCl}_2 \xrightarrow{KOC(CH_3)_3} C_6H_5\text{—S—}\bar{C}\text{—Cl} \xrightarrow{H_2C=C(CH_3)_2} \underset{SC_6H_5}{\triangle}{<}^{CH_3}_{CH_3}$$

A. M. VAN LEUSEN, R. J. MULDER und J. STRATING (109b) berichteten kürzlich über einen neuen Carbentyp, nämlich ein Sulfonylcarben, das sie durch Zersetzung von p-Methoxyphenylsulfonyldiazomethan mit Isobuten abfingen.

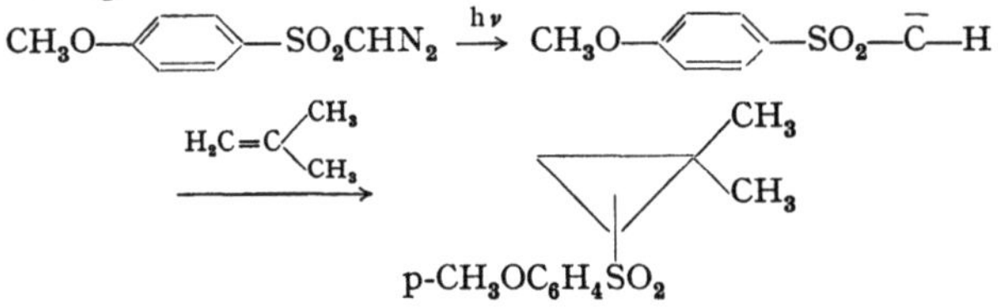

$$CH_3O\text{—}\langle\rangle\text{—SO}_2CHN_2 \xrightarrow{h\nu} CH_3O\text{—}\langle\rangle\text{—SO}_2\text{—}\bar{C}\text{—H}$$

$$\xrightarrow{H_2C=C(CH_3)_2} \underset{p\text{-}CH_3OC_6H_4SO_2}{\triangle}{<}^{CH_3}_{CH_3}$$

1.6. Stickstoff-substituierte Carbene

H. W. WANZLICK und E. SCHIKORA (202) stellten 1960 an Hand von Molgewichtsbestimmungen fest (205), daß Bis-[1,3-diphenyl-imidazolidinyliden-(2)] [vgl. auch (203)] bei 170° in einem reversiblen Dissoziationsgleichgewicht in zwei Carbenhälften zerfällt, ein Verhalten, das von einer außergewöhnlichen Stabilität des Carbens zeugt.

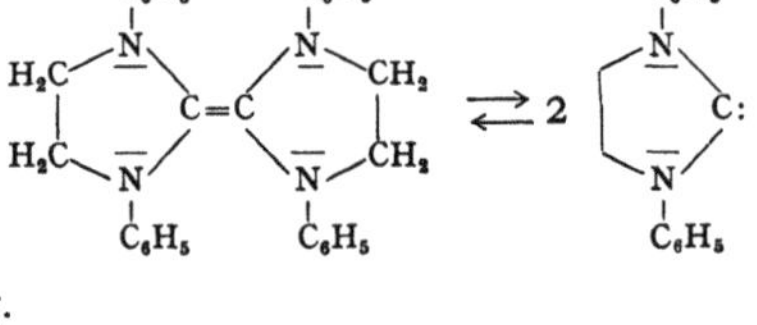

---

[1] Privatmitteilung.

Nach stabiler sind folgende Carbene (206):

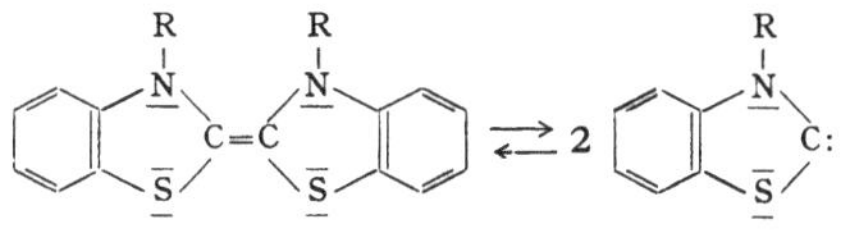

$$\text{Ar-N(R)-C(S-)=C(S-)-N(R)-Ar} \rightleftarrows 2 \text{ Ar-N(R)-C(S-):}$$

Diese Carbene sind offensichtlich stark resonanzstabilisiert (204) und sind nicht mehr elektrophil wie die anderen bisher besprochenen heterosubstituierten Carbene (204). Sie lassen sich nicht mehr mit Olefinen umsetzen, es sei denn mit dem stark elektrophilen Tetracyanoäthylen (204).

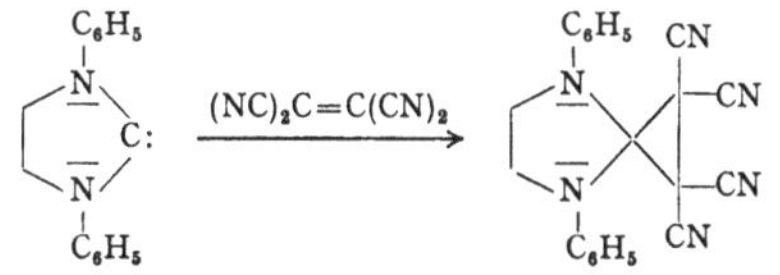

$$\text{(C_6H_5)N-CH_2CH_2-N(C_6H_5)-C:} \xrightarrow{(NC)_2C=C(CN)_2} \text{cyclopropan-Addukt mit 4 CN}$$

Der ausgesprochen nucleophile Charakter dieser Carbene wird u. a. durch die Reaktion mit Säuren belegt (204).

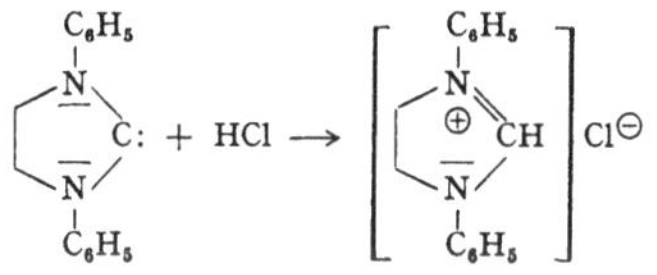

$$\text{Carben} + \text{HCl} \longrightarrow [\text{Iminium}]^+ \text{Cl}^\ominus$$

Außerdem reagieren sie mit C-aciden Verbindungen und mit Carbonylgruppen (206a), wie in einem noch kürzlich erschienenen Übersichtsreferat ausgeführt wird (204).

Besondere Erwähnung verdient die augenfällige Analogie zu Triphenylphosphin, das bekanntlich neben einem sehr stark nucleophilen Elektronenpaar noch die Möglichkeit zur Elektronenaufnahme hat [Lit. bei (85a)], wie z.B. folgende Reaktionen (206b) zeigen:

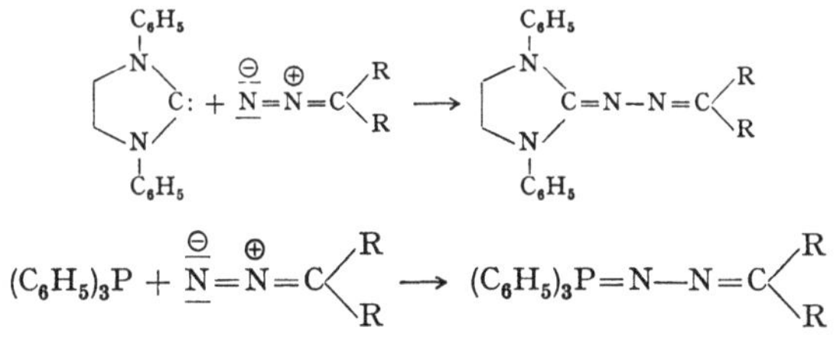

$$\text{Carben} + \overset{\ominus}{N}=\overset{\oplus}{N}=C{<}^R_R \longrightarrow \text{Carben}=N-N=C{<}^R_R$$

$$(C_6H_5)_3P + \overset{\ominus}{N}=\overset{\oplus}{N}=C{<}^R_R \longrightarrow (C_6H_5)_3P=N-N=C{<}^R_R$$

Diese Analogie wurde schon bei der Besprechung des Dimethoxycarbens (85a) erwähnt, von allen bekannten Carbenen das in seinem Charakter den stickstoffsubstituierten Carbenen ähnlichste.

Die Art, wie diese Carbene mit Diazoverbindungen reagieren, ist also ganz verschieden von der Art, wie z.B. Dichlorcarben reagiert, nämlich durch Substitution (s. Abschnitt 1.1.2.1.).

1.7. Grundzustand und Reaktivität der heterosubstituierten Carbene. Mechanismus der Addition an Doppelbindungen

Wenn auch bei einzelnen der hier besprochenen Reaktionen sich in der Zukunft vielleicht herausstellen wird, daß in ihnen Carbene nicht als „freie" Zwischenprodukte auftreten, soll hier doch angenommen werden, daß tatsächlich Carbene die Zwischenprodukte sind.

Ein wichtiges Glied zur Kenntnis des Mechanismus dieser Reaktionen ist der Grundzustand der Carbene (50).

Da Kohlenstoff über vier Orbitale für Bindungen verfügt, in den Carbenen aber nur zwei Liganden vorhanden sind, bleiben zwei nichtbindende Orbitale übrig.

Je nachdem, ob im Carben :CXY X und Y gleich oder verschieden sind, kann die Energie der bindenden Orbitale gleich oder verschieden sein.

Für die Kenntnis des Grundzustandes ist es aber vor allem wichtig zu wissen, ob die nicht bindenden Orbitale die gleiche Energie haben (entartet sind) oder verschiedene.

Sind die Orbitale entartet, so werden sie nach der Hundschen Regel mit je einem Elektron besetzt. Diese Elektronen haben parallelgerichtete Spins, so daß ein Triplettzustand resultiert (Gesamtspinquantenzahl $S=1$).

Liegen dagegen die Energiewerte genügend weit auseinander, so wird das nichtbindende Orbital mit der niedrigeren Energie mit zwei Elektronen besetzt, und das mit der höheren bleibt leer. Nach dem Pauli-Prinzip müssen diese beiden Elektronen antiparallele Spins haben, so daß ein Singlettzustand resultiert (Gesamtspinquantenzahl $S=0$).

Schematisch läßt sich das folgendermaßen darstellen (für den Fall, daß in dem Carben :CXY das $X=Y$ ist) (50).

	Bindende Orbitale	Nichtbindende Orbitale
Triplettzustand $S=1$	↑↓ ↑↓	↑ ↑
Singlettzustand $S=0$	↑↓ ↑↓	↑↓

Quantenmechanische ab initio Berechnungen haben bei Carbenen zu widersprüchlichen Ergebnissen geführt (50). Der Schlüssel zur Kenntnis des Grundzustandes liegt in ihren Spektren.

Difluorcarben ist der erste Fall, in dem es gelang, auf spektroskopischem Weg Aufschluß über den Grundzustand eines Carbens zu erhalten.

PUTCHA VENKATESWARLU (190) untersuchte das Emissionsspektrum, das durch elektrische Entladungen in CF_4 entsteht. A. K. LAIRD, E. B. ANDREWS und A. F. BARROW (106) beobachteten dagegen das Absorptionsspektrum von CF_2. J. DUCHESNE und L. BURNELL (38) benutzten diese Daten, um den Grundzustand zu berechnen und kamen zu dem Schluß, daß CF_2 im Grundzustand ein Singlett ist, in dem die beiden CF-Bindungen den Winkel von 110° miteinander bilden.

Die Achse des doppelt besetzten Orbitals liegt in der gleichen Ebene wie die C—F-Bindungen, und die des unbesetzten Orbitals senkrecht zu dieser Ebene. Der Kohlenstoff läßt sich also annähernd als sp^2-hybridisiert auffassen.

Über den Grundzustand der anderen heterosubstituierten Carbene sind bisher keine spektroskopischen Untersuchungen bekannt.

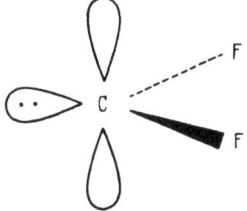

P. S. SKELL u. Mitarb. (177), (178), (179), (212) gingen davon aus, daß Carbene im Triplettzustand in ihren Eigenschaften infolge ihrer ungepaarten Elektronen Radikalen ähneln sollten.

Die Art aber, wie sich Dichlorcarben, Dibromcarben und Chlorcarben in flüssiger Phase gegenüber binären Olefingemischen verhalten (d.i. elektrophil, vgl. Abschnitt 1.1.2.2.3.) (36), (179), steht in augenfälligem Gegensatz zum Verhalten des Trichlormethylradikals gegenüber denselben Gemischen (93), (94), (95). Danach scheint es plausibel, diesen Carbenen einen Singlettzustand im Augenblick vor der Reaktion mit Olefinen zuzuschreiben (179).

Ein weiteres Argument, das zumindest nicht gegen einen Singlettzustand der heterosubstituierten Carbene unmittelbar vor der Reaktion mit Olefinen spricht, geht auch auf P. S. SKELL u. Mitarb. (177), (178) zurück. Alle untersuchten Additionen von heterosubstituierten Carbenen an Olefine verlaufen nämlich, wie schon erwähnt, als cis-Additionen. Man kann sich die Addition an die Doppelbindung so vorstellen, daß das Carben im Singlettzustand mit seinem leeren nichtbindenden Orbital an das π-Orbital des Olefins herantritt und in einem einzigen Schritt die Cyclopropanverbindung bildet, so daß die Substituenten am

Cyclopropanring die gleichen Stellungen relativ zum Ring einnehmen, die sie vorher zur Doppelbindung hatten (177), (178).

Diese Vorstellung einer Cycloaddition in einem einzigen Schritt hat viel Anklang gefunden, denn sie findet eine Parallele in ähnlichen Vorstellungen über den Mechanismus anderer nicht radikalischer Cycloadditionen, wie z.B. in den Anschauungen von R. HUISGEN über den Mechanismus der 1,3-dipolaren Additionen (87a) und den neueren Anschauungen über den Mechanismus der Diensynthese nach Diels-Alder (183a).

Befände sich aber das Carben im Triplettzustand, so sollte die Addition in zwei Schritten erfolgen, in denen der Schritt langsam sein sollte, der einer Spinumkehr entspricht (verbotener Übergang) (177), (178), vgl. auch (11).

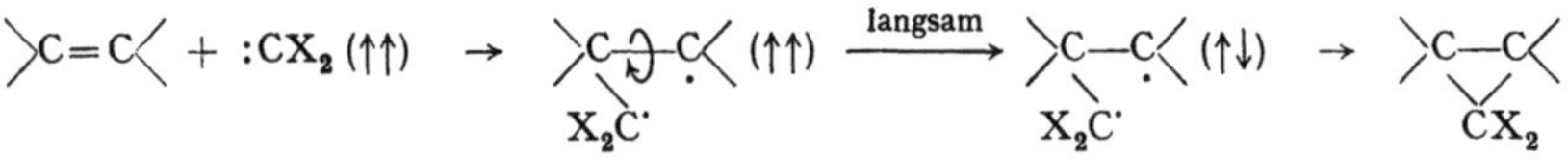

$$>\!C\!=\!C\!< + :CX_2 (\uparrow\uparrow) \rightarrow \underset{X_2\dot{C}}{>\!C\!-\!C\!<} (\uparrow\uparrow) \xrightarrow{\text{langsam}} \underset{X_2\dot{C}}{>\!C\!-\!C\!<} (\uparrow\downarrow) \rightarrow \underset{CX_2}{>\!C\!-\!C\!<}$$

Primär bildet sich also ein Addukt, das ein Triplett ist, und in dem freie Drehbarkeit um die C—C-Bindung besteht. Es hängt von der Lebensdauer dieses Primäradduktes ab, ob das Molekül von dieser Möglichkeit der Rotation Gebrauch macht und daher Verlust der Stereospezifität beobachtet wird. Das heißt also, daß die Addition möglicherweise nicht stereoselektiv verläuft, wenn das Carben als Triplett mit dem Olefin reagiert. Obwohl man Fälle von Carbenen kennt (s. 2. Teil dieses Referats), die einen Triplettgrundzustand haben und mit Olefinen nicht stereoselektiv reagieren, so kann man jedoch nicht unbedingt von einer cis-Addition auf einen Singlettzustand schließen, denn unter Umständen hat das Primäraddukt, obwohl es relativ langsam weiterreagiert, doch keine Zeit, die Möglichkeit der Rotation um die C—C-Bindung zu nutzen (50).

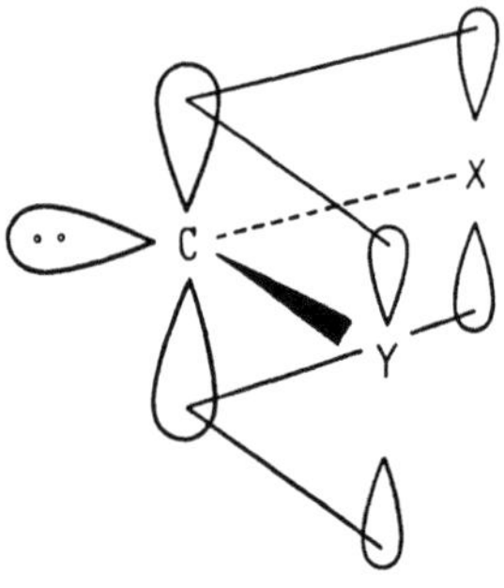

Auf dem Boden der Skellschen Auffassung, daß die cis-Addition eines Carbens an Doppelbindungen ein Kriterium für den Singlettcharakter des Carbens ist, und daß diese Addition in einem einzigen Schritt stattfindet, lassen sich eine Reihe Befunde erklären.

Zunächst das elektrophile Verhalten der Carbene, das bereits erwähnt wurde, wobei noch insbesondere an das Verhalten bei der Addition an konjugierte Diene erinnert werden soll (1,2-Addition).

Angenommen, die heterosubstituierten Carbene haben einen Singlettzustand, dann läßt sich voraussagen, daß sie durch Überlappung der p-Elektronen der Liganden mit dem leeren Orbital der Carbene stabilisiert werden, und zwar um so mehr, je besser diese Überlappung stattfindet. Mit zunehmender Stabilität muß auch die Elektrophilie abnehmen (59). Auf diese Weise lassen sich unter Berücksichtigung der bekannten mesomeren und induktiven Effekte von Heteroatomen folgende Reihen abnehmender Elektrophilie aufstellen:

$:CH_2 > :CHCl > :CF_2 > :C(OCH_3)_2 > :C(NR)_2$

$:CH_2 > :CHSeC_6H_5 > :CHSC_6H_5 > :CHOC_6H_5 > :CHOCH_3 > :C(OCH_3)_2$

$CBr_2 > :CBrCl > :CCl_2 > :CClF > :CF_2$

Die in den vorhergehenden Abschnitten beschriebenen Reaktionen bestätigen diese Reihe.

Die erste der Reihen wird dadurch bestätigt, daß Chlorcarben relativ schlechter gegenüber binären Olefingemischen auswählt als Dichlorcarben, Difluorcarben sich nur noch schwer an Doppelbindungen addiert, Dimethoxycarben nicht mehr ausgesprochen elektrophil ist, und die stickstoffsubstituierten Carbene geradezu nucleophil sind.

Der stereoselektive Verlauf der Reaktion mit Doppelbindung als cis-Addition hat eine bemerkenswerte Analogie zum sterischen Verlauf der 1,3-dipolaren Addition, ebenfalls eine cis-Addition (87).

Einen neuen Gedanken zum Verlauf der einstufigen Addition eines Carbens im Singlettzustand an Doppelbindungen brachten kürzlich W. R. MOORE, W. R. MOSER und J. E. LA PRADE (117) anläßlich der Reaktion von Dichlorcarben an Bicyclo-[2.2.1]-hepten. Es entsteht, wie bereits im Abschnitt 1.1.2.2.1. erwähnt, das sterisch gespanntere der beiden möglichen Addukte.

Um zu einer Erklärung zu gelangen, warum das thermodynamisch instabilere der beiden möglichen Addukte entstehen kann, gehen die Autoren davon aus, daß die Addition eines so elektrophilen Agens wie Dichlorcarben sicher ein Prozeß ist, bei dem viel Energie abgegeben wird. Durch Anwendung des Hammondschen Postulats (55a) auf diese Reaktion läßt sich sagen, daß der Übergangszustand den Ausgangsprodukten viel stärker ähnelt als dem Endprodukt (117).

Die Bindung im Übergangszustand sollte in Anlehnung an die Skellschen Vorstellungen *(177)* eine maximale Überlappung des unbesetzten Orbitals des Carbens mit dem π-Orbital des Olefins aufweisen. Von den zwei folgenden Anordnungen wird die zweite wegen geringerer sterischer Behinderung bevorzugt *(117)*:

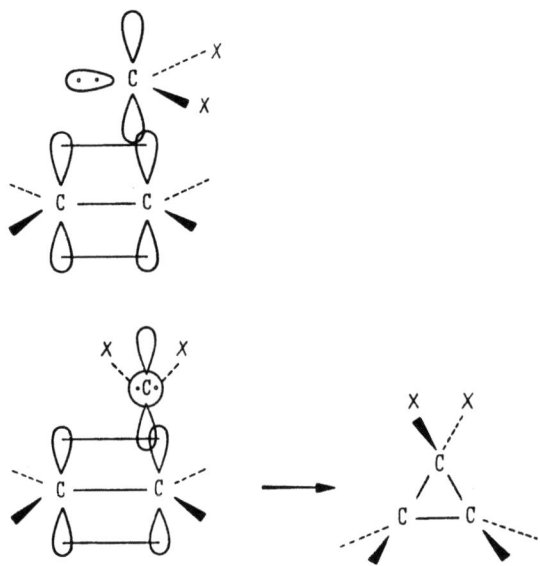

Die Verwandlung des Übergangszustandes in das Reaktionsprodukt wird durch Einschwenken der CCl_2-Gruppe in die zur ursprünglichen Doppelbindung senkrechte Ebene erreicht. Auf diesem absteigenden Ast des Energiediagramms wird ein hoher Energiebetrag frei, der die sterische Behinderung im Endprodukt mehr als kompensiert *(117)*.

Etwas abweichend hiervon sind die Vorstellungen U. SCHÖLLKOPFs[1] vom Übergangszustand. Um die bevorzugte endo-Addition von Phenylmercapto- und Phenylselencarben zu erklären (die gleiche Erklärung kann für Chlorcarben herangezogen werden), lehnt er sich stärker an die ursprüngliche Vorstellung SKELLs an, daß der Übergangszustand in seiner Geometrie dem Endprodukt bereits sehr ähnlich ist. In dem Übergangszustand übernehmen infolge des elektrophilen Charakters des Carbens die Kohlenstoffatome der Doppelbindung eine positive Ladung, und der Carbenkohlenstoff eine negative Ladung. Da die positive Ladung der beiden Kohlenstoffe der Doppelbindung zum Teil von den benachbarten Kohlenstoffatomen mit übernommen werden, und die

---

[1] Privatmitteilung, vgl. auch *(161)*, *(162)* und ein Interview in Chem. Engng. News **1963** (5. Aug.), 42.

negative des Carbenkohlenstoffs vom Schwefelatom, stellt sich U. SCHÖLL-KOPF die beiden möglichen Übergangszustände folgendermaßen vor:

endo   exo

Der endo-Übergangszustand ist daher elektrostatisch begünstigt.

Daß bei einigen Carbenen vorwiegend endo-, bei anderen vorwiegend exo-Addukte entstehen, erklärt SCHÖLLKOPF durch eine Konkurrenz elektrostatischer mit sterischen Faktoren.

Während bei selen- und schwefelsubstituierten Carbenen das Selen- und das Schwefelatom die negative Ladung durch Ausweitung ihres Oktetts aufnehmen können ($p_\pi d_\pi$-Überlappung), ist das bei Sauerstoff nicht möglich. Sauerstoff kann die negative Ladung nur durch induktiven Effekt übernehmen. Damit erklärt U. SCHÖLLKOPF das Überwiegen des sterischen Faktors bei den Carbenen des Typus CHOR.

Bei der Betrachtung der Übergangszustände nach MOORE und nach SKELL-SCHÖLLKOPF scheint es durchaus möglich, daß der tatsächliche Übergangszustand ein Mittelding zwischen den beiden ist.

Je elektrophiler das Carben, um so mehr wird (eine Folge des Hammondschen Postulats) der Übergangszustand dem Mooreschen Modell ähneln, je schwächer elektrophil, um so mehr wird er dem Schöllkopfschen Modell ähneln.

Literatur

1. ANDERSON, J. C., and C. B. REESE: Competitive Insertion of a Dihalocarbene in an Olefin. Chem. and Ind. **1963**, 575.
2. ANDREADES, S.: Evidence for Net Insertion of Difluorocarbene in a N-F Bond. Chem. and Ind. **1962**, 782.
3. ATKINSON, B., and V. A. ATKINSON: The Thermal Decomposition of Tetrafluoroethylene. J. chem. Soc. (London) **1957**, 2086.
4. BADEA, F., u. C. D. NENITZESCU: Neue Methode zur Darstellung von Carbenen. Angew. Chem. **72**, 415 (1960).
5. BALL, W. J., and S. R. LANDOR: The Addition of Carbenes to Allenes. Proc. chem. Soc. (London) **1961**, 246.
6. BANUS, J., H. J. EMELEUS, and R. N. HASZELDINE: The Heterolytic Fission of the Carbon-Iodine Bond in Trifluoroiodmethane. J. chem. Soc. (London) **1951**, 60.
7. BERGMAN, E.: Reactions Related to the Addition of Dichlorocarbene to Norbornylene. J. org. Chemistry **28**, 2210 (1963).
8. BEVAN, W. I., R. N. HASZELDINE, and J. C. YOUNG: A New Route to Carbenes. Chem. and Ind. **1961**, 789.
9. BEZAGUET, A.: Action des dihalogénocarbènes sur les dialcoyl-3.3-diènes-1.2. C. R. hebd. Séances Acad. Sci. **254**, 3371—3373 (1962).

10. BIRCHALL, J. M., G. W. CROSS, and R. N. HASZELDINE: Difluorocarbene. Proc. chem. Soc. (London) **1960**, 81.
10a. BLANCHARD, E. P., and H. E. SIMMONS: Cyclopropane Synthesis from Methylene Iodide, Zinc-Copper Couple, and Olefins. II. J. Amer. chem. Soc. **86**, 1337 (1964).
11. BOHM, B. A., and P. I. ABELL: Stereochemistry of Free Radical Additions to Olefins. (Übersichtsreferat.) Chem. Reviews **62**, 599—609 (1962).
12. BOUTLEROW, M. A.: Sur un nouveau mode de formation de l'éthylène et de quelquesuns de ses congénères. C. R. hebd. Séances Acad. Sci. **53**, 247 (1861).
13. CHAMBERS, R. D., H. C. CLARK, and J. C. WILLIS: Some Salts of Trifluoromethylfluoboric Acid. J. Amer. chem. Soc. **82**, 5298 (1960).
14. CHINOPOROS, E.: Carbenes. Reactive Intermediates Containing Divalent Carbon. (Übersichtsreferat.) Chem. Reviews **63**, 235 (1963).
14a. CLARK, H. C., and J. C. WILLIS: Perfluoralkyl Derivatives of Tin. I. Trimethyltrifluoromethyltin. J. Amer. chem. Soc. **82**, 1888 (1960).
15. CLOSS, G. L., and L. E. CLOSS: Synthesis of Chlorocyclopropanes from methylene Chloride and Olefins. J. Amer. chem. Soc. **81**, 4996 (1959).
16. — — Addition of Chlorocarbene to Benzene. Tetrahedron Letters (London) **1960**, Nr 10, 38.
17. — — Carbenes from Alkyl Halides and Organo-Lithium Compounds. I. Synthesis of Chlorocyclopropanes. J. Amer. chem. Soc. **82**, 5723 (1960).
18. — — Carbenes from Alkyl Halides and Organo-Lithium Compounds. II. The Reactivity of Chlorocarbene in its Additions to Olefins. J. Amer. chem. Soc. **82**, 5729 (1960).
19. — — Carbenes from Alkyl Halides and Organo-Lithium Compounds. III. Syntheses of Alkyltropones from Phenols. J. Amer. chem. Soc. **83**, 599 (1961).
20. — Carbenes from Alkyl Halides and Organo-Lithium Compounds. IV. Formation of Alkylcarbenes from Methylene Chloride and Alkyl-Lithium Compounds. J. Amer. chem. Soc. **84**, 809 (1962).
21. —, and J. J. COYLE: The preparation, Pyrolysis and Photolysis of Chlorodiazomethane. J. Amer. chem. Soc. **84**, 4350 (1962).
22. — R. A. MOSS, and J. J. COYLE: Steric Course of some Carbenoid Additions to Olefins. J. Amer. chem. Soc. **84**, 4985 (1962).
23. —, and L. E. CLOSS: Carbenes from Alkyl Halides and Organolithium Compounds. V. Formation of Alkylcyclopropenes by Ring Closure of Alkenyl Substituted Carbenoid Intermediates. J. Amer. chem. Soc. **85**, 99 (1963).
24. — — and W. BÖLL: The Base-Induced Pyrolysis of Tosylhydrazones of α,β-Unsaturated Aldehydes and Ketones. A Convenient Synthesis of some Alkylcyclopropenes. J. Amer. chem. Soc. **85**, 3796 (1963).
24a. COATES, G. E.: Organometallic Compounds, 2. Ausgabe. London: Methuen & Co. 1960.
25. COLLETTE, J. W.: The Reaction of Trisobutylaluminium with Carbon Tetrachloride. A Novel Preparation of Diisobutylaluminium Chloride. J. org. Chemistry **28**, 2489 (1963).
26. COOK, A. G., and E. K. FIELDS: Reaction of Dichlorocarbene with Imines. J. org. Chemistry **27**, 3686—3687 (1962).
27. COOK, C. E., and M. E. WALL: The Reaction of Dichlorocarbene with Enol Acetates — Novel 2.2-Dichloro-1-steroidalcyclopropyl Acetates. Chem. and Ind. **1963**, 1927.
28. CRAWFORD, R. J., and R. RAAP: Homolytic Decomposition of Diethoxydiazomethane. Proc. Chem. Soc. (London) **1963**, 370.

29. CUDLÍN, J., and V. CHVALOVSKY: Organo Silicon Compounds. XXXII. Addition of Dichloromethylene to Vinylmethyl- and Allylmethylsiloxanes. Coll. Czechoslov. chem. Commun. **28**, 3088 (1963).
30. DE SELMS, R. C.: Brief Survey of Carbene Chemistry. Org. chem. Bull. **34**, 5 (1962).
31. —, and C. M. COMBS: Addition Products of Dichlorocarbene to Norbornylene and Norbornadiene and their Rearrangements. J. org. Chemistry **28**, 2206 (1963).
32. DOERING, W. v. E., and A. K. HOFFMANN: The Addition of Dichlorocarbene to Olefins. J. Amer. chem. Soc. **76**, 6162 (1954).
33. —, and P. M. LA FLAMME: The cis-Addition of Dibromocarbene and Methylene to cis- and trans-Butene. J. Amer. chem. Soc. **78**, 5447 (1956).
34. —, and L. H. KNOX: The Reaction of Carbalkoxycarbene with Saturated Hydrocarbons. J. Amer. chem. Soc. **78**, 4947 (1956).
35. —, and P. M. LA FLAMME: A two Step Synthesis of Allenes from Olefins. Tetrahedron (London) **2**, 75 (1958).
36. —, and W. A. HENDERSON jr.: Electron-seeking Demands of Dichlorocarbene in its Addition to Olefins. J. Amer. chem. Soc. **80**, 5274 (1958).
37. —, and W. KIRMSE: The Absolute Configuration of Trans-1.2-Dimethylcyclopropane. Tetrahedron (London) **11**, 272 (1960).
38. DUCHESNE, J., and L. BURNELLE: Ground and Excited Electronic States and Molecular Vibrations of some Poliatomic Molecules. J. chem. Physics **21**, 2005 (1953).
39. DUMAS, M. M. J., et E. PÉLIGOT: Mémoire sur l'esprit de Bois et sur les divers composés éthérés qui en proviennent. Ann. Chim. Phys. **58**, 9 (1835).
40. D'YAKONOV, I. A., T. V. NIZOVKINA, and T. A. KORNILOVA: On the Reaction of Dichlorocarbene with Chloroprene. J. allg. Chem. **32**, 664—665 (1962), Engl. Übers. J. Gen. Chem. USSR **32**, 664—665 (1962).
41. —, and L. P. DANILKINA: Reactions of Dichloro- and Carbethoxycarbene with 2-Methylpenten-1-yne-3. J. allg. Chem. **32**, 1008—1009 (1962), Engl. Übers. in J. Gen. Chem. USSR **32**, 994—995 (1962).
42. FARAH, B., and S. HORENSKY: Sym-difluorotetrachloroacetone as a Source of Chlorofluorocarbene. J. org. Chemistry **28**, 2494 (1963).
43. FIELDS, E. K., and J. M. SANDRI: Addition of Dihalocarbenes to Imines. Chem. and Ind. **39**, 1216 (1959).
44. — Insertion of Dichlorocarbene into Aromatic Hydrocarbons. J. Amer. chem. Soc. **84**, 1744 (1962).
45. —, and S. MEYERSON: Preparation and Mass Spectrum of Hexachlorocyclopropane. J. org. Chemistry **28**, 1915 (1963).
46. FRANKEL, M. B., H. FEUER, and J. BANK: The Preparation of N-Disubstituted Formamides. Tetrahedron Letters (London) **1959**, 5.
47. FRANZEN, V., u. L. FIKENTSCHER: Untersuchungen über Carbene. XI. Umsetzung metallorganischer Verbindungen mit Trifluorbromethan und Difluordibrommethan. Chem. Ber. **95**, 1958 (1962).
48. — Untersuchungen über Carbene. XII. Bestimmung der Lebensdauer des Difluorcarbens. Chem. Ber. **95**, 1964 (1962).
48a. FRÖLING, A., and J. F. ARENS: Syntheses with Metalated Thioacetals and Orthothioformates. Recueil Trav. chim. Pays-Bas **81**, 1009 (1962).
49. FUNAKUBO, E., I. MORITANI, S. MURAHASHI, and T. TUJI: The Addition of Carbene to Endomethylene Cyclic Compounds. Tetrahedron Letters (London) **1962**, 539.
50. GASPAR, P. P., and G. S. HAMMOND: The Spin States of Methylenes. (Übersichtsreferat) unveröffentlicht.

51. GEUTHER, A.: Über die Zersetzung des Chloroforms durch alkoholische Kalilösung. Liebigs Ann. Chem. **123**, 121 (1862).
52. GILMAN, H., and D. AOKI: Reactions of Triphenylsilyl-lithium with Haloforms and Methylene Halides. Chem. and Ind. **1960**, 1165.
53. GHOSEZ, L., and P. LAROCHE: Addition of Dichlorocarbene to Norbornylene. Proceedings Chem. Soc. **1963**, 90.
54. GOLDSTEIN, M. J., and S. J. BAUM: Deuterium Isotope Effect in Intramolecular Insertion. J. Amer. chem. Soc. **85**, 1885 (1963).
55. GRANT, F. W., and W. B. CASSIE: Hexachloroacetone as a Source of Dichlorocarbene. J. org. Chemistry **25**, 1433 (1960).
55a. HAMMOND, G. S.: A Correlation of Reaction Rates. J. Amer. chem. Soc. **77**, 334 (1955).
56. HAUSER, C. R., W. G. KOFRON, W. R. DUNNAVANT, and W. F. OWENS: Reactions of Alkali Diphenylmethides, Displacements on Halogen or Hydrogen. J. org. Chemistry **26**, 2627 (1961).
57. HERMANN, M.: Über die bei der technischen Gewinnung des Broms beobachtete flüssige Bromverbindung. Liebigs Ann. Chem. **95**, 211 (1855).
58. HINE, J.: Physical Organic Chemistry. New York-San Francisco-Toronto-London: McGraw Hill Book Inc. 1962.
59. — Carbon Dichloride as an Intermediate in the Basic Hydrolysis of Chloroform. A mechanism for substitution reactions at a saturated carbon atom. J. Amer. chem. Soc. **72**, 2438 (1950).
60. — R. C. PEEK, and B. D. OAKES: The Kinetics of the Basecatalyzed Exchange of Chloroform in Aqueous Solution. J. Amer. chem. Soc. **76**, 827 (1954).
61. —, and A. M. DOWELL: Carbon Dihalides as Intermediates in the Basic Hydrolysis of Haloforms. III. Combination of Carbon Dichloride with Halide Ions. J. Amer. chem. Soc. **76**, 2688 (1954).
62. — — and J. E. SINGLEY: Carbon Dihalides as Intermediates in the Basic Hydrolysis of Haloforms. IV. Relative Reactivities of Haloforms. J. Amer. chem. Soc. **78**, 479 (1956).
63. —, and N. W. BURSKE: The Kinetics of the Base-catalyzed Deuterium Exchange of Dichlorofluoromethane in Aqueous Solution. J. Amer. chem. Soc. **78**, 3337 (1956).
64. —, and K. TANABE: Isopropoxy Fluoromethylene. J. Amer. chem. Soc. **79**, 2654 (1957).
65. —, and J. J. PORTER: Methylene Derivatives in Polar Reactions. VIII. Difluoromethylene in the Reaction of Chlorodifluoromethane with Sodium Methoxide. J. Amer. chem. Soc. **79**, 5493 (1957).
66. —, and P. LANGFORD: Methylene Derivatives as Intermediates in Polar Reactions. IX. The Concerted Mechanism for α-Eliminations of Haloforms. J. Amer. chem. Soc. **79**, 5497 (1957).
67. — R. BUTTERWORTH, and P. B. LANGFORD: The Hydrolysis and Deuterium Exchange of Dibromofluoromethane and Fluorodiiodomethane. J. Amer. chem. Soc. **80**, 819 (1958).
68. —, and S. J. EHRENSON: The Effect of Structure on the Relative Stability of Dihalomethylenes. J. Amer. chem. Soc. **80**, 824 (1958).
69. —, and K. TANABE: Methylene Derivatives as Intermediates in Polar Reactions. XII. Isopropoxy fluoromethylene. J. Amer. chem. Soc. **80**, 3002 (1958).
70. —, and F. P. PROSSER: Methylene Derivatives as Intermediates in Polar Reactions. XIII. The Basis Hydrolysis of Bromochloroiodomethane. J. Amer. chem. Soc. **80**, 4282 (1958).

71. HINE, J., and P. B. LANGFORD: Methylene Derivatives as Intermediates for Polar Reactions. XIV. The Effect of pH on the Rate of Hydrolysis of Chloroform. J. Amer. chem. Soc. **80**, 6010 (1958).
72. —, and D. C. DUFFEY: Methylene Derivatives as Intermediates in Polar Reactions. XV. The Decomposition of Dichlorofluoroacetic Acid. J. Amer. chem. Soc. **81**, 1129 (1959).
73. — Mechanism of the Basic Hydrolysis and the Base-catalysed Chloride Exchange of Chloroform. J. Res. Inst. Catalysis, Hokkaido Univ. **6**, 202 (1959).
74. —, and D. C. DUFFEY: Methylene Derivatives as Intermediates in Polar Reactions. XVI. The Decomposition of Chlorodifluoroacetic Acid. J. Amer. chem. Soc. **81**, 1131 (1959).
75. —, and J. M. VAN DER VEEN: The Mechanism of the Reimer-Tiemann Reaction. J. Amer. chem. Soc. **81**, 6446 (1959).
76. — A. D. KETLEY, and K. TANABE: Methylene Derivatives as Intermediates in Polar Reactions. XIX. The Reaction of Potassium Isopropoxide with $CHCl_3$, $CHBr_3$, and $CHCl_2F$. J. Amer. chem. Soc. **82**, 1398 (1960).
77. — — Methylene Derivatives as Intermediates in Polar Reactions. XX. Reaction of Aqueous and Alcoholic Base with Chlorodifluoromethane and Difluoroiodomethane. J. org. Chemistry **25**, 606 (1960).
78. —, and J. J. PORTER: Methylene Derivatives as Intermediates in Polar Reactions. XXI. A Sulfur-containing Methylene. J. Amer. chem. Soc. **82**, 6118 (1960).
79. — R. J. ROSSCUP, and D. C. DUFFEY: Methylene Derivatives as Intermediates in Polar Reactions. XXII. Formation of the Intermediate Methoxy Chloromethylene in the Reaction of Dichloromethyl Ether with Base. J. Amer. chem. Soc. **82**, 6120 (1960).
80. —, and J. J. PORTER: Methylene Derivatives as Intermediates in Polar Reactions. XXIII. The Formation of Difluoromethylene from Difluoromethyl Phenyl Sulfone and Sodium Methoxide. J. Amer. chem. Soc. **82**, 6178 (1960).
81. —, and J. M. VAN DER VEEN: Methylene Derivatives as Intermediates in Polar Reactions. XXIV. The Reimer-Tiemann Reaction with two p-substituted Phenols. J. org. Chemistry **26**, 1407 (1961).
82. — R. P. BAYER, and G. G. HAMMER: Formation of Bis-(Methylthio)-methylene from methyl ortho thioformate and Potassium Amide. J. Amer. chem. Soc. **84**, 1751 (1962).
83. — N. W. BURSKE, M. HINE, and P. B. LANGFORD: The Relative Rates of Formation of Carbanions by Haloforms. J. Amer. chem. Soc. **79**, 1406 (1957).
84. HOFMANN, K., S. F. OROCHENA, and C. W. YOKO: Unequivocal Syntheses of D,L-cis-9.10-Methyleneoctadecanoic acid (dihydrosterculic acid) and D,L-cis-11.12-Methyleneoctadecanoic acid. J. Amer. chem. Soc. **79**, 3608 (1957).
85. HOFFMANN, R. W., u. H. HÄUSER: Thermische Spaltung von 7,7-Dimethoxybicycloheptadien-2:2:1-Derivaten, ein Weg zum Tetramethoxy-Äthylen. Tetrahedron Letters (London) **4**, 197—201 (1964).
85a. — — Übertragung von Dimethoxy-Carben-Resten aus Tetramethoxy-Äthylen. Tetrahedron Letters (London) **21**, 1365—1367 (1964).
86. HORIUTI, J., and Y. SAKAMOTO: Isotopic Interchange Reaction between Chloroform and Water. Bull. chem. Soc. Japan **11**, 627—628 (1936).
87. —, and M. KATAYAMA: The Mechanism of Decomposition of Chloroform in Aqueous Solution and the Simultaneous Chlorine Exchange between them. J. Res. Inst. Catalysis, Hokkaido Univ. **6**, 57 (1958). [C. A. **53**, 10917 g (1958).]

87a. HUISGEN, R.: Kinetik und Mechanismus 1,3-Dipolarer Cycloadditionen. Angew. Chem. **75**, 742 (1963).
88. IOAN, V., F. BADEA, E. CIORANESCU u. C. D. NENITZESCU: Dichlorcarben beim thermischen Zerfall von Silbertrichloracetat. Angew. Chem. **72**, 416 (1960).
89. JANDER, J., u. H. NAGEL: Lösungen von Trifluormethan in flüssigem Ammoniak. Angew. Chem. **73**, 540 (1961). Versammlungsber. Südwestdt. Chemie-Dozenten-Tagg, München, 24.—27. Mai 1961.
90. KADABA, P. D., and J. O. EDWARDS: Hexachloroacetone as a Novel Source of Dichlorocarbene. J. org. Chemistry **25**, 1431 (1960).
91. KATZ, TH. J., and P. J. GARRATT: The Cyclononatetraenyl Anion. J. Amer. chem. Soc. **85**, 2852 (1963).
92. KHALAFAWI, T. EL., et A. JOHANNIN-GILLES: Spectres d'émission dans l'ultraviolet du tétrachlorure de carbone et du dichlorodifluoromethane. C. R. hebd. Séances Acad. Sci. **242**, 1716 (1956).
92a. KENNEY, H. E., D. KOMANOWSKY, L. L. COOK, and A. N. WRIGLEY: Preparation and Etherification of Fatty Dichlorocyclopropanes. J. Amer. Oil Chemists' Soc. **41** (1), 82—85 (1964).
93. KHARASH, M. S., and H. N. FRIEDLÄNDER: Reactions of Atoms and Free Radicals in Solution. XIX. The Comparative Reactivities of Double Bonds in Cyclic Olefins toward Free Radicals. J. org. Chemistry **14**, 239 (1949).
94. —, and M. SAGE: Reactions of Atoms and Free Radicals in Solution. XXI. The Relative Reactivity of Olefins towards a Free Trichloromethyl Radical. J. org. Chemistry **14**, 537 (1949).
95. — E. SIMON, and W. NUDENBERG: Reactions of Atoms and Free Radicals in Solution. XXIX. The Relative Reactivity of Olefins toward the Free Trichloromethyl Radical. J. org. Chemistry **18**, 328 (1953).
96. KIRMSE, W.: Reactionen mit Carbenen und Iminen als Zwischenstufen. (Übersichtsreferat.) Angew. Chem. **71**, 537 (1959).
97. — Neues über Carbene. (Übersichtsreferat.) Angew. Chem. **73**, 161 (1961).
98. KLOOSTERZIEL, H.: Synthetic applications of carbenes. (Übersichtsreferat.) Chem. Weekbl. **59**, 77—84 (1963).
98a. KNOX, L. H., E. V. VELARDE, S. M. BERGER, and D. H. CUADRIELLO: Reactions of Dihalocarbenes with Unsaturated Steroids. Chem. and Ind. **1962**, 860.
99. — 3α-, 4α- and 5β,6β-Cyclopropano-pregnenes. USP 3, 080,385 (Cl. 260—397.1) Mar. 5,1963. [C. A. **59**, 14086 (1963).]
100. — Cyclopropanopregnenes. USP 3,080,386 (Cl. 260—397.1) Mar. 5, 1963. [C. A. **60**, 626g (1964).]
101. — Cyclopropanoandrostenes. USP 3,080,387 (Cl. 260—397.1) Mar. 5, 1963. [C. A. **60**, 626b (1964).]
101a. KÖBRICH, G., K. FLORY u. W. DRISCHEL: Dichlormethyl-lithium und Trichlormethyl-lithium. Angew. Chem. **76**, 536 (1964).
102. KOFRON, W. G., and C. R. HAUSER: Mechanism of Reaction of Potassium Diphenylmethide with Carbon Tetrachloride. J. org. Chemistry **28**, 577 (1963).
103. — F. B. KIRBY, and C. R. HAUSER: Reactions of Tetrahalomethanes with Potassium tert-butoxide and Potassium Amide. J. org. Chemistry **28**, 873—875 (1963).
104. KRAPCHO, A. P.: Addition of CCl_2 to Diethyl-Methylsodiumalonate. J. org. Chemistry **27**, 2357—2358 (1962).
105. KUO, CH'I-CHEN: Chemistry of Cyanocarbenes. Jua Hsueh T'ung Pao **1962**, 27—34. (Übersichtsreferat.) [C. A. **58**, 12377 (1963).]

106. LAIRD, A. K., E. B. ANDREWS, and A. F. BARROW: The Absorption Spectrum of CF_2. Trans. Faraday Soc. **54**, 803 (1950).
107. LALANCETTE, E. A., and R. E. BENSON: Cyclononatetraenide. An Aromatic 10-π-Electron System. J. Amer. chem. Soc. **85**, 2853 (1963).
108. LANDGREBE, J. A., and R. D. MATHIS: Carbene Insertion into the Carbon Mercury Bond. Formation of Stable Dichlorocarbene Insertion Products which undergo an Unusual Thermal Breakdown. J. Amer. chem. Soc. **86**, 524 (1964).
109. LEDWITH, A., and R. M. BELL: Reaction of Dihalocarbenes with Isoprene. Chem. and Ind. **1959**, 459.
109a. LEMAL, D. M., and E. H. BANITT: Bis-(Alkylthio)-carbenes. Tetrahedron Letters (London) **1964** (5/6), 245—251.
109b. LEUSEN, A. M. VAN, R. J. MULDER, and J. STRATING: Chemistry of α-Diazosulphones. Tetrahedron Letters (London) **1964** (11), 543—546.
110. MAHLER, W.: Double Addition of a Carbene to an Acetylene. J. Amer. chem. Soc. **84**, 4600 (1962).
111. MARGRAVE, J. L., and K. W. WIELAND: Equilibria involving CF(g) and CF_2(g) Radicals at high Temperatures. J. chem. Physics **21**, 2552 (1953).
112. McELVAIN, S. M., and P. L. WEYNA: Cyclopropanone Acetals from Ketene Acetals and Carbene. J. Amer. chem. Soc. **81**, 2579 (1959).
113. MIGINIAC, P.: Les Carbènes. (Übersichtsreferat.) Bull. Soc. chim. France **1962**, 2000.
114. MILLER jr., W. T., and C. S. Y. KIM: Reactions of Alkyllithiums with Polyhalides. J. Amer. chem. Soc. **81**, 5008 (1959).
114a. MILLER, W. T., and D. M. WHALEN: Trichloromethyllithium, an Electrophilic Reagent. J. Amer. chem. Soc. **86**, 2089 (1964).
115. MOORE, W. R., and H. R. WARD: The Formation of Allenes from gem-Dihalocyclopropanes by Reaction with Alkyllithium Reagents. J. org. Chemistry **27**, 4179 (1962).
116. — S. E. KRIKORIAN, and J. E. LA PRADE: Formation of Hexachlorocyclopropane by Addition of Dichlorocarbene to Tetrachloroethylene. J. org. Chemistry **28**, 1404 (1963).
117. — W. R. MOSER, and J. E. LA PRADE: Reactions of Dibromocarbene. Adducts of Bicyclo [2.2.1] heptene and Bicyclo [2.2.1] heptadiene. J. org. Chemistry **28**, 2200 (1963).
118. Moss, R. A.: Improved Production of Phenyl-Chlorocarbene. J. org. Chemistry **27**, 2683 (1962).
119. MOUSSERON, M., M. MOUSSERON-CANET, G. PHILIPPE, et J. WYLDE: Sur l'octaline-9.10 et quelques-uns de ses dérivés. C. R. hebd. Séances Acad. Sci. **256**, 51 (1963).
120. MURRAY, R. W.: The Reaction of CCl_2 with Anthracene. Tetrahedron Letters (London) **1960** (7), 27.
121. NEF, J. U.: Über das zweiwertige Kohlenstoffatom, 1. Abhandlung. Liebigs Ann. Chem. **270**, 267 (1892).
122. — Über das zweiwertige Kohlenstoffatom, 4. Abhandlung. Die Chemie des Methylens. Liebigs Ann. Chem. **298**, 202 (1897).
123. NEFEDOV, O. M., N. N. NOVITSKAYA, and A. S. PETROV: Preparation of Cyclopropanes by Reduction of Adducts of Dihalocarbenes and Olefins. Ber. Akad. Wiss. UdSSR **152** (3), 629 (1963). [C. A. **60**, 1609a (1964).]
123a. — A. A. IVASHENKO, M. N. MANAKOV, V. I. SHIRYAEV, and A. D. PETROV: A new Method of Preparation of Carbenes. Nachr. Akad. Wiss. UdSSR, Abt. Chem. Wiss. **1962**, 367. [C. A. **57**, 11041g (1962).]

123b. NEFEDOV, O. M., M. N. MANAKOV, and A. H. IVASHENKO: Addition of Carbenes to some 1-substituted 1-cyclohexanes. Nachr. Akad. Wiss. UdSSR, Abt. Chem. Wiss. **1962**, 1242. [C. A. **58**, 5528f (1963).]
123c. ODA, R., Y. ITO, and M. OKAMO: Reaction of Ylides with Halocarbenes. Tetrahedron Letters (London) **1964** (1/2), 7—9.
124. ORCHIN, M., and E. C. HERRICK: Reaction of Dichlorocarbene with Conjugated Dienes. J. org. Chemistry **24**, 139 (1959).
125. PARHAM, W. E., and H. E. REIFF: Ring Expansion during the Reaction of Indenylsodium and Chloroform. (The Formation of Naphthalenes from Indenes. I.) J. Amer. chem. Soc. **77**, 1177 (1955).
126. — — and P. SCHWARTZENGRUBER: The Formation of Naphthalenes from Inden. II. J. Amer. chem. Soc. **78**, 1437 (1956).
127. —, and R. R. TWELVES: Formation of Naphthalenes from Indenes. III. Substituted Methanes as Carbene Precursors. J. org. Chemistry **22**, 730 (1957).
128. —, and F. C. LOEW: Formation of Carbenes from alpha-halo-esters. J. org. Chemistry **23**, 1705 (1958).
129. —, and E. E. SCHWEIZER: An Improved Synthesis of Dichlorocarbene from Ethyl Trichloroacetate. J. org. Chemistry **24**, 1733 (1959).
130. — F. C. LOEW, and E. E. SCHWEIZER: Mechanism of Carbene Formation from t-Butyl Dichloroacetate. J. org. Chemistry **24**, 1900 (1959).
131. — D. A. BOLON, and E. E. SCHWEIZER: The Reaction of Halocarbenes with Aromatic Systems. Synthesis of Chlorotropones. J. Amer. chem. Soc. **83**, 603 (1961).
132. —, and R. KONCOS: The Reaction of Dichlorocarbene with 2 H-1-Benzothiopyran and 4 H-1-Benzothiopyran. J. Amer. chem. Soc. **83**, 4034 (1961).
133. —, and L. D. HUESTIS: Reaction of Dichlorocarbene with 2.3-chromene and 3.4-chromene. J. Amer. chem. Soc. **84**, 813 (1962).
134. — R. W. SOEDER, and R. M. DODSON: A Convenient Synthesis of 3.5-Cycloheptadienone. J. Amer. chem. Soc. **84**, 1756 (1962).
135. — G. G. FRITZ, R. W. SOEDER, and R. M. DODSON: The Reaction of Dichlorocarbene. J. org. Chemistry **28**, 577 (1963).
136. PEARSON, T. G., R. H. PURCELL, and G. S. SAIGH: Methylene (Originalarbeit und zugleich Übersichtsreferat.) J. chem. Soc. (London) **1938**, 409.
137. PERROT, A.: Note concernant l'action de la chaleur sur le chlorure de méthyle. Ann. Chim. Phys. 3 **49**, 94 (1857).
138. PETRENKO-KRITSCHENKO, P., u. V. OPOTSKY: Über das Gesetz der Periodizität. I. Mitteilung: Über die Aktivität organischer Haloidverbindungen. Ber. dtsch. chem. Ges. **59**B, 2131 (1926).
139. PLATE, A. F., and O. A. SHEHERBAKOVA: Synthesis of Chloroorganic Insecticides containing the Cyclopropane Ring. Neftekhimiya **3**, (2), 276—279 (1963). [C. A. **59**, 8613e (1963).]
139a. PRILEZHAEVA, E. P., N. P. PETUKHOVA, and M. F. SHOSTAKOVSKII: Reaction of Dichlorcarbene with Vinylsulfides. Ber. Akad. Wiss. UdSSR **144**, 1059 (1962). [C. A. **57**, 13632i (1962).]
140. RABINOWITZ, R., and R. MARCUS: Ylide Intermediate in the Reaction of Triphenylphosphine in Carbon Tetrachloride. J. Amer. chem. Soc. **84**, 1312 (1962).
141. RAMIREZ, F., N. B. DESAI, and N. MCKELVIE: New Syntheses of 1.1-dibromoolefines via phosphinedibromomethylenes. The Reaction of triphenylphosphine with Carbon Tetrabromide. J. Amer. chem. Soc. **84**, 1745 (1962).
142. REES, C. W., and C. E. SMITHEN: Reactions of Dihalocarbenes with some Indoles. Chem. and Ind. (London) **1962**, 1022.

143. REIMLINGER, H.: Reaktionen der Carbene mit Diazo-alkanen. Angew. Chem. **74**, 153 (1962).
144. — Reaktionen der Carbene mit Diazoalkanen. II. Chem. Ber. **97**, 339 (1964).
145. RICE, F. O., and A. L. GLASEBROOK: The Thermal Decomposition of Organic Compounds from the Standpoint of Free Radicals. XI. The Methylene Radical. J. Amer. chem. Soc. **56**, 2381 (1934).
146. ROBINSON, B.: Reaction of Dichloromethylene with 2.3-Dimethylindole and 1.2.3.4-Tetrahydrocarbazole. Tetrahedron Letters (London) **1962**, 139.
147. SAKAMOTO, Y.: Interchange Reaction between Chloroform and Heavy Water. J. chem. Soc. Japan **57**, 1169—1174 (1936). [C. A. **31**, 9314 (1937).]
148. SANDERSON, W. A., and H. S. MOSHER: Stereospecific Rearrangement of Neopentylalcohol-1-d. J. Amer. chem. Soc. **83**, 5033 (1961).
149. SAUNDERS, M., and R. W. MURRAY: The Reaction of Dichlorocarbene with Secondary Amines. Tetrahedron (London) **6**, 88 (1959).
150. — — The Reaction of Dichlorocarbene with Amines. Tetrahedron (London) (London) **11**, 1 (1960).
151. SCHAMP, N.: Carbene. (Übersichtsreferat.) Meded. vlaamsche chem. Vereen. **24**, 65—91 (1962).
153. SCHÖLLKOPF, U., u. A. LERCH: Phenoxy-carben. Angew. Chem. **73**, 27 (1961).
154. — — W. PITTEROFF u. G. L. LEHMANN: Einige Synthesen mit Phenoxy- Methoxy- und Phenylmercapto-carben. Angew. Chem. **73**, 765 (1961) Versammlungsber. der GdCh-Hauptversammlg Aachen, 18.—23. Sept. 1961.
155. SCHÖLLKOPF, U., u. P. HILBERT: Dichlorcarben aus Trichlormethansulfinsäuremethylester und Trichlormethan-sulfonylchlorid. Angew. Chem. **74**, 431 (1962).
156. —, u. G. J. LEHMANN: Phenylmercaptocyclopropane aus Phenylmercaptocarben und Olefinen. Tetrahedron Letters (London) **1962**, 165.
157. — A. LERCH, and W. PITTEROFF: Phenoxy-, Methoxy-, Butoxy- und Isopropoxy-carben. Tetrahedron Letters (London) **1962**, 241.
158. —, u. H. KÜPPERS: Phenylselen-cyclopropane aus Phenylselen-carben und Olefinen. Tetrahedron Letters (London) **1963**, 105.
159. —, u. J. PAUST: Einfache Synthese von Alkoxycyclopropanen. Angew. Chem. **75**, 670 (1963).
160. —, u. E. WISKOTT: Bismethylmercapto-carben (Kohlenmonoxyd-methyl mercaptal) aus Bis-methylmercapto-diazomethan. Angew. Chem. **75**, 725 (1963).
161. — A. LERCH u. J. PAUST: α-Eliminierungen bei alkalimetallorganischen Verbindungen. II. Synthese von Phenoxycyclopropanen aus Phenoxycarben und Olefinen. Ber. dtsch. chem. Ges. **96**, 2266 (1963).
162. —, u. W. PITTEROFF: α-Eliminierungen bei alkalimetallorganischen Verbindungen. III. Alkoxycyclopropane aus Alkoxycarbenen und Olefinen. (Manuskript.)
163. SCHRÖDER, G.: Synthese und Eigenschaften von Tricyclo-3.3.2.0.4.6. deca-2.7.9-trien (Bullvalen). Angew. Chem. **75**, 722 (1963).
164. SCHWEIZER, E. E., and W. E. PARHAM: Oxepines. I. Preparation of 2.3-Dihydroöxepine and 2.3-Dihydroöxepine. J. Amer. chem. Soc. **82**, 4085 (1960).
165. SEMELUK, G. P., and R. B. BERNSTEIN: The Thermal Decomposition of Chloroform. I. Produkts. J. Amer. chem. Soc. **76**, 3793 (1954).
166. — — The Thermal Decomposition of Chloroform. II. Kinetics. J. Amer. chem. Soc. **79**, 46 (1957).

167. SEYFERTH, D., S. O. GRIM, and T. O. READ: A New Preparation of Triphenylphosphinemetylenes by the Reaction of Carbenes with Triphenylphosphine. J. Amer. chem. Soc. **82**, 1510 (1960).
168. — J. M. BURLITCH, and J. K. HEEREN: A New Preparation of Dihalocarbenes by an Organometallic Route. J. org. Chemistry **27**, 1491 (1962).
169. — — Concerning the Mechanism of Formation of Phenyl-(trihalomethyl)-mercurials. J. Amer. chem. Soc. **84**, 1757 (1962).
170. — R. J. MINASZ, A. J.-H. TREIBER, M. M. BURLITCH, and S. R. DOWD: The Reaction of Phenyl-(trihalomethyl)-mercurials with Olefins of Low Reactivity toward Dihalocarbenes. J. org. Chemistry **28**, 1163 (1963).
171. —, and J. M. BURLITCH: The Preparation of Dihalomethyl Derivatives of Carbon, Silicon, and Germanium by the Action of Phenyl-(trihalomethyl)-mercurials on C—H, Si—H, and Ge—H Linkages. J. Amer. chem. Soc. **85**, 2667 (1963).
172. SIMONS, J. P., and A. J. YARWOOD: Photochemical Formation and Stability of the CF_2 Radical. Nature **187**, 316 (1960).
173. — — Decomposition of Hot Radicals. I. Production of CCl and CBr from Halogen Substituted Methyl Radicals. Trans Faraday Soc. **57**, 2167—2175 (1961).
174. SHEN, T. Y., S. LUCAS, and L. H. SARETT: Chlorodifluoromethane as a Difluoromethylating Agent. Tetrahedron Letters (London) **1961**, (2), 43.
175. SHINGAKI, T., and M. TAKEBAYASHI: Reaction of Dichlorocarbene and Primary Amines. Preparation of Aromatic Isocyamides. Bull. chem. Soc. Japan **36**, 617 (1963).
176. SKATTEBØL, L.: The Synthesis of Allenes from 1.1-Dihalocyclopropane Derivatives and Alkyllithium. Acta chem. scand. **17**, 1683 (1963).
177. SKELL, P. S., and A. Y. GARNER: The Stereochemistry of Carbene-Olefin Reactions. Reactions of Dibromocarbene with cis- and trans-2-butenes. J. Amer. chem. Soc. **78**, 3409 (1956).
178. —, and R. C. WOODWORTH: Structure of Carbene. J. Amer. chem. Soc. **78**, 4496 (1956).
179. —, and A. Y. GARNER: Reactions of Bivalent Carbon Compounds. Reactivities in Olefin-Dibromocarbene Reactions. J. Amer. chem. Soc. **78**, 5430 (1956).
180. —, and S. R. SANDLER: Reactions of 1.1-Dihalocyclopropanes with Electrophilic Reagents. Synthetic Route for Inserting a C-Atom between the Atoms of a Double Bond. J. Amer. chem. Soc. **80**, 2024 (1958).
181. SPEZIALE, A. J., G. J. MARCO, and K. W. RATTS: A Novel Synthesis of 1.1-Dihaloolefins. J. Amer. chem. Soc. **82**, 1260 (1960).
182. STAUDINGER, H., u. O. KUPFER: Über Reaktionen des Methylens. III. Diazomethan. Ber. dtsch. chem. Ges. **45**, 501 (1912).
183. STREITWIESER, A.: Solvolytic Displacement Reactions. New York-San Francisco-Toronto-London: McGraw Hill Book Inc. 1962.
183a. — Molecular Orbital Theory for Organic Chemistry. New York and London: John Wiley & Sons. Inc. 1961.
184. SYONO, T., and R. ODA: On the Reaction of Buta-1.3-Diene homologues with Dichlorocarbene. J. chem. Soc. Japan (Pure Chemistry Section) **80**, 1200 (1959). Englische Zusammenfassung, A. 94.
185. TER BORG, A. P., and A. F. BICKEL: A New Synthesis of Benzocyclobutene. Proc. Chem. Soc. 283 (1958).
186. — — The Chemistry of Cycloheptatriene I Synthesis of Benzocyclobutene. Recueil Trav. chim. Pays-Bas **80**, 1217 (1961).

187. THOMPSON, J. E.: Reactions of Dichlorocarbene with certain substituted Styrenes and a Study of the Chemistry and the Ultraviolet Absorption Spectra of Related Cyclopropylbenzenes. Dissertation, Univ. Missouri, Columbia 1962.
188. TOBEY, S. W., and R. WEST: Tetrachlorocyclopropene and Hexachlorocyclopropane. Tetrahedron Letters (London) **1963** (18) 1179—1182.
189. — — Hexachlorocyclopropane. J. Amer. chem. Soc. **86**, 56 (1964).
190. VENKATESVARLU, P.: On the Emission Bands of CF_2. Physic. Rev. **77**, 676 (1950).
191. VERZELE, M., and H. SION: Note on the Reimer-Tiemann Aldehyde Sinthesis. Bull. Soc. chim. belges **65**, 627 (1956).
192. VIEHE, H. G., u. P. VALANGE: Kondensationsreaktionen mit Haloformcarbanionen in flüssigem Ammoniak. I. Chem. Ber. **96**, 420 (1963).
193. — — Die Kondensation mit Haloformcarbanionen in flüssigem Ammoniak als katalytische Reaktion. II. Chem. Ber. **96**, 426 (1963).
194. VOGEL, E.: Kleine Kohlenstoffringe. (Übersichtsreferat.) Angew. Chem. **72**, 4 (1960).
195. — Addition von Carbenen an Cyclo-octatetraen. Angew. Chem. **73**, 548 (1961). Versammlungsber. Südwestdtsch. Chemie-Dozententagg München, 24.—27. Mai 1961.
195a. —, u. H. D. ROTH: Synthese eines Cyclodecaptentaens. Angew. Chem. **76**, 145 (1964).
196. WAGNER, W. M.: New Syntheses of Dichlorocarbene. Proc. chem. Soc. **1959**, 229.
197. — H. KLOOSTERZIEL, and S. VAN DER VEN: The Thermal Decarboxylation of Alkali Trichloroacetates in Aprotic Solvents. II. Decarboxylation in the Presence of Olefins. Recueil Trav. chim. Pays-Bas **80**, 740 (1961).
198. — — and A. F. BICKEL: The Thermal Decarboxylation of Alkali Trichloroacetates in Aptoric Solvents. III. Decarboxylation in the Presence of Perchloro Compounds. Recueil Trav. chim. Pays-Bas **81**, 925 (1962).
199. — — — Thermal Decarboxylation of Alkali Trichloroacetates in Aprotic Solvents. IV. Decarboxylation in the Presence of Perchloro Compounds. Recueil Trav. chim. Pays-Bas **81**, 933 (1962).
200. — S. VAN DER VEN, and A. F. BICKEL: The Thermal Decarboxylation of Alkali Trichloroacetates in Aprotic Solvents. V. The Decarboxylation and its Catalytic Effect on the Decomposition of Trichloroacetic Anhydride. Recueil Trav. chim. Pays-Bas **81**, 947 (1962).
201. WALTER, W., u. G. MAERTEN: Darstellung N,N-disubstituierter Thioformanide über Dichlorcarben. Angew. Chem. **73**, 755 (1961).
202. WANZLICK, H. W., u. E. SCHIKORA: Ein neuer Zugang zur Carbenchemie. Angew. Chem. **72**, 494 (1960).
203. —, u. H. J. KLEINER: Nucleophile Carben-Chemie. Darstellung des Bis-[1,3-diphenyl-imidazolidinyliden-(2)]. Angew. Chem. **73**, 493 (1961).
204. — Nucleophile Carben-Chemie. (Übersichtsreferat.) Angew. Chem. **74**, 129 (1962).
205. — F. ESSER u. H. J. KLEINER: Nucleophile Carbenchemie. III. Neue Verbindungen vom Typ des Bis-[1,3-diphenylimidazolidinylidens-(2)]. Chem. Ber. **96**, 1208 (1963).
206. —, u. H. J. KLEINER: Energiearme „Carbene". Angew. Chem. **75**, 1204 (1963).
206a. — — Nucleophile Carbenchemie. IV. Reaktionen des Bis-[1,3-diphenylimidazolidinylidens-(2)] mit einigen Carbonylverbindungen. Chem. Ber. **96**, 3024 (1963).

B. Jerosch Herold und P. P. Gaspar

206b. WANZLICK, H., H. AHRENS, B. KÖNIG u. M. RICCIUS: Neue Reaktionen des Bis-[1,3-diphenylimidazolidinylidens-(2)]. Angew. Chem. **75**, 685 (1963).
207. WAWZONEK, S., and R. C. DUTY: Polarographic Studies in Acetonitrile and Dimethylformamide. VI. The Formation of Dihalocarbenes. J. electrochem. Soc. **108**, 1135 (1961).
208. WINBERG, H. E.: Synthesis of Cycloheptatriene. J. org. Chemistry **24**, 264 (1959).
209. WITTIG, G., u. M. SCHLOSSER: Triphenylphosphin-chlormethylen. Angew. Chem. **72**, 324 (1960).
210. —, u. F. WINGLER: (unveröffentlicht). Diss. F. WINGLER, Heidelberg 1963.
211. —, u. W. BÖLL: Über Phosphinalkylene als olefinbildende Reagentien. VII. Über Zersetzungsreaktionen des Triphenylphosphinbutoxy-methylens und analoger Verbindungen. Chem. Ber. **95**, 2526 (1962).
212. WOODWORTH, R. C.: The Stereo Chemistry of some Radical and Carbene Additions to the 2-butenes. Dissertation Abstracts **17**, 1201 (1957).
213. —, and P. S. SKELL: Reactions of Bivalent Carbon Species. Addition of Dihalogenocarbenes to Buta-1:3-diene. J. Amer. chem. Soc. **79**, 2542 (1957).
214. WYNBERG, H.: Some Observations on the Mechanism of the Reimer-Tiemann Reaction. J. Amer. chem. Soc. **76**, 4998 (1954).
215. — The Reimer Tiemann Reaction. Chem. Rev. **60**, 169 (1960). (Übersichtsreferat.)
216. ZIEGLER, K., u. H. G. GELLERT: Addition von Lithium-alkylen an Äthylen. Liebigs Ann. Chem. **567**, 195 (1950).

Fortschr. chem. Forsch. 5, 147—211 (1965)

Formation of Heterocylic Nitrogen Containing Thioxo Compounds with Thiosemicarbazides

Dr. J. F. Willems

Chemical Research Department Gevaert-Agfa N.V. Mortsel (Antwerp), Belgium

Contents
    Page

I. Formation of 5-Ring-heterocyclic nitrogen containing thioxo compounds 149

A. Formation of 1,2,4-triazoline-3-thiones and Δ^4-1,3,4-thiadiazoline-2-thiones 149
1. Ring closure of acylthiosemicarbazides 149
2. Ring closure of thiosemicarbazides with carboxylic acids derivatives . . . 158
3. Ring closure of thiosemicarbazones 162
4. Ring closure of thiocarbohydrazides 163
5. Ring closure of 2-(1-thiosemicarbazido)-nitrogen containing heterocyclic rings 165
6. Ring closure of 1-thiocarbamoylthiosemicarbazides 167
7. Ring closure of 4-thiocarbamoylthiosemicarbazides 172
8. Ring closure of 1-amidinothiosemicarbazides 174
9. Ring closure of 4-thiocarbamoylaminoguanidines 175
10. Ring closure of thiosemicarbazides with carbondisulfide or thiophosgene . 176
11. Ring closure of 1-carbamoylthiosemicarbazides 177
12. Ring closure of 1-(resp. 4-)ethoxycarbonyl(carboxy)thiosemicarbazides . 180
13. Ring closure of thiosemicarbazides with dialkyl carbonates 180
14. Ring closure of thiosemicarbazides with phosgene 182

B. Formation of tetrazoline-5-thiones 183
1. Ring closure of thiosemicarbazides with nitrous acid 183

II. Formation of 6-Ring-heterocyclic nitrogen containing thioxo compounds 184

A. Ring closure of thiosemicarbazides with α,β-dicarbonyl compounds and formation of 2,3-dihydro-1,2,4-triazine-3-thiones 184

B. Formation of tetrahydro-1,2,4-triazine-3-thiones 187
1. α,β-keto alcoholes and thiosemicarbazides 187
2. Ring closure of 1-o-nitro(resp. o-amino)phenylthiosemicarbazides 188

C. Ring closure of thiosemicarbazides with α-keto carboxylic acid derivatives and formation of 2,3,4,5-tetrahydro-1,2,4-triazin-5-one-3-thiones . . 189

D. Ring closure of 1-α-carboxyalkyl derivatives of thiosemicarbazides and formation of perhydro-1,2,4-triazin-5-one-3-thiones 195
1. 1-(α-cyanoalkyl)thiosemicarbazides 196
2. 1-(α-alkoxycarbonylalkyl)thiosemicarbazides 196

E. Ring closure of 4-α-(carboxyalkyl)derivatives of thiosemicarbazides and formation of perhydro-1,2,4-triazin-6-one-3-thiones 197

	Page
III. Formation of 7-Ring-heterocyclic nitrogen containing thioxo compounds	199
A. Ring closure of thiosemicarbazides with β-keto esters and formation of 3,4,5,6-tetrahydro-2H-1,2,4-triazepin-5-one-3-thiones	199
B. Ring closure of thiosemicarbazides with malonic acid dichlorides and formation of perhydro-1,2,4-triazepine-5,7-dione-3-thiones	199
References	200

Introduction

The increasing interest devoted to the heterocyclic thioxo compounds having one or more nitrogen atoms in the hetero ring has incited us to discuss critically the various synthesis methods for these useful compounds. A first monography (*220*) has given an outline of the preparation methods for the heterocyclic thioxo compounds by means of carbon disulfide and bifunctional compounds. In this monography, we are dealing with the different cyclization reactions to which thiosemicarbazides and their derivatives take part and wherein heterocyclic thioxo compounds, having the group —N—N—C— in the hetero ring, are formed.
$$\underset{\underset{\text{S}}{\|}}{}$$

The chemistry of the cyclization reactions of thiosemicarbazides is not only very extensive, but also very confused, unprecise and in some cases based on wrong interpretations. It is an object of this monography to give an interpretation of the cyclization reactions with thiosemicarbazides in the light of the present knowledge and to bring them together in some well defined schemes. These schemes will allow to make a comparison between the old literature data about the cyclization reactions with the more recent synthesis methods, accompanied with motivated structure determination.

In addition to the direct cyclization reactions with thiosemicarbazides and substituted thiosemicarbazides, we are also dealing with such reactions wherein thiosemicarbazides or derivatives of thiosemicarbazides, such as thiocarbamoylthiosemicarbazides, carbamoylthiosemicarbazides, amidinothiosemicarbazides and the like, are formed as intermediate products. Only the cyclization reactions in which the thioxo group is preserved are concerned in the present outline. The tendency is still to discuss critically every method with their special characteristics with the most possible details.

Each cyclization reaction is accompanied with tables indicating the products obtained in accordance with the methods dealt with. Although attempts are made so that these tables are as complete as possible, the main purpose of our outline, which covers the literature until about 1963—1964, is to point out the important value of the thiosemicarbazides as starting products for the synthesis of heterocyclic thioxo compounds.

Since several I.R., U.V. and other spectrophotometric studies have indicated that the heterocyclic thioxo compounds exist in the thione form rather than in the tautomeric thiol form, all formulae have been written accordingly.

As regards the oxo (resp. hydroxy) and the imino (resp. amino) substituted thioxo compounds, the formulae are also written in the oxo or imino form, although these compounds can exist also in their hydroxy- or their amino form. The nomenclature follows also this way of representation, and the rules of the "Ring Index".

I. Formation of 5-Ring-heterocyclic nitrogen containing thioxo compounds

A. Formation of 1,2,4-triazoline-3-thiones and Δ^4-1.3,4-thiadiazoline-2-thiones

1. Ring closure of acylthiosemicarbazides (scheme 1)

The cyclization of acylthiosemicarbazides (IIIa, b) is one of the most important methods to obtain 1,2,4-triazoline-3-thiones (IVa, b, c). The literature gives very numerous data about the reaction conditions of the cyclization, but it is only after the second world war that precise conditions were published for obtaining pure 1,2,4-triazoline-3-thiones. The cyclization of acylthiosemicarbazides (IIIa, b) may proceed in two directions; 2-imino-Δ^4-1,3,4-thiadiazolines (V) as well as 1,2,4-triazoline-3-thiones (IVa, b, c) may be formed. In the first publications about these cyclizations (usually performed by dehydration either by heating or under the influence of acid chlorides), both isomers are described.

a) Preparation of acylthiosemicarbazides

The acylthiosemicarbazides (IIIa, b), used in these cyclization reactions are usually obtained by reaction of an acid chloride (IIa) with the required thiosemicarbazide (Ia, b) (method A, see Table 1). Carboxylic acid anhydrides (method B) and free carboxylic acids (method C) may be also employed as acylating agents. However, the behaviour of these latter acylating agents is sometimes anomalous and, therefore, these cyclizations will be further discussed separately. Acylthiosemicarbazides (IIIa, b) may be also prepared by reacting acylhydrazines (VI) with isothiocyanates (VII) (method L) (*58, 106, 126, 177, 180, 194, 226*), acyl isothiocyanates (VIIIb) with hydrazines (XII) (*125, 204, 205, 225*) or acyldithiocarbamic acid esters (X) with hydrazines (XII) (*217*) (method O) (see scheme 1).

Scheme 1

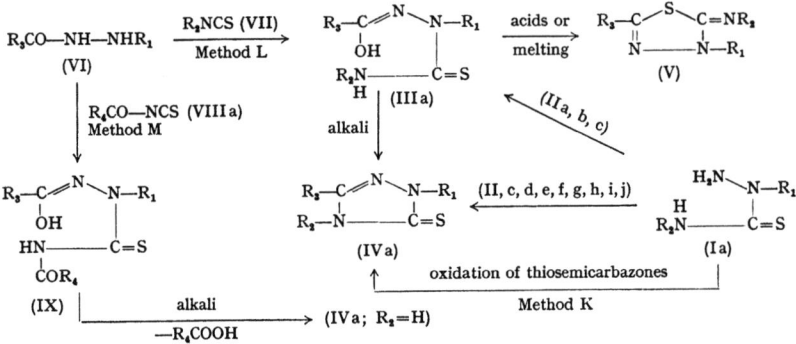

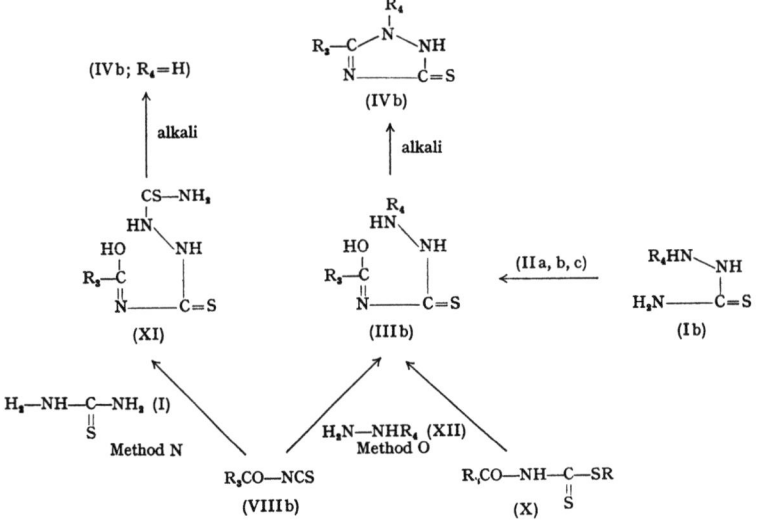

Method	II	X	Y	Method	II	X	Y
A	IIa	O	Cl	F	IIf	NR	OR
B	IIb	O	OOCR$_3$	G	IIg	NR	Cl
C	IIc	O	OH	H	IIh	$\oplus$N<	SCH$_3$
D	IId	O	OR	I	IIi	(OR)$_2$	OR
E	IIe	O	NH$_2$	J	IIj	O	CH$_2$COR

b) Cyclization

α) *In acid chlorides or by melting.* When heating 1-benzoyl-4-phenyl-thiosemicarbazides with benzoyl chloride, PULVERMACHER (*181*) has observed the formation of an alkali soluble product, having the structure of the 4,5-diphenyl-1,2,4-triazoline-3-thione. However, similar dehydrations of the 1-formyl- or the 1-acetyl derivatives of 4-phenylthiosemicarbazide, of 4-methylthiosemicarbazide and of 4-allylthiosemicarbazide, carried out in acetyl chloride, resulted only in the formation of 2-imino-Δ^4-1,3,4-thiadiazoline derivatives (V). These results were confirmed later by MARCKWALD and BOTT (*158*), YOUNG and OATES (*228*), FROMM (*88*), DUBENKO and his collaborators (*54*). The melting of the formyl-, acetyl- or aroyl derivatives of thiosemicarbazides and substituted thiosemicarbazides leads, however, to the formation of 1,2,4-triazoline-3-thiones (*58, 72, 137, 185, 217, 219, 226, 228*). It is readily understood that such cyclizations give not always pure products (*58, 126*).

β) *In alkalis.* GIRARD (*98*) and later still other investigators (*5, 126, 204, 222, 226*) have shown that the dehydration of acylthiosemicarbazides may be carried out in two directions, so that either 2-imino-Δ^4-1,3,4-thiadiazolines (V) or 1,2,4-triazoline-3-thiones (IVa, b) are formed. If it is desired to obtain only (V), it is merely sufficient to carry out the cyclization in acid medium. On the contrary, in alkaline medium, only 1,2,4-triazoline-3-thiones are formed. This observation has initiated many preparative studies about the 1,2,4-triazoline-3-thiones. The exploration of this important ring system runs parallely with the correct selection of the cyclization conditions. As basic condensing agents, sodium alcoholates are generally recommended (*162*), but the alkali hydroxides and the alkali carbonates are also promoting the cyclization into 1,2,4-triazoline-3-thiones. With hardly soluble acylthiosemicarbazides, organic bases such as pyridine and piperidine may be used (*126*). It may be asked whether the first cyclization step is not the formation of a 2-imino-Δ^4-1,3,4-thiadiazoline, which afterwards is isomerized into the corresponding 1,2,4-triazoline-3-thione under the influence of the alkali. Such rearrangements often occur in similar heterocyclic systems (*220b*). However, in the normal ring closure conditions, the transformation of the 2-methylimino derivative and the 2-imino derivative of (V; $R_1=R_3=H$) is not observed (*98, 104*). However, both compounds may be converted into the corresponding 1,2,4-triazoline-3-thiones in very drastic conditions (in an alcoholic methylamine solution under pressure at 150—160° C) (*104*). This occurs also with the 2-benzylimino-5R-Δ^4-1,3,4-thiadiazolines (V; $R_1=H$; $R_2=CH_2C_6H_5$; $R_3=$ alkyl) which may be transformed into the corresponding 1,2,4-triazoline-3-thiones by boiling in strong sodium hydroxide solutions. Such transformations are indicated in Table 1 under method P.

Table 1. *Formation of 1,2,4-triazoline-3-thiones*

$$\begin{array}{c} R_3-C\overset{N}{\diagdown}N-R_1 \\ R_2-N\underline{\quad\quad}C=S \end{array}$$

Methods. A: thiosemicarbazides and carboxylic acid chlorides. B: thiosemicarbazides and carboxylic acid anhydrides. C: thiosemicarbazides and carboxylic acids. D: thiosemicarbazides and carboxylic acid esters. E: thiosemicarbazides and carboxylic acid amides. F: thiosemicarbazides and imino ethers. G: thiosemicarbazides and chlorbenzanilides. H: thiosemicarbazides and α-alkylthiobenzylidene ammonium salts. I: thiosemicarbazides and ortho esters. J: thiosemicarbazides and β-keto esters. J bis: thiosemicarbazides and β-diketones. K: thiosemicarbazides and aldehydes followed by oxydation of the thiosemicarbazones. L: Carboxylic hydrazides and isothiocyanates. M: Carboxylic hydrazides and acyl isothiocyanates. N: Thiosemicarbazides and acyl isothiocyanates. O: Hydrazines and acyl isothiocyanates or acyldithiocarbamic acid esters. P: Rearrangement of 2-imino-Δ^4-1,3,4-thiadiazolines in alkali.

If the "Method-Capital letter" is accompanied by an arabic figure (and sometimes a letter), those figures refer to the method used to perform the ring closure of the intermediates.

1: Ringclosure in carboxylic acid chlorides. 2: Ringclosure by heating. 3: Ringclosure in alkali. a: alkali alcoholates, alkali hydroxides u. s. w. b: hydrazines. c: arylamines.

R_1	R_2	R_3	Mp °C	Method	References
H	H	H	215—6	C, 2	(72)
				C, 3, a	(15)
				E	(15, 106)
				I	(134)
				P	(104)
H	CH_3	H	168	C, 2	(72)
				C, 3, a	(137)
				B, 2	(216)
			169	P	(104)
H	C_2H_5	H	96—7	C, 2	(72)
H	$CH_2=CHCH_2$	H	111	C, 2	(72)
H	H	CH_3	282—3	A, 3, a	(98, 131)
			260—1	C, 2	(72)
			263	C, 3, a	(15)
			263—4	I	(5)
			274—6	F, 3, a	(183)
			258—60	A, 3, b	(190)
H	H	C_2H_5	248—51	B, 3, a	(222)
			247	C, 3, a	(15)
H	H	n-C_3H_7	208—210	B, 3, a	(222)
CH_3	H	H	181	C	(137)
H	H	CH_3OCH_2	185—7	A, 3, a	(131)
H	H	$C_2H_5OCH_2$	130—1	A, 3, a	(131)
H	H	$C_6H_5OCH_2$	224—5	A, 3, a	(131)
H	H	![o-C6H4(CO)2N-R4-]			
		$R_4=CH_2$	293—4	A, 3, a	(4)
		$(CH_2)_2$	295—7	A, 3, a	(3)
		$CH(CH_3)$	289—90	A, 3, a	(3)
		$(CH_2)_3$	235—7	A, 3, a	(4)
		$CH_2CH(CH_3)$	247—8	A, 3, a	(4)
		$CH(CH_3)CH_2$	285—6	A, 3, a	(4)

Table 1 (continued)

R_1	R_2	R_3	Mp °C	Method	References
H	H	$H_2N(CH_2)_2$	296—8	A, 3, a	(3)
		$HClH_2N(CH_2)_2$	270	A, 3, a	(3)
H	H	$C_6H_5CH_2$	220	O, 3, a	(203)
			222	M, 3, a	(204)
				A, 3, a	(206)
H	CH_3	CH_3	214	B, 2	(216)
			210	B, 3, a	(55)
			206—7	C, 2; C, 3, a	(137)
H	C_2H_5	CH_3	139	B, 3, a	(55, 216)
			135—7	C, 2; C, 3, a	(137)
H	$CH_2=CHCH_2$	CH_3		B, 2	(216)
CH_3	H	CH_3	165	B, 2	(137)
			167	B, 3, a	
			173—4	J; J bis	(153)
CH_3	H	C_2H_5	86	B, 2	(137)
			88	B, 3, a	(137)
CH_3	CH_3	H	93	C	(137)
H	CH_3	$C_6H_5CH_2$	155	D	(177)
H	$C_6H_5CH_2$	H	121—2	C, 3, a; P	(184)
H	$C_6H_5CH_2$	CH_3	158—60	C, 3, a; P	(189)
H	$C_6H_5CH_2$	C_2H_5	128	P	(189)
H	$C_6H_5CH_2$	C_3H_7	129—30	P	(189)
H	$C_6H_5CH_2$	i-C_3H_9	153—4	P	(189)
$C_6H_5CH_2$	H	CH_3	142—3	A, 3, a; J	(152)
H	CH_3	α-$C_{10}H_7CH_2$	216	D	(177)
CH_3	CH_3	CH_3	82	C	(137)
CH_3	CH_3	C_2H_5	93	C	(137)
H	H	C_6H_5	256	A, 3, a	(126)
			239—41	A, 3, a	(171)
			259	A, 3, b	(224)
			256—7	M, 3, b	(127)
			254—6	M, 3, a	(167, 204, 205)
			256	N, 3, b	(125, 128)
			256—7	O, 3, a	(203)
			254	H	(174)
				K	(80)
H	C_6H_5	H	168—170	D	(177, 230)
			168—169	E	(177)
C_6H_5	H	H	178	C, 2	(185)
H	H	p-$CH_3C_6H_4$	268—70	A, 3, b	(224)
H	H	p-ClC_6H_4	296—7	A, 3, b or L, 3, b	(125, 128)
			296—8	A, 3, a or L, 3, a	(126)
H	p-ClC_6H_4	H	214	D	(177)
H	H	p-$CH_3OC_6H_4$	255	A, 3, b or L, 2, b	(128)
			257	A, 3, a or A, 3, b	(126)
			257	L, 3, b	(125)
			259—61	F, 3, a	(183)
			251	A, 3, a	(162)
H	H	p-$C_2H_5OC_6H_4$	258	A, 3, a	(162)
H	H	p-n-$C_3H_7OC_6H_4$	260	A, 3, a	(162)
H	H	p-i-$C_3H_7OC_6H_4$	244	A, 3, a	(162)
H	H	p-n-$C_4H_9OC_6H_4$	235	A, 3, a	(162)
H	H	p-i-$C_4H_9OC_6H_4$	249	A, 3, a	(162)
H	H	p-n-$C_5H_{11}OC_6H_4$	246	A, 3, a	(162)

Table 1 (continued)

R_1	R_2	R_3	Mp °C	Method	References
H	H	p-i-$C_5H_{11}OC_6H_4$	256	A, 3, a	(162)
H	p-$C_2H_5OC_6H_4$	H	185	D	(177)
H	H	p-$NH_2C_6H_4$	258—258,5	A, 3, b	(224)
H	CH_3	C_6H_5	166	A, 1; A, 2	(126, 228)
				A, 3, a	(126)
				A, 3, b or L, 3, b	(128)
H	C_6H_5	CH_3	220	B, 3, a	(55, 216)
			220	D	(177)
			197—242	D	(230)
			220—2	F	(177)
			220	I	(184)
H	C_6H_5	C_2H_5	180	I	(184)
CH_3	H	C_6H_5	265—7	J	(153)
CH_3	H	p-$CH_3C_6H_5$	255—6	A, 3, a; J	(152)
C_6H_5	H	CH_3	185—7	J; J bis	(153)
C_6H_5	H	C_6H_5	248—9	M, 3, a	(217)
H	C_6H_5	C_6H_5	282	A; A, 3, a	(126, 172)
			280	A, 3, b or L, 3, b	(128)
			287	A, 3, a	(88)
			281	A, 1	(158, 181)
			287	A, 3, c	(57)
			279—80	D	(177)
C_6H_5	CH_3	CH_3	70—80	B, 3, a	(55)
C_6H_5	C_6H_5	CH_3	134	J	(153)
CH_3	C_6H_5	CH_3	70	J	(153)
C_6H_5	C_6H_5	C_6H_5	190	G	(35)
			189—90	K	(26, 35, 227)
H	C_6H_5	$C_6H_5CH_2$	199—200	D	(77)
H	C_6H_5	n-C_3H_7	166	D	(177)
H	C_6H_5	$CH_2N(C_2H_5)_2$	168—9	D; L, a	(177)
H	C_6H_5	$CH_2N(CH_2)_5$	188	D	(177)
H	C_6H_5	$CH_2N\begin{smallmatrix}CHCH_2\\CHCH_2\end{smallmatrix}O$	186	D	(177)
H	p-$CH_3C_6H_4$	C_6H_5	224—5	A, 3, a; A, 3, c	(57, 80)
H	p-$CH_3C_6H_4$	p-$CH_3C_6H_4$	223—5	A, 3, c	(57)
H	p-ClC_6H_4	$CH_2N(C_2H_5)_2$	148	D	(177)
H	p-ClC_6H_4	$CH_2N(CH_2)_5$	182	D	(177)
H	p-ClC_6H_4	$CH_2N\begin{smallmatrix}CH_2CH_2\\CH_2CH_2\end{smallmatrix}O$	180	D	(177)
H	$CH_2=CHCH_2$	p-ClC_6H_4	166—7	L, 3, a	(194)
H	n-C_3H_7	p-ClC_6H_4	160—2	L, 3, a	(194)
H	i-C_3H_7	p-ClC_6H_4	233—4	L, 3, a	(194)
H	$CH_2=CHCH_2$	β-pyridyl	173—5	L, 3, a	(194)
H	n-C_3H_7	β-pyridyl	174	L, 3, a	(194)
H	n-C_4H_9	β-pyridyl	152—5	L, 3, a	(194)
H	C_6H_5	β-pyridyl	218—9	L, 3, a	(194)
H	p-$C_2H_5OC_6H_4$	β-pyridyl	238—40	L, 3, a	(180)
H	n-C_4H_9	p-ClC_6H_4	122	L, 3, a	(194)
H	C_6H_5	p-ClC_6H_4	258—60	L, 3, a	(194)
H	$CH_2=CHCH_2$	m-ClC_6H_4	122—3	L, 3, a	(194)
H	n-C_3H_7	m-ClC_6H_4	88—9	L, 3, a	(194)
H	i-C_3H_7	m-ClC_6H_4	193—4	L, 3, a	(194)

Table 1 (continued)

R_1	R_2	R_3	Mp °C	Method	References
H	n-C_4H_9	m-ClC_6H_4	106—7	L, 3, a	(194)
H	C_6H_5	m-ClC_6H_4	186—8	L, 3, a	(194)
H	CH_2=CHCH_2	2,4-$Cl_2C_6H_3$	171—3	L, 3, a	(194)
H	n-C_3H_7	2,4-$Cl_2C_6H_3$	195	L, 3, a	(194)
H	i-C_3H_7	2,4-$Cl_2C_6H_3$	203—4	L, 3, a	(194)
H	n-C_4H_9	2,4-$Cl_2C_6H_3$	158—9	L, 3, a	(194)
H	C_6H_5	2,4-$Cl_2C_6H_3$	215—6	L, 3, a	(194)
H	CH_2=CHCH_2	o-OHC_6H_4	192—4	L, 3, a	(194)
H	n-C_3H_7	o-OHC_6H_4	170—2	L, 3, a	(194)
H	i-C_3H_7	o-OHC_6H_4	260	L, 3, a	(194)
H	n-C_4H_9	o-OHC_6H_4	152	L, 3, a	(195)
H	C_6H_5	o-OHC_6H_4	284	L, 3, a	(194)
H	CH_3	p-$CH_3OC_6H_4$	176—8	A, 3, a	(126)
H	CH_2=CHCH_2	p-$CH_3OC_6H_4$	157—8	L, 3, a	(194)
H	n-C_3H_7	p-$CH_3OC_6H_4$	135	L, 3, a	(194)
H	i-C_3H_7	p-$CH_3OC_6H_4$	217—8	L, 3, a	(194)
H	n-C_4H_9	p-$CH_3OC_6H_4$	137	L, 3, a	(194)
H	C_6H_5	p-$CH_3OC_6H_4$	>270	L, 3, a	(194)
H	p-$CH_3OC_6H_4$	C_6H_5	232	A, 1	(87)
H	p-$C_2H_5OC_6H_4$	$CH_2N(C_2H_5)_2$	142—3	D; L, 3, a	(177)
H	p-$C_2H_5OC_6H_4$	$CH_2N{<}^{CH_2CH_2}_{CH_2CH_2}{>}CH_2$	157	D	(177)
H	p-$C_2H_5OC_6H_4$	$CH_2N{<}^{CH_2CH_2}_{CH_2CH_2}{>}O$	179	D	(177)
H	p-$C_2H_5OC_6H_4$	C_6H_5	264—5	L, 3, a	(180)
H	p-$C_2H_5OC_6H_4$	p-$NH_2C_6H_4$	268—9	L, 3, a	(180)
H	CH_2=CHCH_2	3,4,5$(CH_3O)_3C_6H_2$	195—6	L, 3, a	(194)
H	n-C_3H_7	3,4,5$(CH_3O)_3C_6H_2$	205—6	L, 3, a	(194)
H	i-C_3H_7	3,4,5$(CH_3O)_3C_6H_2$	183—5	L, 3, a	(194)
H	n-C_4H_9	3,4,5$(CH_3O)_3C_6H_2$	174—5	L, 3, a	(194)
H	C_6H_5	3,4,5$(CH_3O)_3C_6H_2$	208—9	L, 3, a	(194)
H	H	γ-pyridyl	298—9	L, 2	(219)
			320—22	L, 2	(226)
			321—22	L, 3, a	(226)
H	α-pyridyl	H	224	D	(177)
H	H	![N-methylpyridyl with CH₃]	310—20	L, 2	(219)
H	CH_2=CHCH_2	γ-pyridyl	207—8	L, 3, a	(194)
H	n-C_3H_7	γ-pyridyl	252	L, 3, a	(194)
H	i-C_3H_7	γ-pyridyl	214—5	L, 3, a	(194)
H	n-C_4H_9	γ-pyridyl	205—6	L, 3, a	(194)
H	p-$CH_3C_6H_4$	γ-pyridyl	259—60	L, 2; L, 3, a	(58)
H	C_6H_5	γ-pyridyl	284—5	L, 3, a	(194)
			280	D	(177)
			274—5	L, 2; L, 3, a	(58)
H	p-ClC_6H_4	γ-pyridyl	269—71	L, 3, a	(180)
H	o-$CH_3C_6H_4$	γ-pyridyl	261—2	L, 2; L, 3, a	(58)
H	p-$CH_3OC_6H_4$	γ-pyridyl	238—9	L, 3, a	(180)
H	m-$CH_3C_6H_4$	γ-pyridyl	266—8	L, 2; L, 3, a	(180)
H	p-$C_2H_5OC_6H_4$	γ-pyridyl	223—4	L, 3, a	(180)

The cyclization of 1,4-diacylthiosemicarbazides (IX) into the corresponding 5-aryl(alkyl)-1,2,4-triazoline-3-thiones (IVa) under the influence of alkali is also a general reaction (204, 205) (method M). During these cyclizations, the 4-acyl group is eliminated. This may be shown by using radioactive carbon (167). 1-Carbamoyl-4-benzoylthiosemicarbazide (IX; $R_1=H$, $R_3=C_6H_5$, $R_4=NH_2$), however, cyclizes into 5-phenyl-1,2,4-thiazoline-3-thione (204). The 1,4-diacylthiosemicarbazides (IX) may be very readily prepared from an acylhydrazine (VI) and an acyl isothiocyanate (VIIIa) (127, 167, 204, 205, 217). It is also mentioned that the cyclization of 1-aroyl-2,5-dithiobiurea (XI; $R_3=$ aryl) in alkaline medium results in the formation of 1,2,4-triazoline-3-thiones (IVb) (203) (method N) under removal of the thiocarboxamide group. 1-Aroyl-2,5-dithiobiurea (XI) are in turn readily prepared from the aroyl isothiocyanates (VIIIb) and thiosemicarbazide (I).

It should be noted that with 1-acylthiosemicarbazides (IIIa) always 2,4,5-substituted 1,2,4-triazoline-3-thiones (IVa) are obtained in contradiction with the 4-acylthiosemicarbazides (IIIb), which cyclization results in the formation of 1,5-substituted 1,2,4-triazoline-3-thiones (IVb) (Table 2). The acetylation of 1,4-dialkyl(aryl)thiosemicarbazides (Ic)

Table 2. *Formation of 1,5-substituted 1,2,4-triazoline-3-thiones*

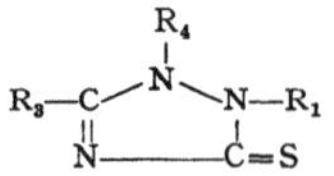

(Method: see Table 1)

R_1	R_3	R_4	Mp °C	Method	References
H	H	C_6H_5	189	C	(175)
H	H	p-$CH_3C_6H_4$	218	C	(175)
H	CH_3	C_6H_5	163—4	O	(217)
H	C_6H_5	C_6H_5	187—187,5	O	(217)
			187—187,5	K	(217)
			188	A, 3, a	(88)
H	C_6H_5	p-$CH_3C_6H_4$	170—1	O	(217)
CH_3	CH_3	C_6H_5	267—9	B, 3, a	(55)

leads to the formation of mesoionic structures of the ψ-3-thio-1,2,4-triazolines (IVc). As acetylating agents, as well acid chlorides (IIa) (35) as acid anhydrides (IIb) or carboxylic acids (IIc) may be used (55). The structure of these compounds was proved by the independent synthesis from the ψ-2-thio-1,3,4-thiadiazolines (XIII) (220a) and primary amines (21).

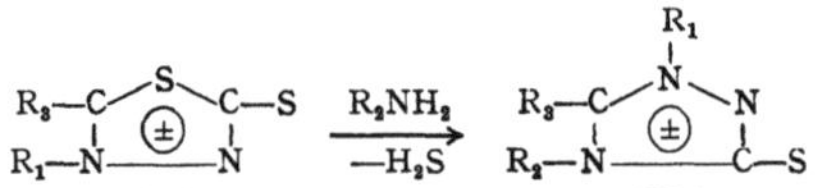

Previously, bridge-shaped structures (endo-structures) were attributed to these compounds. In the light of the present conceptions, it appears more reasonable to ascribe them a mesoionic structure (sydnones). These mesoionic structures are summarized in Table 3.

Table 3. *Mesoionic structures*

$$R_2-C\overset{\overset{R_1}{|}}{\underset{\underset{R_3-N\underline{\quad(\pm)\quad}C-S}{}}{N}}N$$ (Method: see Table 1)

R_1	R_2	R_3	Mp °C	Methode	References
C_6H_5	CH_3	H	267—8	B	(55)
C_6H_5	C_6H_5	H	214—5	C	(21)
C_6H_5	CH_3	CH_3	292—4	B	(55)
C_6H_5	C_6H_5	CH_3	253	A	(33)
C_6H_5	C_6H_5	C_6H_5	315	A	(35)

γ) *In hydrazine*. When reacting benzoyl isothiocyanate with an excess hydrazine, HOGGARTH (*125*) has not obtained the expected 4-benzoyl-thiosemicarbazide, but the 5-phenyl-1,2,4-triazoline-3-thione together with benzohydrazide. The hydrazine was considered as a basic condensing agent. Using an equimolar ratio hydrazine/benzoyl isothiocyanate, only 1,4-dibenzoylthiosemicarbazide (IX; R_1=H; R_3=R_4=C_6H_5) was obtained. Heating this last product with hydrazine results in the formation of 5-phenyl-1,2,4-triazoline-3-thione. Simultaneously 0.5 moles of hydrogen sulfide are set free and via (XIV), the 3,4-diamino-5-phenyl-1,2,4-triazol (XV) is formed.

$$C_6H_5-\underset{\underset{O}{\|}}{C}-NH-\underset{\underset{S}{\|}}{C}-NH-NH-\underset{\underset{O}{\|}}{C}-C_6H_5 \xrightarrow{NH_2-NH_2} C_6H_5-\underset{\underset{O}{\|}}{C}-NH-\underset{\underset{NH-NH_2}{|}}{C}=N-NH-\underset{\underset{O}{\|}}{C}-C_6H_5$$

(IX; R_1=H; R_3=R_4=C_6H_5)   (XIV)

$$H_5C_6-\underset{\underset{HN\underline{\quad\quad}C=S}{}}{C}\overset{N}{\diagdown}NH + C_6H_5-\underset{\underset{O}{\|}}{C}-NH-NH_2 \qquad H_5C_6-\underset{\underset{H_2N-N\underline{\quad\quad}C-NH_2}{}}{C}\overset{N}{\diagdown}N$$

(IVa; R_1=R_2=H; R_3=C_6H_5)   (XV)

Similar by-products are formed from 1-benzoyl- and 1-p-anisoyl-4-phenylthiosemicarbazides. Carrying out, however, the cyclization of 1-p-chloro-, 1-p-nitro-, 1-p-toluoylthiosemicarbazide in an excess hydrazine, only the corresponding 5-aryl-1,2,4-triazoline-3-thiones (*28, 224*) are formed, whereas from 1-acetylthiosemicarbazide, not only 5-methyl-1,2,4-triazoline-3-thione, but also 4-amino-5-hydrazino-1,2,4-triazoline-3-thione are obtained (*190*).

δ) *In arylamines.* The cyclization of 1-aroyl-4-arylthiosemicarbazides may also be carried out in arylamines. The 1-benzoyl-4-phenylthiosemicarbazide is readily cyclized into 4,5-diphenyl-1,2,4-triazoline-3-thione in aniline. In order to avoid exchange reactions, the amine having the same aryl group as that of the 4-arylthiosemicarbazide is used (*57*).

2. Ring closure of thiosemicarbazides with carboxylic acid derivatives

As outlined in the preceding chapter acylthiosemicarbazides may be prepared starting from the acid chlorides. Acid anhydrides and carboxylic acids may also be used but in some cases the direct formation of 1,2,4-triazoline-3-thiones is observed.

Different other derivatives of carboxylic acids (IId, e, f, g, h, i, j) are also described as outstanding reaction partners for thiosemicarbazides (see II, Table 1).

a) Carboxylic acid anhydrides

The formation of acyl derivatives of thiosemicarbazides proceeds readily as well with acid anhydrides (method B) as with acid chlorides. However, substantial deviations are sometimes occurring. Acetic anhydride and propionic anhydride are reacting normally (*55, 222*) but the butyric anhydride forms the dibutyryl compound which is nevertheless cyclized into the 5-propyl-1,2,4-triazoline-3-thione in alkaline solution.

b) Carboxylic acids

The preparation of 1,2,4-triazoline-5-thiones from thiosemicarbazides and carboxylic acids (method C) has been extensively studied. Formic acid reacts smoothly with thiosemicarbazide and substituted thiosemicarbazides. Sometimes, the 1,2,4-triazoline-3-thiones are obtained directly, such as in the case of the 2-methyl- and the 2,4-dimethylthiosemicarbazide (*137*). With thiosemicarbazide and 4-methylthiosemicarbazide, there is obtained the formyl compound which is cyclized either under the influence of alkali or by melting. Acetic acid and propionic acid are forming the acyl derivatives with thiosemicarbazide (*15*) and 4-methylthiosemicarbazide (*137*), but not with 2-methylthiosemicarbazide (*137*). The acyl derivatives of this last product are only obtained with acid chlorides or acid anhydrides. These acyl derivatives are cyclized into the corresponding 1,2,4-triazoline-3-thiones (*15, 137*) in alkali or by melting. From 2,4-dimethylthiosemicarbazide, however, the corresponding 1,2,4-triazoline-3-thiones are directly obtained by boiling with an excess acetic acid or propionic acid (*15*).

c) Carboxylic acid esters

One of the most recent and interesting methods for the preparation of 1,2,4-triazoline-3-thiones was developed by PESSON and his collaborators (177). This method is based on the reaction of thiosemicarbazides and carboxylic acid esters in sodium alcoholate medium (method D). The reaction proceeds very smoothly and the acyl derivatives occasionally formed as intermediates are not isolated. The yields are very high. This method may be considered as a universal method for obtaining this ring system. Magnesium alcoholate may be substituted for sodium alcoholate. In the absence of alcoholates no reaction between thiosemicarbazides and carboxylic acid esters is observed (15).

d) Carboxylic acid amides

As described sub I, A, 2, b, 1,2,4-triazoline-3-thiones may be directly obtained by reacting formic acid with some thiosemicarbazides. The cyclization may be also effected directly with formamide (15, 177), whereas from 1,3,5-triazine and thiosemicarbazide, the 1,2,4-triazoline-3-thione (method E) is formed, under ammonia elimination (106).

e) Ortho esters, imino ethers and related compounds

WHITEHEAD has found that by reacting various thiosemicarbazides in an excess ortho ester (IIi), 2-imino-Δ^4-1,3,4-thiadiazolines (V) are formed (218). In connection with the already examined reaction of thiocarbohydrazide with triethyl orthoformate (see further sub I, A, 4), wherein 4-amino-1,2,4-triazoline-3-thione is formed (201), AINSWORTH (5) has studied the reaction of ortho esters on thiosemicarbazides under more varying conditions. When reacting triethyl orthoformate in excess with thiosemicarbazide, still the formation of 1,3,4-thiadiazoline ring systems, [2-imino-Δ^4-1,3,4-thiadiazoline and N,N'-bis-(Δ^4-1,3,4-thiadiazol-2-yl) formamidine and N-(Δ^4-1,3,4-thiadiazol-2-yl)-formamidate] is observed. By carrying out the reaction with equivalent proportions of ortho ester, 1-(α-alkoxyalkylidene)thiosemicarbazides (XVI) are isolated from the reaction mixture (5, 134).

$$H_2N-\underset{\underset{S}{\|}}{C}-NH-N=C\underset{OR_4}{\overset{R_3}{\diagup}}$$

(XVI)

(XVI; R_3=H; R_4=C_2H_5) is converted into 2-imino-Δ^4-1,3,4-thiadiazoline in acid medium but into 1,2,4-triazoline-3-thione (134) in a basic medium (method I). From triethyl orthoacetate, equal proportions of 2-imino-5-methyl-Δ^4-1,3,4-thiadiazoline and 5-methyl-1,2,4-triazoline-3-thione are formed, via the resulting intermediate product (XVI; R_3=CH_3;

$R_4=C_2H_5$). With triethyl orthopropionate, in the same conditions, only 2-imino-5-ethyl-Δ^4-1,3,4-thiadiazoline (5) is obtained. When reacting 4-phenylthiosemicarbazide with equivalent proportions of ortho esters, the situation is in a manner different. With triethyl orthoformate, only 2-phenylimino-Δ^4-1,3,4-thiadiazoline is obtained. Triethyl orthoacetate and triethyl orthopropionate are cyclized with 4-phenylthiosemicarbazide, however, into 5-methyl- resp. 5-ethyl-4-phenyl-1,2,4-triazoline-3-thione with good yields (184).

Compounds of the type (XVI) may be also formed when substituting imino ethers (IIf) for the ortho esters in the reaction with the thiosemicarbazides (method F). Thus, from thiosemicarbazide and ethyl-p-methoxybenzimidate, 1-(α-ethoxy-p-methoxybenzylidene)thiosemicarbzide (XVI; R_4=ethyl; R_3=p·$H_3COC_6H_4$) is formed. This last product is cyclized into 2-imino-5-p-methoxyphenyl-Δ^4-1,3,4-thiadiazoline in acid medium, but into 5-p-methoxyphenyl-1,2,4-triazoline-3-thione in alcoholic ammonia (183). The same occurs with acetimidates, but not with formamidates (IIf; R_3=H) which form only 2-imino-Δ^4-1,3,4-thiadiazolines. When carrying out the reaction of imino ethers with thiosemicarbazides in the presence of sodium alcoholates, 1,2,4-triazoline-3-thiones are directly and exclusively formed (177). Closely related to the reaction of ortho esters and imino ethers is the cyclisation of thiosemicarbazide with 4-(α-methylthiobenzylidene) morpholinium iodide (XVII; cf. IIh) (method H). By this way and under alkaline conditions, there is formed 1-(α-morpholinobenzylidene)thiosemicarbazide (XVIII) which is cyclized into 2-imino-5-phenyl-Δ^4-1,3,4-thiadiazoline in acid medium, but into 5-phenyl-1,2,4-triazoline-3-thione in alkaline medium or by overheating (179).

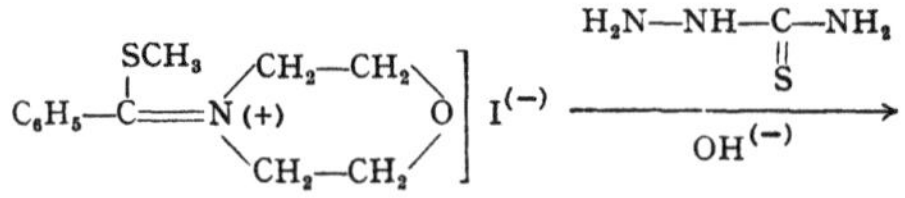

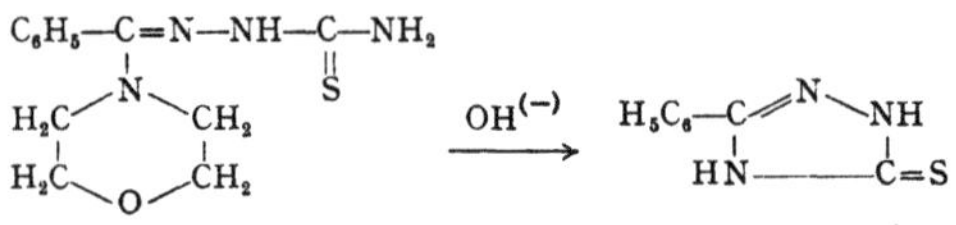

α-Chlorobenzylideneaniline (XIX; cfr. IIg) is also a suitable cyclizing agent for the thiosemicarbazides (35). Via the 1-(α-anilinobenzylidene) thiosemicarbazide (XX), the corresponding 1,2,4-triazoline-3-thiones are formed (method G), with elimination of the corresponding amine (R_2NH_2).

$$C_6H_5-\underset{\underset{Cl}{|}}{C}=N-C_6H_5 + H_2N-\underset{\underset{R_1}{|}}{N}-\underset{\underset{S}{\|}}{C}-NHR_2 \longrightarrow$$

(XIX)　　　　　(Ia)

$$C_6H_5-\underset{\underset{NH-C_6H_5}{|}}{C}=N-\underset{\underset{}{|}}{\overset{R_1}{N}}-\underset{\underset{S}{\|}}{C}-NHR_2 \xrightarrow{-R_2NH_2} \underset{\underset{}{}}{C_6H_5-C}\overset{N}{\underset{\underset{C_6H_5-N\rule{1.5em}{0.4pt}C=S}{}}{\diagdown}}N-R_1$$

(XX)　　　　　　　　　(IVa; $R_2 = R_3 = C_6H_5$)

f) Cyclization with β-dicarbonyl compounds

When the desired 1,2,4-triazoline-3-thione could not be obtained according to one of the methods outlined above, then it is yet possible to prepare these products either via the β-keto esters (method J) or via the β-diketones (method J bis) (*135*). When the reaction of thiosemicarbazide with the two last compounds (IIj), leads either to the 1-thiocarbamoylpyrazole (XXI) or to the 1-thiocarbamoyl-3-pyrazolone derivatives (XXII) (*12, 13, 47*), via the thiosemicarbazones and the classical pyrazole cyclization, this cyclization reaction is inhibited in the case of 2-substituted thiosemicarbazides.

$$R_3-\underset{\underset{O}{\|}}{C}-CH_2-\underset{\underset{O}{\|}}{C}-R + H_2N-NH-\underset{\underset{S}{\|}}{C}-NH_2 \longrightarrow$$

$$\begin{array}{c} H_2N-C=S \\ | \\ R-C \diagup^N\diagdown N \\ \| \quad\quad \| \\ HC\rule{1.5em}{0.4pt}C-R_3 \end{array}$$

(IIj)　　　　　　　　　　　　(XXI)

$$(IIj; R=OR_4) + H_2N-NH-\underset{\underset{S}{\|}}{C}-NH_2 \longrightarrow \begin{array}{c} H_2N-C=S \\ | \\ R-C\diagup^N\diagdown NH \\ \| \quad\quad | \\ HC\rule{1.5em}{0.4pt}C=O \end{array}$$

(XXII)

By adding accurately and portionwise one mole of sodium or calcium to a solution of the 2-methylthiosemicarbazones of aceto- or benzoethylacetate (XXIII) in anhydrous ethanol or still better in isopropyl alcohol, 3,4,5,6-tetrahydro-2H-1,2,4-triazepin-5-one-3-thiones (XXIV) are formed.

$$\underset{\underset{CH_2-COOC_2H_5}{}}{\overset{R_1}{R_3-C\diagdown}\diagup}^{N-N-C-NH_2}_{\underset{S}{\|}} \longrightarrow \begin{array}{c} R_3-C\diagup^N\diagdown N-R_1 \\ | \quad\quad\quad | \\ H_2C \quad\quad C=S \\ | \quad\quad\quad | \\ O=C\rule{1.5em}{0.4pt}NH \end{array} \xrightarrow{OH^{(-)}} \begin{array}{c} R_3-C\diagup^N\diagdown N-R_1 \\ \| \quad\quad\quad \| \\ HN\rule{1.5em}{0.4pt}C=S \end{array}$$

(XXIII)　　　　　(XXIV)　　　　　(IVa; $R_2 = H$)

In the presence of an excess of sodium ethylate or in an alcoholic sodium hydroxide solution, these compounds are converted according to the conventional acid hydrolysis of the β-keto esters, in to 1,2,4-triazoline-3-thiones (method J). These last compounds are even directly obtained from 2-methylthiosemicarbazones in alcoholic sodium hydroxide or in sodium methylate solution. In this case, it seems not to be possible to isolate the 3,4,5,6-tetrahydro-2H-1,2,4-triazepin-5-one-3-thione (XXIV). 1,2,4-Triazoline-3-thiones are directly obtained from 2-phenylthiosemicarbazones, even in the conditions in which 3,4,5,6-tetrahydro-2H-1,2,4-triazepin-5-one-3-thiones are formed with 2-methylthiosemicarbazones.

$$C_6H_5-\underset{\underset{H_2N-C-N-R_1}{\overset{\overset{O}{\|}}{\|}}{C}}{C}-CH_2-\underset{\underset{S}{\|}}{C}-CH_3 \rightarrow \underset{(IVa; R_2=H; R_3=CH_3)}{\overset{H_3C-C\overset{N}{\diagdown}N-R_1}{HN-\underset{\|}{C=S}}} + C_6H_5-\underset{\overset{\|}{O}}{C}-CH_3$$

(XXV)

The same occurs with the monothiosemicarbazones of β-diketones (XXV) such as acetylacetone and benzoylacetone. In an alkaline medium, the 1,2,4-triazoline-3-thiones (method J bis) are directly obtained with the elimination of a ketone. With a mixed aromatic-aliphatic β-diketone, the aryl ketone is eliminated.

3. Ring closure of thiosemicarbazones

The oxidation of thiosemicarbazones (XXVI) is a method which may be used as well for the preparation of 2-imino-Δ^4-1,3,4-thiadiazolines (V) as for the preparation of 1,2,4-triazoline-3-thiones.

$$R_2-CH=N-\underset{\underset{(XXVI)}{}}{\overset{R_1}{N}}-\underset{\overset{\|}{S}}{C}-NHR_3$$

YOUNG and EYRE (227), BUSCH and HOLZMANN (26) and TESTA and his collaborators (208) have oxidized benzaldehyde thiosemicarbazone with iron(III)chloride and they have obtained 2-imino-5-phenyl-Δ^4-1,3,4-thiadiazoline. Substituted benzaldehyde thiosemicarbazones would also form the same ring system by oxidation. Nevertheless, WHEELER and BEARDSLEY (217) mention that 1,5-diphenyl-1,2,4-triazoline-3-thione is formed by oxidation of 1-phenylthiosemicarbazone of benzaldehyde with iron(III)chloride. By an independent synthesis, BUSCH and SCHNEIDER (35) have been able to show that the oxidation product of the 2,4-diphenylthiosemicarbazone of benzaldehyde, obtained by YOUNG and EYRE, is actually the 2,4,5-triphenyl-1,2,4-triazoline-3-thione. FROMM (80) discusses also the structure of the oxidation product obtained from benzaldehyde thiosemicarbazone: he concludes that the resulting product is the 5-phenyl-1,2,4-triazoline-3-thione. Nevertheless, according to DE and ROY-CHOUDHURY (48), the oxidation of thiosemicarbazone with iron(III)chloride must be considered as a general reaction to obtain 2-imino-Δ^4-1,3,4-thiadiazolines and they rejected the conclusion of

FROMM. When substituting hydrogen peroxide for iron(III)chloride as the oxidizing agent, there are generally obtained products having 1,2,4-triazoline-3-thione structures which are, however, converted into the corresponding disulfides in the oxidizing medium (48). The S-methylthiosemicarbazones are oxidized also into 3-methylthio-1,2,4-triazoles as well by hydrogen peroxide (46) as by iron(III)chloride (125). Generally speaking, this method (method K) has only a small practical value and is only of interest when the preparation of either the S-methyl derivatives or the disulfides of 1,2,4-triazoline-3-thiones are envisaged. However, when the sulfur atom is protected by benzylation, the 3-benzylthio-1,2,4-triazoles obtained after the oxidation of the S-benzylthiosemicarbazones may be debenzylated very readily into the corresponding 1,2,4-triazoline-3-thiones with sodium in liquid ammonia (14, 56).

4. Ring closure of thiocarbohydrazides

Similar to the reactions on thiosemicarbazides are the reactions of carboxylic acid derivatives (II) on thiocarbohydrazide (XXVII). STOLLÉ and BOWLES (201) were the first to obtain the 4-amino-1,2,4-triazoline-3-thione (XXVIII; $R_1=R_3=H$) by reaction of thiocarbohydrazide on triethyl orthoformate. Some conclusions may be taken from the publications of BEYER and his collaborators (15, 136) who have thoroughly investigated similar reactions. The reactions with thiocarbohydrazides are proceeding more smoothly than those with the corresponding thiosemicarbazides. As mentioned sub I, A, 2, e the reaction of ortho esters with thiosemicarbazides does not always lead to the 1,2,4-triazoline-3-thione ring system. However, this still occurs with the thiocarbohydrazides, and it was even impossible to isolate the intermediate products; the reaction proceeds still to the 4-amino-1,2,4-triazoline-3-thiones. The cyclization proceeds also smoothly with acid anhydrides. However, with these reagents the 4-acyl- and/or the 4-diacylamino derivatives are formed. The 4-amino compounds are obtained therefrom by hydrolysis of the acyl groups (15). Thiocarbohydrazides or 2-methylthiocarbohydrazides may be also cyclized with carboxylic acids (136), imino ethers (143) and formamide (15) (see Table 4). On the contrary, with acid chlorides, no 4-amino-1,2,4-triazoline-3-thiones are obtained (15). It can be mentioned that these products are also formed by alkaline rearrangement of 2-hydrazino-5 R_3-1,3,4-thiadiazoles (XXIX) (190) (method P — Table 4).

Table 4

$R_3-C\overset{N}{\underset{H_2N-N}{\diagdown}}\overset{N-R_1}{\underset{C=S}{\diagup}}$ Method: see Table 1 (A ... I) For method P: Rearrangement of 2-Hydrazino-5 R_3-1,3,4-thiadiazoles (XXIX).

R_1	R_3	Mp °C	Method	References
H	H	166—7	P	(190)
		167	I	(201)
		167—8	C; I; E	(15)
		4-benzylidene		
		171—2	I	(191)
H	CH_3	201—2	C; I	(15)
		204	P	(190)
		4-monoacetyl		
		180—2	B	(15, 129)
		4-diacetyl		
		132°	B	(15)
		4-benzylidene		
		204—5	I	(191)
H	C_2H_5	151	C; I	(15)
		149—50	P	(190)
H	C_3H_7	104—6	P	(190)
H	i-C_4H_9	129—30	P	(190)
H	n-$C_{17}H_{35}$	126—7	F	(143)
CH_3	H	139	C	(136)
CH_3	CH_3	110	C	(136)
CH_3	C_2H_5	82	C	(136)
H	C_6H_5	204—5	1	(193)
			2	(135)

[1] Byproduct in the reaction of thiocarbohydrazide and carboxymethyldithiobenzoate.
[2] From S-methyl benzoyldithiocarbazinate and hydrazine.

Contrarily to the thiocarbohydrazide, the thiocarbohydrazones are not undergoing a ring closure reaction into 4-amino-1,2,4-triazoline-3-thiones (XXVIII), but well into 2-hydrazono-5R_3-1,3,4-thiadiazoles (XXXI) (191). The hydrazone structure prevents the $N_{(2)}$ atom from taking part of the cyclization. In fact, the portion of form (XXVIIb) in the resonance equilibrium of the thiocarbohydrazides is less important than the portion of the same form (XXXb) in the thiocarbohydrazone structure. This results from the greater conjugation possibility of the latter. In the U.V. spectra, a bathochromic shift, which must be attributed to this conjugation, is observed. Together with this phenomenon steric effects may also come into play and they can inhibit the 1,2,4-triazoline ring closure. This inhibition is not always complete, since, in addition to the 2-hydrazono-1,3,4-thiadiazoles (XXXI), small proportions of 4-alkylideneamino-1,2,4-triazoline-3-thiones are sometimes found among the reaction products. This occurs e.g. in the reaction of triethyl orthoformate and triethyl orthoacetate on benzaldehyde thiocarbohydrazone (191).

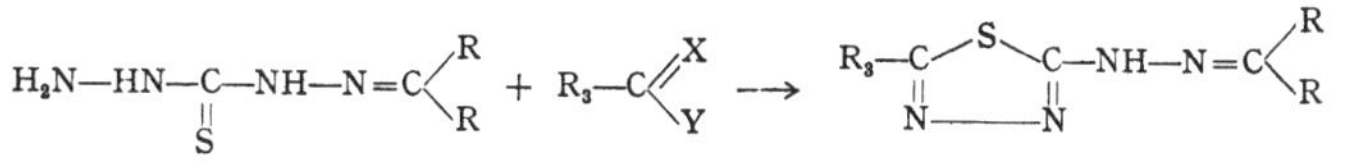

Heterocyclic Nitrogen Containing Thioxo Compounds

$$H_2N-HN-\underset{\underset{S}{\|}}{C}-NH-N=C\genfrac{}{}{0pt}{}{R}{R} + R_3-C\genfrac{}{}{0pt}{}{X}{Y} \longrightarrow R_3-\underset{\underset{N\underline{\qquad}N}{}}{C}\overset{S}{\diagup\diagdown}C-NH-N=C\genfrac{}{}{0pt}{}{R}{R}$$

(XXX)　　　　(II)　　　　　　　(XXXI)

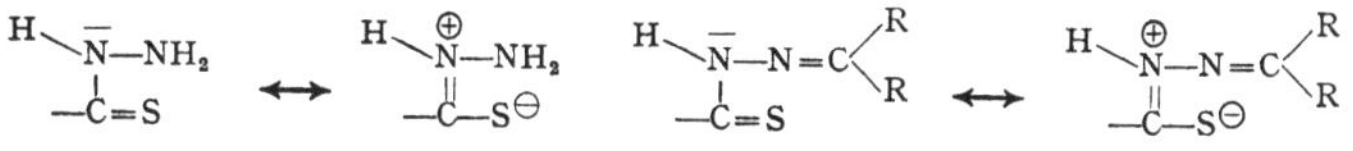

$$\underset{(XXVIIa)}{\overset{H}{\underset{-\overset{|}{C}=S}{\searrow\underset{\bar{}}{N}-NH_2}}} \longleftrightarrow \underset{(XXVIIb)}{\overset{H}{\underset{-\underset{\|}{C}-S^{\ominus}}{\searrow\overset{\oplus}{N}-NH_2}}} \quad \underset{(XXXa)}{\overset{H}{\underset{-\overset{|}{C}=S}{\searrow\underset{\bar{}}{N}-N=C\genfrac{}{}{0pt}{}{R}{R}}}} \longleftrightarrow \underset{(XXXb)}{\overset{H}{\underset{-\underset{\|}{C}-S^{\ominus}}{\searrow\overset{\oplus}{N}-N=C\genfrac{}{}{0pt}{}{R}{R}}}}$$

To complete this chapter it can be mentioned that from thiocarbohydrazide and S-carboxymethyldithiobenzoate (XXXII), in addition to 2-hydrazino-5-phenyl-1,3,4-thiadiazole and 5-phenyl-$\varDelta^4$-1,3,4-thiadiazoline-2-thione, a very small proportion (about 5%) of 4-amino-5-phenyl-1,2,4-triazoline-3-thione (XXVIII; $R_1=H$; $R_3=C_6H_5$) is formed (*13*).

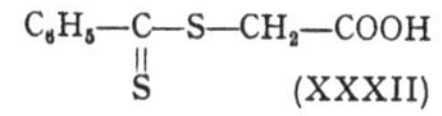

$$C_6H_5-\underset{\underset{S}{\|}}{C}-S-CH_2-COOH \quad (XXXII)$$

On the other hand, it is very easy to prepare this product by ring closure of 1-benzoylthiocarbohydrazide, which is formed by hydrazinolysis of S-methyl-N-benzoyldithiocarbazinate (*135*).

5. Ring closure of 2-(1-thiosemicarbazido)nitrogen containing heterocyclic rings

Condensed 1,2,4-triazoline-3-thiones (XXXVI) are prepared readely from 2-hydrazino-substituted heterocyclic nitrogen containing rings (XXXIII) via the corresponding dithiocarbazates (XXXV). An outline of these reactions was already discussed (*220b*).

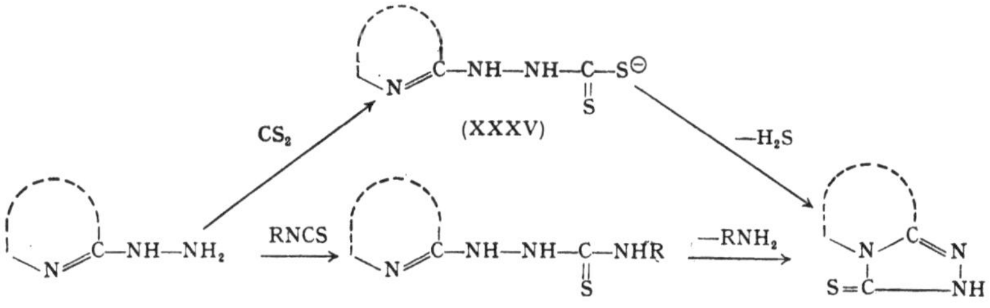

These condensed 1,2,4-triazoline-3-thiones may also be obtained via the 2-(1-thiosemicarbazido) nitrogen-containing heterocyclic compounds (XXXIV) with expulsion of the corresponding amine. These reactions, preferably carried out in a high boiling solvent (e.g. trichlorobenzene) proceed very smoothly with the 2-(1-p-phenylthiosemicarbazides) of pyridine, quinoline, benzothiazole, benzoxazole and benzimidazole (*159*,

160, 184) (see Table 5). 2,3-Dihydro-1,2,4-triazolo[4,3-a]pyrimidine-3-thiones are also formed with the 2-(1-p-phenylthiosemicarbazides) of different pyrimidines (*6, 195*). However, from 1-(2-pyrimidinyl)-4-phenylthiosemicarbazide, there is only obtained 5-imino-1,2,4-triazolidine-3-thione and diphenylthiourea (*195*), whereas by melting of 1-(4-hydroxy-6-phenyl-2-pyrimidinyl)-4-phenylthiosemicarbazide, only 2-anilino-4-hydroxy-6-phenylpyridimidine is obtained (*195*). All these cyclization reactions are starting from 4-phenylthiosemicarbazides (XXXIV; R=C$_6$H$_5$), so that aniline is eliminated. However, 2-methylamino-5-methyl-7-propyl-1,2,4-triazolo[1,5-c]pyrimidine is formed from 1-(2-propyl-6-methyl-4-pyrimidinyl)-4-methylthiosemicarbazide with elimination of hydrogen sulfide followed by a rearrangement (*166*). It is not investigated whether this reaction generally occurs with the 4-alkylthiosemicarbazido derivatives (XXXIV; R=alkyl).

Table 5.

Heterocyclic Hydrazine	a...b	Mp °C	References
2-hydrazinopyridine	—CH=CH—CH=CH—	215	(*184*)
2-hydrazinoquinoline	C$_6$H$_5$—CH=CH—	276	(*184*)
		261	(*160*)
2-hydrazino-4-methylquinoline	C$_6$H$_5$—C(CH$_3$)=CH—	300	(*184*)
		280	(*159*)
2-hydrazinobenzothiazole	C$_6$H$_5$—S—	250	(*184*)
2-hydrazinobenzoxazole	C$_6$H$_5$—O—	263	(*184*)
2-hydrazinobenzimidazole	C$_6$H$_5$—NH—	275	(*184*)
2-hydrazino-4,6-dimethyl-pyrimidine	—C=CH—C=N— with CH$_3$, CH$_3$	255	(*195*)
2-hydrazino-4-methyl-6-hydroxypyrimidine	—C=CH—C=N— with CH$_3$, OH	287	(*195*)
		280	(*6*)
2-hydrazino-4,5-trimethylene-6-hydroxypyrimidine	—C=C—C=N— with H$_2$C<CH$_2$>CH$_2$, OH	285	(*195*)
2-hydrazino-4,5-tetramethylene-6-hydroxypyrimidine	—C=C—C=N— with H$_2$C<CH$_2$—CH$_2$>CH$_2$, OH	310	(*195*)

As an other exception, the 1-(5,6-diphenyl-2-pyrazinyl)-4-phenylthiosemicarbazide formed from 2-hydrazino-5,6-diphenylpyrazine and phenyl isothiocyanate is not cyclized into a condensed 1,2,4-triazoline-3-thione, but well into 5,6-diphenyl-1,2,4-triazolo[4,3-a]pyrazine (*168*).

6. Ring closure of 1-thiocarbamoylthiosemicarbazides (scheme 2)

The ring closure of 1-thiocarbamoylthiosemicarbazides or 2,5-dithiobiurea (XXXVII), products obtained very readily by reaction of thiosemicarbazides (I d, e) on isothiocyanates (XIII a, b), has been studied by many investigators (FREUND, ARNDT, BUSCH, FROMM, GUHA) under several reaction conditions, but there was not always agreement about the structure of the obtained cyclization products. In fact, polyfunctional compounds, such as 2,5-dithiobiurea may yield different cyclization products (XXXVIII), (XXXIX), (XL), and (XLI) (scheme 2). Since the precise experimental conditions are not indicated in the major part of the works dealing with these syntheses, it is often difficult to find accurate comparison points.

FREUND and his collaborators (76) have attributed the 5-imino-1,2,4-triazolidine-3-thione structure (XXXVIII) to the cyclization products of 2,5-dithiobiurea with phosgene. Cyclizations carried out in hydrochloric acid would lead to the simultaneous formation of products having the 1,2,4-triazolidine-3,5-dithione structure (XL) and products having the 5-imino-1,2,4-triazolidine-3-thione structure (XXXVIII). On account of more extended studies about the properties of the products obtained in such cyclization, BUSCH and his collaborators (30, 34) concluded that the proposed structures were wrong and that the 5-imino-1,3,4-thiadiazolidine-2-thione structure (XLI) and the 2,5-diimino-1,3,4-thiadiazolidine structure (XXXIX) must be attributed respectively to (XL) and to (XXXVIII). The proposed structure modifications were later reinforced with new arguments by ARNDT and his collaborators (9, 10) and by GUHA and his collaborators (112, 113, 132). Both examination groups have defined more accurately the reaction conditions in which the cyclization occurs. They have also studied the cyclization in alkaline medium. Their findings about the ring closure conditions may be summarized as follows.

a) In acids

In acid medium, the 1,3,4-thiadiazolidine structures (XXXIX) and (XLI) are always formed under hydrogen sulfide splitting. The formation of the thioxo derivatives (XLI) depends upon the concentration of the acid used. In hydrochloric acid with $d = 1.16$, there are mainly formed products having the 5-imino-1,3,4-thiadiazolidine-3-thione structure (XLI) (method A, Table 8), whereas in hydrochloric acid with $d = 1.19$, there are formed mainly products having the 3,5-diimino-1,3,4-thiadiazolidine structure (XXXIX) (113, 133). In acetic anhydride, only the (XXXIX)-derivatives are obtained (113, 133). In a mixture of hydrochloric acid and phosphoric acid the 5-imino-1,3,4-thiadiazolidine-3-thione is obtained with a good yield from 2,5-dithiobiurea (42).

b) By melting

The melting of 2,5-dithiobiurea results as well in products having the 1,2,4-triazolidine structures (XXXVIII) as in products having the 1,3,4-thiadiazolidine structures (XXXIX) and (XLI) (method A, Table 8). From the 2,5-dithiobiurea itself and from the monosubstituted derivatives, there are obtained mainly the products (XXVIII) (method A, 1, a, Table 7), whereas with the disubstituted 2,5-dithiobiurea, there are obtained as well the products (XXXIX) as the products (XLI) (*113*).

c) In alkalis

Like the acylthiosemicarbazides, the 2,5-dithiobiurea are also cyclized in an alkaline medium into 1,2,4-triazolidine derivatives (*9, 10, 52, 78, 80, 86, 113, 196*). Generally, 5-imino-1,2,4-triazolidine-3-thiones (XXXVIII) and 1,2,4,-triazolidine-3,5-dithiones (XL) are formed simultaneously. The first mentioned compounds are usually predominant (method A, 1, b, Table 6 and Table 7). They are even substantially formed solely during the alkaline cyclization of the 1,6-diacyl-2,5-dithiobiurea (*52*). By cyclization of unsymmetrically substituted 1,6-diphenyl-2,5-dithiobiurea, the splitting of hydrogen sulfide should occur with the participation of the sulfur of the radical, bearing the substituent with the more electron acceptor properties. As an example, the cyclization of 1-(p-nitrophenyl)-6-(p-tolyl)-2,5-dithiobiurea results in the formation of 4-(p-tolyl)-5-(p-nitrophenyl)-1,2,4-triazolidine-3-thione (*52*).

d) In arylamines

MAZOUREWITCH (*163, 164, 165*) has studied the cyclization of 2,5-dithiobiurea in aromatic amines. A first publication (*163*) is dealing with the reactions of thiosemicarbazide itself with aromatic amines. The heating of the thiosemicarbazide with aromatic amines under splitting of hydrazine would result mainly in the formation of 2,5-dithiobiurea. The 2,5-dithiobiurea together with the aromatic amine are then subjected to an exchange reaction under ammonia splitting with the formation of 1,6-diaryl-2,5-dithiobiurea which are cyclized at the high temperature (180—200° C) at which these reactions are carried out. First, the 1,4-dithiocarbamoyl-3,6-diamino-1,2,4,5-tetrazine structure was attributed to the cyclization products. This very unlikely structure was rejected (*164*) since as well the reaction of thiosemicarbazide with aromatic amines as the cyclization of 2,5-dithiobiurea in aromatic amines resulted in the formation of products having the 5-imino-1,2,4-triazolidine-3-thione structure (XXXVIII) (*165*) (method A, 1, c, Table 6).

Table 6

Methods: A, 1: Cyclisation of 1-thiocarbamoylthiosemicarbazides. a: by heating. b: in alkali. c: in arylamines. d: in hydrazine. A, 2: Cyclisation of 4-thiocarbamoylthiosemicarbazides prepared from dithiobiuret and hydrazines. A, 3: Cyclisation of 4-thiocarbamoylthiosemicarbazides prepared from 3-(R_4-imino)-1,2,4-dithiazolidine-5-thiones and hydrazines. B: Cyclisation of 1-amidino-thiosemicarbazides. 1: aminoguanidines and isothiocyanates. 2: thiosemicarbazides and carbodiimides. C: Cyclisation of 4-thiocarbamoylaminoguanidine (aminoguanidine hydrazones and isothiocyanates).

R_1	R_2	R_3	R_4	Mp °C	Method	References
H	H	H	H	298—5	A, 1, a	(113)
				303	A, 1, b	(9)
				298	A, 1, c	(164, 165)
				298	A, 2	(77, 79)
				298	A, 3	(81)
				300—2	C	(100)
H	H	CH_3	H	267—9	B, 1	(101)
				269—72	B, 1	(89)
H	H	C_2H_5	H	195—8	B, 1	(89)
H	H	i-C_3H_7	H	192—4	B, 1	(89)
				189—191	B, 1	(140)
H	H	$CH_2=CHCH_2$	H	134—5	B, 1	(89)
H	H	n-C_4H_9	H	151—3	B, 1	(101)
H	H	i-C_4H_9	H	195—7	B, 1	(140)
H	H	$C_6H_5CH_2$	H	206—8	B, 1	(89)
				195—7	B, 1	(140)
H	H	Cyclo C_6H_{11}	H	244—6	B, 1	(89)
				240—1	B, 1	(140)
H	H	C_6H_5	H	265	A, 1, a	(113)
				267—8	A, 1, b	(10)
				260—1	A, 1, c	(164, 165)
				264—6	B, 1	(101)
				267—8	B, 1	(89)
				264	B, 1	(61)
H	H	o-$CH_3C_6H_4$	H	231	A, 1, a	(113)
				229—230	A, 1, c	(164, 165)
H	H	m-$CH_3C_6H_4$	H	309—310	A, 1, c	(164, 165)
H	H	p-$CH_3C_6H_4$	H	277	A, 1, a	(113)
				277—8	A, 1, c	(164, 165)
				278—80	B, 1	(101)
H	H	m-$CF_3C_6H_4$	H	253—4	B, 1	(140)
H	H	p-$CF_3C_6H_4$	H	263—5	B, 1	(140)
H	H	p-$CH_3OC_6H_4$	H	257—9	B, 1	(140)
H	H	p-ClC_6H_4	H	288—90	B, 1	(140)
H	H	p-Br-C_6H_4	H	290—2	B, 1	(140)
H	H	H	C_6H_5	275	A, 1, a	(7)
				268	A, 1, a	(83)
				268	A, 2	(77)
				286—8	B, 2	(102)
H	H	H	C_6H_5 [1] C_2H_5	227	A, 2	(79)
H	H	H	o-$CH_3C_6H_4$	219—220	A, 1, c	(164, 165)
				228—9 (Hydrate)	A, 1, c	(164, 165)
				263	A, 2	(79)

Table 6 (continued)

R_1	R_2	R_3	R_4	Mp °C	Method	References
H	H	H	m-$CH_3C_6H_4$	259—60 (Hydrate)	A,1,c	(164, 165)
				247—9 (Hydrate)	A,1,c	(164, 165)
H	H	H	p-$CH_3C_6H_4$	263—4 (Hydrate)	A,1,c	(163, 165)
				272—3	A,1,c	(164, 165)
				271	A,2	(79)
				2		(109)
H	H	H	3,4$(CH_3)_2C_6H_3$	203—4 (dihydrate)	A,1,c	(164, 165)
H	H	H	o-$CH_3OC_6H_4$	280	A,2	(79)
H	H	H	p-$C_2H_5OC_6H_4$	268	A,2	(79)
H	C_6H_5	H	H	244	A,2	(82)
					A,3	(85)
H	H	C_6H_5	C_6H_5	205	A,1,b	(9)
				207	A,1,b	(78)
				206—206,5	A,1,c	(164, 165)
				207	A,1,d	(78)
				204—6	B,2	(36, 102)
				210	3	(108)
					2	(109)
H	H	o-$CH_3C_6H_4$	o-$CH_3C_6H_4$	180	A,1,b	(86)
				232—3	A,1,b	(52)
H	H	p-$CH_3C_6H_4$	p-$CH_3C_6H_4$	198	A,1,b	(80)
				199—200	A,1,b	(52)
H	H	p-$C_2H_5C_6H_4$	p-$C_2H_5C_6H_4$	187	3	(108)
				161—2	A,1,b	(52)
H	H	$(CH_3)_2C_6H_3$	$(CH_3)_2C_6H_3$	200	3	(108)
H	H	2,4$(CH_3)_2C_6H_3$	2,4$(CH_3)_2C_6H_3$	234—5	A,1,b	(52)
H	H	o-ClC_6H_4	o-$Cl-C_6H_4$	218—9	A,1,b	(52)
H	H	m-ClC_6H_4	m-ClC_6H_4	134—5	A,1,b	(52)
H	H	p-ClC_6H_4	p-ClC_6H_4	239—40	A,1,b	(52)
H	H	o-IC_6H_4	o-IC_6H_4	224—5	A,1,b	(52)
H	H	o-$CH_3OC_6H_4$	o-$CH_3OC_6H_4$	208	A,1,b	(86)
				209—10	A,1,b	(52)
				208	3	(108)
H	H	p-$CH_3OC_6H_4$	p-$CH_3OC_6H_4$	223—4	A,1,b	(52)
H	H	o-$C_2H_5OC_6H_4$	o-$C_2H_5OC_6H_4$	206—7	A,1,b	(52)
H	H	p-$C_2H_5OC_6H_4$	p-$C_2H_5OC_6H_4$	226—7	A,1,b	(52)
H	H	o-$C_4H_9OC_6H_4$	o-$C_4H_9OC_6H_4$	141—2	A,1,b	(52)
H	H	p-$CH_3C_6H_5$	p-$NO_2C_6H_4$		A,1,b	(52)
C_6H_5 or CH_3	CH_3 or C_6H_5	H	H	213	A,3	(85)
H	C_6H_5	C_6H_5	C_6H_5	179	A 4	(27)
CH_3 or H	H or CH_3	C_6H_5	C_6H_5		A,1,a	(161)
H	H	NH_2	H	198—9	A,1,d	(78, 80)
				210—2	A,1,d	(130, 182)
				206	5	(190)
H	H	H	NH_2	237	A,1,d	(182)
				240—2	A,1,d	(8)
H	H	NH_2	NH_2	248	A,1,d	(80)
				232	A,1,d	(8, 182)
				226—7	6	(192)
				232	7	(190)

Table 6 (continued)

R$_1$	R$_2$	R$_3$	R$_4$	Mp °C	Method	References
H	H	NH$_2$	CH$_2$=CH—CH$_2$	202	A, 1, d	(83)
H	H	p-CH$_3$C$_6$H$_5$	C$_6$H$_5$NH	>250	A, 1, b	(53)
H	H	2,4(CH$_3$)$_2$C$_6$H$_3$	C$_6$H$_5$NH	214—5	A, 1, b	(53)
H	H	p-C$_2$H$_5$OC$_6$H$_4$	C$_6$H$_5$NH	185—6	A, 1, b	(53)
H	H	p-ClC$_6$H$_4$	C$_6$H$_5$NH	>250	A, 1, b	(53)

[1] 5-(phenylethylamino)-1,2,4-triazoline-3-thione.
[2] Byproduct from the ringclosure of 4-aryl-1-carbamoylthiosemicarbazides in acetic acid anhydrides (see under I; A; 11; a).
[3] Byproduct from the ringclosure of arylthiosemicarbazides and urea (see under I; A; 11; b).
[4] Prepared from 1,4-diphenyl-S-methylisothiosemicarbazide and phenylisothiocyanate.
[5] Rearrangement of 2-amino-5-hydrazino-1,3,4-thiadiazoline in alkali.
[6] Ringclosure of CH$_3$S—C—NHNH—C—NHNH$_2$.
    $\quad\quad\quad\quad\quad\quad\quad\ \|\quad\quad\quad\quad\ \|$
    $\quad\quad\quad\quad\quad\quad\quad\ S\quad\quad\quad\quad\ \ S$
[7] Byproduct from the ringclosure of 1-acetylthiosemicarbazide or of thiocarbohydrazide and hydrazine.

e) In hydrazines

The reaction of hydrazine with 2,5-dithiobiurea was firstly studied by PURGOTTI and VIGANO (182). They attributed the structure of the perhydro-1,2,4,5-tetrazine-3,6-dithione to the reaction product. Since this structure was not founded upon any justified chemical basis and since five-ring cyclizations occur more readily, STOLLÉ (200) concluded that the product obtained in this reaction must be the 4-amino-1,2,4-triazolidine-2,5-dithione (XL; R$_1$=R$_2$=H; R$_3$= NH$_2$). This last product was also obtained in the same period by GUHA and SEN (110) by carrying out the cyclization of thiocarbohydrazide (1) thiocarboxylic acid amide in hydrochloric acid. However, when reacting hydrazine on 2,5-dithiobiurea, 4-amino-5-imino-1,2,4-triazolidine-3-thione (XXXVIII; R$_1$=R$_2$=R$_4$=H; R$_3$=NH$_2$), was obtained by FROMM and LAYER (78) and this structure was confirmed later (80). Independently from FROMM, ARNDT and BIELICH (8) have also studied the reaction of hydrazine on 2,5-dithiobiurea and they have isolated three products: the amphoteric product XXXVIII (R$_1$=R$_2$=R$_4$=H; R$_3$= NH$_2$) and the product XL (R$_1$=R$_2$=H; R$_3$=NH$_2$). The third product is probably the 1,2-bis(3-thioxo-5-amino-Δ^5-1,2,4-triazolin-5-yl) hydrazine (LII).

$$\text{HN}\diagup\overset{\text{N}}{\underset{\|}{}}\diagdown\text{C}\text{——NH——HN——}\overset{\text{N}}{\underset{\|}{\text{C}}}\diagdown\text{NH}$$
$$\text{S=C————N—NH}_2\quad\quad\text{H}_2\text{N—N————C=S}$$
$$(\text{LII})$$

The correctness of the two first structures was confirmed by HOGGARTH (129). Nevertheless, it has appeared that the two main products were the 4-amino-5-imino-1,2,4-triazolidine-3-thione and the 5-hydrazono-1,2,4-triazolidine-3-thione (XXXVIII; $R_1=R_2=R_3=H$; $R_4=NH_2$). The 4-amino-1,2,4-triazolidine-3,5-dithione (see Table 7, method A1d)

Table 7

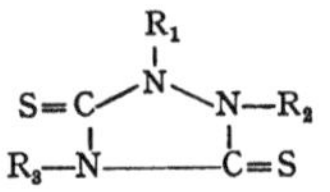

$$S=C\begin{smallmatrix}R_1\\|\\N\end{smallmatrix}\diagdown N-R_2$$
$$R_3-N\underline{\qquad}C=S$$ (Method: see Table 6)

R_1	R_2	R_3	Mp °C	Method	References
H	H	H	195—6	A, 1, b	(7, 10)
				A, 3	(77, 81)
				1	(9)
				2	(8)
C_6H_5	H	H	193	A, 2	(82)
			193	A, 3	(85)
H	H	$CH_2=CHCH_2$	148	A, 1, d	(83)
H	H	C_6H_5	216	A, 1, b	(10)
			230	A, 1, b	(78)
			216	A, 1, d	(83)
H	H	o-$CH_3C_6H_4$	223	A, 1, b	(113)
H	H	p-$CH_3C_6H_4$	213	A, 1, b	(113)
H	H	NH_2	228	A, 1, d	(8, 182)
				3	(110)

¹ Trithioallophanic acid methylester and hydrazine.
² Ring closure of thiosemicarbazino dithiocarboxylic acid methylester in sodium hydroxide.
³ Ring closure of 1-thiocarbohydrazino thiocarboxylic acid amide in concentrated hydrochloric acid.

and the 4-amino-5-hydrazino-1,2,4-triazolidine-3-thione (XXXVIII; $R_1=R_2=H$; $R_3=R_4=NH_2$) (see Table 6, method A,1,d) were also isolated as by-products. This last product is also obtained as a side-product in the reaction of thiocarbohydrazide with dimethyl trithiocarbonate (51). With substituted 2,5-dithiobiurea, the cyclization is less complicated and hydrazine reacts merely as a basic condensing agent, yielding 4,5-disubstituted-5-imino-1,2,4-triazolidine-3-thiones (XXXVIII) (78, 83).

7. Ring closure of 4-thiocarbamoylthiosemicarbazides (scheme 2)

Like the 2,5-dithiobiurea (1-thiocarbamoylthiosemicarbazides), the isomeric 4-thiocarbamoylthiosemicarbazides (XLIII) may also be converted into 5-imino-1,2,4-triazolidine-3-thiones (XXXVIII). Simultaneously the 1,2,4-triazolidine-3,5-dithiones (XL) are formed and are in many cyclizations predominant (82, 85). The 4-thiocarbamoylthiosemicarbazides (XLIII) are formed as intermediate products either by

Heterocyclic Nitrogen Containing Thioxo Compounds

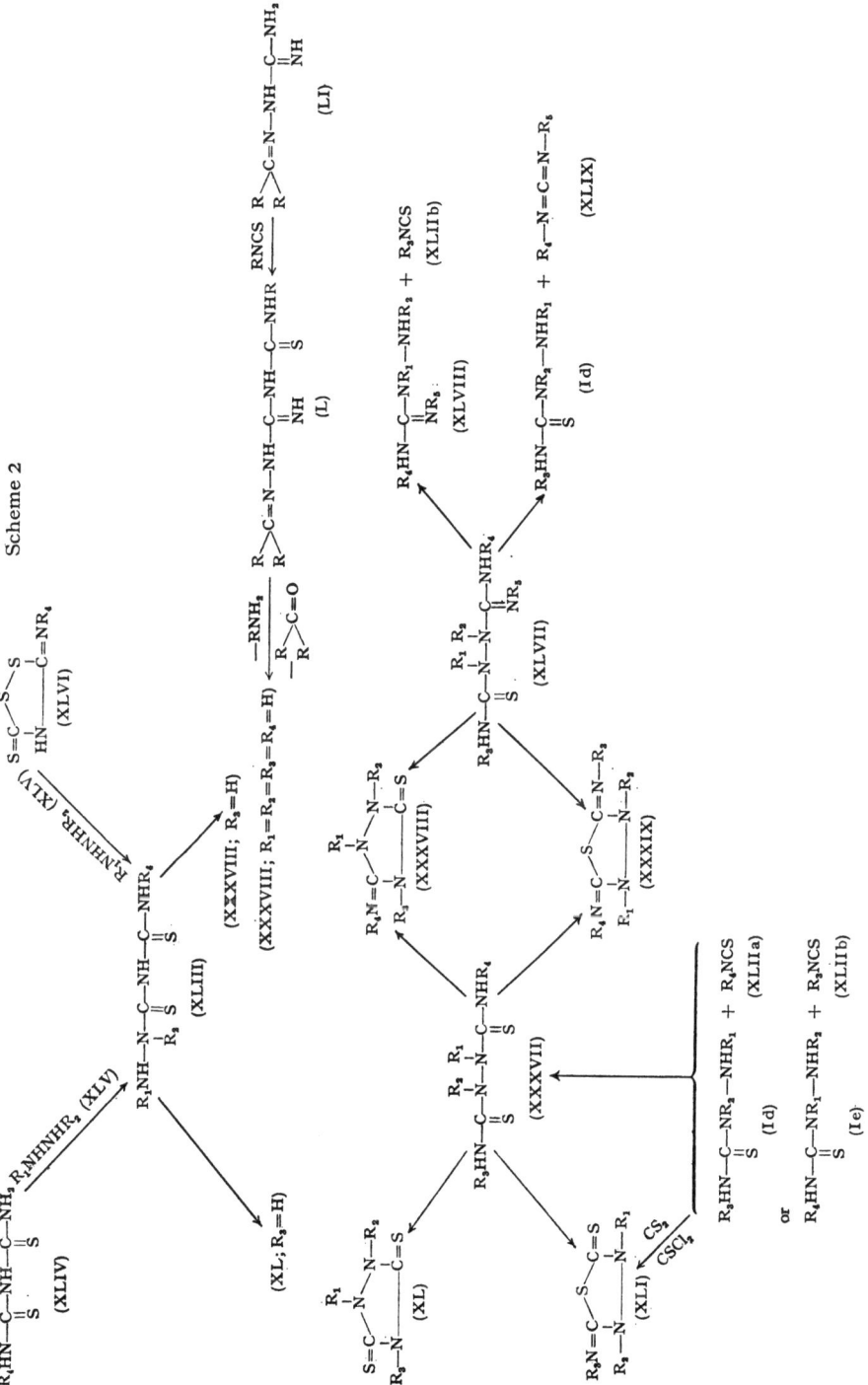

Scheme 2

reacting dithiobiurets (XLIV) on hydrazines (XLV) (*77, 79, 82*) (method A,2) or by interaction of hydrazines (XLV) with 3-(R_4-imino)-1,2,4-dithiazolidine-5-thiones (XLVI) (*85*) (method A,3) (see scheme 2, Table 6 and *7*). 1-Aryl-5-phenylhydrazono-1,2,4-triazolidine-3-thiones (see Table 6) are formed from 1-anilino-6-aryl-2,5-dithiobiurea in alkaline medium (*71*). However, in the same time, the 2-phenylhydrazono-5-arylimino-1,3,4-thiadiazolidines are formed as by-products (see further under I, A, 10).

8. Ring closure of 1-amidinothiosemicarbazides (scheme 2)

The 1-amidinothiosemicarbazides (XLVII), i.e. compounds which are very readily obtained via aminoguanidine and isothiocyanates (XLIIb) (*89, 101, 140*), are following the same cyclization process as the 2,5-dithiobiurea. In an alkaline medium, the 5-imino-1,2,4-triazolidine-3-thiones (XXXVIII) and in acid medium (namely in phosphoric acid), the 2,5-diimino-1,3,4-thiadiazolidines (XXXIX) are formed. As a basic cyclization medium, aqueous sodium hydroxide or ammonia is generally recommended. According to KURZER and his collaborators, the isolation of the 1-amidinothiosemicarbazides is not required. It is generally sufficient to treat aminoguanidine hydrochloride with the isothiocyanate in a dimethylformamide solution. After reacting some hours, aqueous sodium hydroxide is added to perform the cyclization. As soon as the evolution of ammonia ceases, the 5-imino-1,2,4-triazolidine-3-thiones are isolated by acidification (see Table 6, method B 1). The 4-[(o-trifluoromethyl)phenyl]-1-amidinothiosemicarbazide is not cyclized. Ammonia is not freed probably due to steric effects. The shielding action of the o-trifluoromethyl group inhibits the elimination of the hydrogen atom on the N_4 atom and stabilizes the 1-amidinothiosemicarbazide. In addition, the stabilization of this compound by an electron effect of the trifluoromethyl group is not excluded, although unlikely, since the p-isomer is cyclized very easily (*140*). For preparing the 1-amidinothiosemicarbazides, it is recommended to heat longer the aliphatic isothiocyanates than the aromatic isothiocyanates, which results sometimes in a spontaneous cyclization. It is also suitable to use triethylamine as a catalyst. Owing to its high dielectric constant ($\varepsilon = 36.7$), dimethylformamide is a very good reaction medium. The 1-amidinothiosemicarbazides may be isolated as their crystalline p-toluenesulphonates. A very suitable method (method B 2, Table 6) for preparing 1-disubstituted amidinothiosemicarbazides (XLVII) comprises reacting thiosemicarbazide (I d) with carbodiimides (XLIX) (*110*). During these reactions, a spontaneous cyclization occurs. Thus, by reacting thiosemicarbazide with diphenylcarbodiimide, in addition to 1-N,N'-diphenylamidinothiosemicarbazide, already about 10% 5-phenylimino-1,2,4-triazolidine-3-thione are formed, whereas 1-N,N'-diphenylamidino-4-phenylthiosemicarbazide, formed as an intermediate when reacting phenylthiosemicarbazide with diphenylcarbodiimide, cyclizes spontaneously. This cyclization yields mainly 4-phenyl-5-phenylimino-1,2,4-triazolidine-3-thione but there are also found traces of 3,5-diphenylimino-4-phenyl-1,2,4-triazolidines. These last products are always isolated as by-products from the alkaline cyclization of 1-N,N'-disubstituted amidinothiosemicarbazides, but are the main products of the cyclization in acid medium. The ring closure of 1-acyl-5-thiocarbamoyldiaminoguanidines (LIII) is related to the above cyclizations. These products formed by reacting thiosemicarbazides (I) with 2-amino-5-aryl-(alkyl)-1,3,4-oxadiazoles (LIV) are transformed in an alkaline medium in a mixture of 5-acylhydrazino-1,2,4-triazoline-3-thiones (LV) and 3-aryl-(alkyl)-5-thiosemicarbazide-1,2,4-triazoles (LVI) (94).

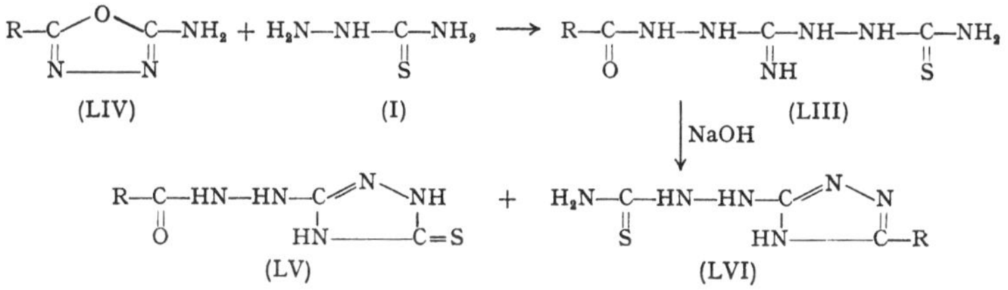

9. Ring closure of 4-thiocarbamoylaminoguanidines (scheme 2)

Reactions of isothiocyanates with thiosemicarbazides, semicarbazides and aminoguanidine are always initiated by a nucleophilic attack, wherein the N_1 atom of the hydrazine function is involved. If the hydrazino function is converted into a hydrazone function, the isothiocyanates are no more reacting with the (thio)semicarbazones, but well with the hydrazones of aminoguanidine (LI), which yields 1-alkylidene-4-thiocarbamoylaminoguanidines (L) (100, 141). These products are cyclized very readily to 5-imino-1,2,4-triazolidine-3-thione (XXXVIII; $R_1=R_2=R_3=R_4=H$) (method C, Table 6) in strong acid medium with splitting of an amine and the carbonyl compound which protected the hydrazino function of the aminoguanidine. It is not excluded that the hypothetic thiocarbamic acid (LVII) should be formed as an intermediate product, although an addition-elimination mechanism with (LVIII) as an intermediate product is more probable.

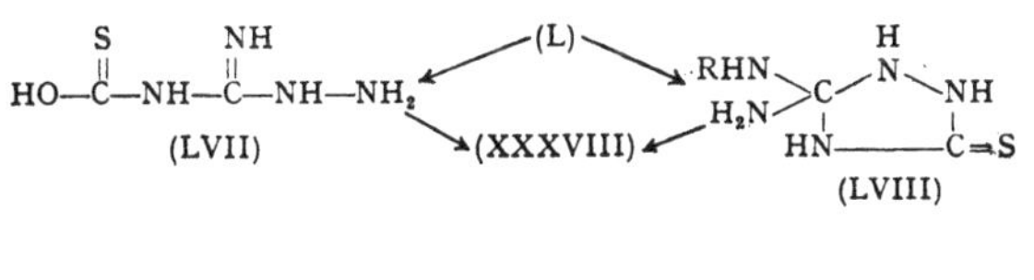

In weak acid or in alkaline medium, the 1-alkylidene-4-thiocarbamoyl-aminoguanidines (L) are cyclized into 3,5-diimino-1,2,4-triazolidines with removal of hydrogen sulfide.

10. Ring closure of thiosemicarbazides with carbondisulfide or thiophosgene (scheme 2)

As described under I, A, 6, 2,5-dithiobiurea may be cyclized into 5-imino-1,3,4-thiadiazolidine-2-thione (XLI) (method A, Table 8) by melting or in acid medium. In this connection it can also be mentioned that 5-imino-1,3,4-thiadiazolidine-2-thiones may be obtained (method C, Table 8) from the 1,2,4-triazolidine-3,5-dithiones (XL) by treatment with concentrated hydrochloric acid or by treatment with acetic anhydride followed by hydrolysis of the acetyl derivative in hydrochloric acid *(112)*. A more simple and suitable method for the preparation of these compounds comprises, however, reacting carbon disulfide with thiosemicarbazides. For a survey of our knowledge about this reaction, we refer to the monografy on carbon disulfide *(220c)*. Similar to this ring closure reaction is the interaction of thiophosgene and thiosemicarbazides resulting in the formation of 5-imino-1,3,4-thiadiazolidine-2-thiones *(27, 66)* (scheme 2) (method B, Table 8). This method may be extended to the 1,5-diarylthiocarbohydrazones (LIX). The cyclization

Table 8

$R_3N=C\underset{\underset{R_2-N-----N-R_1}{|}}{\overset{S}{\diagdown}}C=S$ Method A: Cyclisation of 2,5-dithiobiurea by heating or in acids. B: Thiosemicarbazides and thiophosgene. C: Rearrangement of 1,2,4-triazolidine-3,5-dithiones in concentrated hydrochloric acid or acetic acid anhydride.

R_1	R_2	R_3	Mp °C	Method	References
H	H	H	245	A	*(70, 113, 133)*
			245	C	*(112)*
H	H	CH_3	187	A	*(30, 34, 67)*
H	H	C_2H_5	140	A	*(70)*
H	H	$CH_2=CHCH_2$	136—7	A	*(30, 68)*
H	H	C_6H_5	219	A	*(34, 70, 78, 133)*
			219	C	*(112)*
H	H	o-$CH_3C_6H_4$	213—4	A	*(113)*
			195	A	*(133)*
H	H	p-$CH_3C_6H_4$	217—8	A	*(113)*
C_6H_5	H	C_6H_5	188—9	B	*(27)*
H	C_6H_5	C_6H_5	171—2	B	*(27)*
α-$C_{10}H_7$	H	C_6H_5	255	B	*(66)*
C_6H_5	H	C_6H_5NH	142	B[1]	*(71)*
o-$CH_3C_6H_4$	H	o-$CH_3C_6H_4NH$	180—4	B[1]	*(66)*
p-$CH_3C_6H_4$	H	p-$CH_3C_6H_4NH$	155	B[1]	*(66)*
H	H	C_6H_5NH	258—9	[2]	*(114)*

[1] Reduction of the azo-derivative (see Table 9).
[2] Ring closure of 1-anilino-6-fenyl-2,5-dithiobiurea in potassium hydroxide.

with thiophosgene yields 5-arylazo-1,3,4-Δ^4-thiadiazoline-2-thiones (LX), which may be reduced into 5-arylhydrazono derivatives (XLI; $R_3=$ NHAR—) (*66, 71*) (see Table 8) with ammonium sulfide. The latter compounds may not be obtained directly by cyclization of 1,5-diarylthiocarbohydrazides with thiophosgene. During this ring closure, there is observed a spontaneous oxidation, to 5-arylazo-1,3,4-Δ^4-thiadiazoline-2-thiones (LX) (*51*) (see Table 9).

R—N=N—C—NH—NHR   R—N=N—C(S)C=S C_6H_5—NH—NH—C—NH—NH—C—NH—C_6H_5
       ‖   ‖ | ‖   ‖
       S   N——N—R   S   S
     (LIX)   (LX)   (LXI)

Table 9.   R—N=N—C(S)C=S
              ‖ |
              N———N—H

R	Mp °C	References	R	Mp °C	References
C_6H_5	160—5	(*71*)	p-i-$C_3H_7C_6H_4$	125	(*51*)
o-$CH_3C_6H_4$	155	(*66*)	o-$C_2H_5OC_6H_4$	132	(*51*)
p-$CH_3C_6H_4$	237—8	(*66*)	o-$CH_3SC_6H_4$	172	(*51*)
p-BrC_6H_4	170	(*51*)	o-$H_5C_2OOCC_6H_4$	112	(*51*)
o-IC_6H_4	140	(*51*)	2,4$Cl_2C_6H_3$	122	(*51*)

In addition to 2-phenylimino-5-phenylhydrazono-1,3,4-thiadiazolidine, the alkaline cyclization of 1-anilino-6-phenyl-2,5-dithiobiurea (LXI) results also in the formation of 5-phenylhydrazono-1,3,4-thiadiazolidine-2-thione (XLI; $R_1=R_2=H$; $R_3=NHC_6H_5$) (*114*). Such cyclizations, wherein aniline is eliminated together with hydrogen sulfide, could not be reproduced by DUBENKO and his collaborators who have only found an elimination of hydrogen sulfide (see under I, A, 7).

11. *Ring closure of 1-carbamoylthiosemicarbazides (scheme 3)*

The chemistry of the ring closure reactions of the 1-carbamoylthiosemicarbazides (LXIII) runs parallel with that of the 1-thiocarbamoylthiosemicarbazides (2,5-dithiobiurea). FREUND and SCHANDER (*74*) have attributed the structure of the 1,2,4-triazolidin-5-one-3-thione (LXII; $R_1=R_2=R_3=H$) to the cyclization product of 1-carbamoylthiosemicarbazide (LXIII; $R_1=R_2=R_3=R_4=H$) and of 1-phenylcarbamoylthiosemicarbazide (LXIII; $R_1=R_2=R_3=H$; $R_4=C_6H_5$) in concentrated hydrochloric acid. However, according to BUSCH and LOTZ (*30*), this cyclization yields the 5-imino-1,3,4-thiadiazolidin-2-one (LXIV; $R_1=R_2=R_3=H$). Analogously to the 2,5-dithiobiurea, the 1-carbamoylthiosemicarbazides are cyclized in acid medium predominantly into structures of the type (LXIV), and in alkaline medium into structures of the type (LXII) (scheme 3). The 1-carbamoylthiosemicarbazides (LXIII) may be prepared very readily either by reacting isocyanates (LXVIII) with thiosemicarbazides (I f) *(151)* or by reacting semicarbazides (LXV) with isothiocyanates (LXIIb) *(19)*.

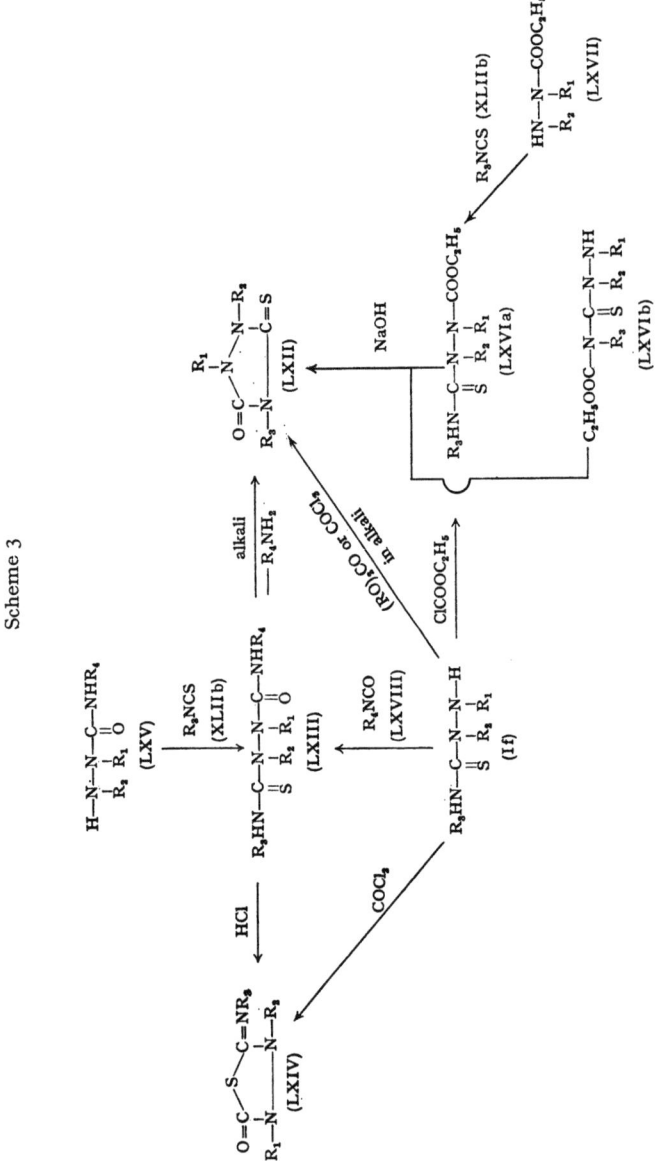

Scheme 3

a) In acids or acid anhydrides

GUHA and his collaborators *(107, 108, 133)* have studied the cyclization of various 1-carbamoylthiosemicarbazides (LXIII) in acetic anhydride. The main products of this reaction belong still to the 5-imino-1,3,4-thiazolidin-2-one type (LXIV). During some cyclization reactions, 5-imino-1,2,4-thiazolidine-3-thiones (XXXVIII) are, however, formed as by-products (see Table 6³). Sometimes, these by-products occur in their acylated form (109). From 4-substituted 1-carbamoyl-thiosemicarbazides, cyclic products having bridge-shaped structures would be formed in hydrochloric acid with $d=1.19$ (133). In the light of the present conceptions, however, such structures are no more acceptable. Since the literature does not mention generally the precise experimental conditions as well as the analytic data and the chemical properties of the obtained products, it is not justified to consider more thoroughly a possible sydnone structure of the reaction products

b) In urea

The reaction of urea with thiosemicarbazides may be considered in a manner as a cyclization of a 1-carbamoylthiosemicarbazide (LXIII).

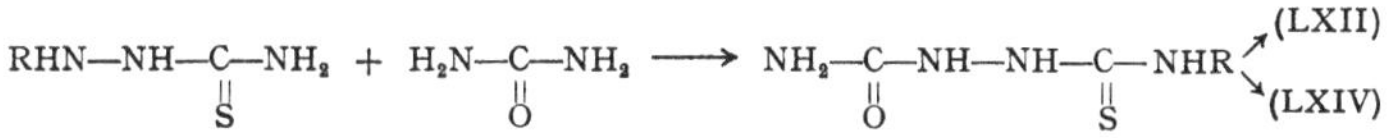

$$RHN-NH-\underset{\underset{S}{\|}}{C}-NH_2 + H_2N-\underset{\underset{O}{\|}}{C}-NH_2 \longrightarrow NH_2-\underset{\underset{O}{\|}}{C}-NH-NH-\underset{\underset{S}{\|}}{C}-NHR \begin{matrix} \nearrow (LXII) \\ \searrow (LXIV) \end{matrix}$$

$$(LXIII)$$

During these reactions, GUHA (108) has isolated as well derivatives of (LXII) as of (LXIV). The formed 1,2,4-triazolidin-5-one-3-thiones (LXII) (method A, 3, Table 10) are sometimes oxidized into the disulfides in the reaction medium. 5-Imino-1,2,4-triazolidine-3-thiones (XXXVIII) are also formed as by-products like in the cyclization reactions with acid anhydrides. The formation of these products may occasionally be initiated by a cocondensation of two moles thiosemicarbazide, wherein hydrazine and hydrogen sulfide elimination (see Table 6⁴) occurs.

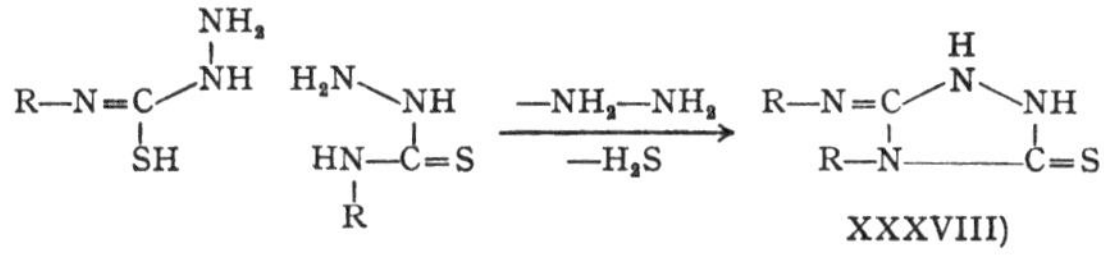

c) In alkali

To obtain 1,2,4-triazolidin-5-one-3-thiones (LXII), the cyclization of 1-carbamoylthiosemicarbazides (LXIII) is carried out in alkaline medium (10) (method A, 2, Table 10). Ring closure of a 1-N-R_4-carbamoylthiosemicarbazides results the splitting of the R_4-radical as the R_4-amine. However, at the same time, a little ammonia is eliminated, so that 4-R_4-substituted 1,2,4-triazolidin-5-one-3-thiones are also formed as by-products (10). Generally, this double elimination of amines is restricted, however, to the sole elimination of the amine of the 1-carbamoyl substitution (*151*). With 1-unsubstituted carbamoylthiosemicarbazides, only the elimination of ammonia is observed during the cyclization reaction in a solution of sodium hydroxide. The 1,2,4-triazolin-5-one-3-thiones formed with substantially quantitative yield are isolated by acidification from the reaction medium (*19*).

12. Ring closure of 1-(resp. 4-)ethoxycarbonyl(carboxy)thiosemicarbazides

1-Ethoxycarbonylthiosemicarbazides (LXVIa) are very readily prepared either from thiosemicarbazides (I f) and ethyl chloroformate or from ethyl hydrazinomonocarboxylate (LXVII) and isothiocyanates (XLIIb) (*210*). These compounds are very interesting starting products for the preparation of 1,2,4-triazolidin-5-one-3-thiones (LXII) since they are smoothly cyclized in alkaline medium (*1, 2, 25, 29, 169, 170, 210*) (method B, 1; Table 10) (scheme 3). The 1-carboxythiosemicarbazides (*32*) and the 4-ethoxycarbonylthiosemicarbazides (LXVIb) (method B, 2, Table 10) are also important starting products for the preparation of 1,2,4-triazolidin-5-one-3-thiones (LXII) (*84*). From the 1-[S-(methylthio)carbonyl]thiosemicarbazide, the 1,2,4-triazolidin-5-one-3-thione is also formed with elimination of methyl mercaptan (*10*). The 1-ethoxycarbonylthiocarbohydrazides (LXIX) obtained by reacting (LXX) with hydrazines are cyclized in alkaline medium into the corresponding 4-amino-1,2,4-triazolidin-5-one-3-thiones (LXII; R_3= NHR_4) (*25*) (Table 10). The 4-amino-1,2,4-triazolidin-5-one-3-thione itself was also obtained by GUHA by cyclizing 1-carbamoylthiocarbohydrazide in concentrated hydrochloric acid (*110*) (method A, 1, Table 10).

$$\underset{LXX}{Cl-\underset{\underset{S}{\|}}{C}-\underset{\underset{R_2}{|}}{N}-\underset{\underset{R_1}{|}}{N}-COOC_2H_5} \xrightarrow{NH_2-NHR_4} \underset{(LXIX)}{R_4NH-NH-\underset{\underset{S}{\|}}{C}-\underset{\underset{R_2}{|}}{N}-\underset{\underset{R_1}{|}}{N}-COOC_2H_5} \longrightarrow$$

$$\underset{(LXII;\ R_3=NHR_4)}{\underset{R_4\,HN-N-\!\!-\!\!-\!\!-C=S}{O=C{\diagup}^{\overset{R_1}{|}}{N}\diagdown N-R_3}}$$

13. Ring closure of thiosemicarbazides with dialkyl carbonates

When reacting dialkyl carbonates with thiosemicarbazides in an alkaline medium, preferably sodium methylate, there are obtained 1,2,4-triazolin-5-one-3-thiones in very good yields after acidification; it was not possible to isolate intermediate products of the (LXVIa) type (*177*) (see method C, Table 10).

Table 10

$$O=C\begin{matrix}R_1\\|\\N\\|\\R_3-N\end{matrix}\begin{matrix}\\ \\ \\ \\C=S\end{matrix}N-R_2$$

Method A: Cyclisation of 1-carbamoylthiosemicarbazides in 1: acids or acid anhydrides. 2: alkali. 3: urea. B: Cyclisation of ethoxycarbonylthiosemicarbazides with alkali. 1: 1-ethoxycarbonylthiosemicarbazides. 2: 4-ethoxycarbonylthiosemicarbazides. C: Ringclosure of thiosemicarbazides with dialkylcarbonates. D: Ringclosure of thiosemicarbazides with phosgene.

R_1	R_2	R_3	Mp °C	Method	References
H	H	H	206	A, 2	(10)
			206	B, 2	(84)
H	H	CH_3	210—2	A, 2	(19)
			212	A, 2	(151)
H	H	C_2H_5	184—4,5	A, 2	(19)
H	H	n-C_3H_7	175—6	A, 2	(19)
H	H	i-C_3H_7	174—5	A, 2	(19)
H	H	n-C_4H_9	154,5—5,5	A, 2	(19)
H	H	n-C_5H_{11}	151—1,5	A, 2	(19)
H	H	n-C_6H_{13}	146,5—7,5	A, 2	(19)
H	H	Cyclo C_6H_{11}	185—6	B, 1	(210)
H	H	n-C_7H_{15}	145,5—6,5	A, 2	(19)
H	H	$C_6H_5CH_2$	216,5—7,5	A, 2	(19)
			218—9	B, 1	(210)
H	H	$C_6H_5(CH_2)_2$	171,5—2,5	A, 2	(19)
H	H	C_6H_5	193,5—5,5	A, 2	(19)
			196	A, 2	(10)
			197	A, 3	(108)
			195	B, 1	(210)
			195	B, 2	(84)
			192—3	C	(177)
H	H	p-$CH_3C_6H_4$	222—4	A, 2	(210)
			223—5	B, 1	(210)
			disulfide	A, 3	(108)
H	H	m-$CH_3C_6H_4$	180	B, 1	(210)
H	H	2,3(CH_3)$_2C_6H_3$	195	A, 3	(108)
			194	B, 1	(210)
H	H	p-ClC_6H_4	217—8	B, 1	(210)
			216	C	(177)
H	H	m-ClC_6H_4	205—6	B, 1	(210)
H	H	p-BrC_6H_4	245—7	B, 1	(210)
H	H	p-$CH_3OC_6H_4$	240	B, 1	(210)
H	H	p-$C_2H_5OC_6H_4$	196—8	C	(177)
H	H	α-pyridyl	215—6	C	(177)
C_6H_5	H	H	192—3	B, 1	(1)
			195	B, 2	(49)
H	C_6H_5	H	227—30	A, 2	(176)
H	$C_6H_5CH_2$	CH_3	157	D	(32)
H	$C_6H_5CH_2$	$CH_2=CHCH_2$	161	D	(32)
H	CH_3	C_6H_5	212	D	(161)
H	C_6H_5	CH_3	203	B, 1	(32)
C_6H_5	H	CH_3	185	B, 1	(2)
H	$C_6H_5CH_2$	C_6H_5	218	D	(32)
H	p-BrC_6H_4	C_2H_5	190	D	(157)
H	C_6H_5	C_6H_5	219—21	B, 1	(25)
			221—3	B, 1	(169)
			219—21	D	(23)
H	p-$CH_3C_6H_4$	C_6H_5	239—40	D	(23)

Table 10 (continued)

R_1	R_2	R_3	Mp °C	Method	References
H	m-$CH_3C_6H_4$	C_6H_5	259	D	(23)
H	p-ClC_6H_4	C_6H_5	204—5	D	(157)
H	m-ClC_6H_4	C_6H_5	259—60	D	(23)
H	p-BrC_6H_4	C_6H_5	255	D	(23, 157)
H	m-$Br_2C_6H_4$	C_6H_5	257	D	(23)
H	β-$C_{10}H_7$	C_6H_5	295	D	(23)
H	C_6H_5	2,4$(CH_3)_2C_6H_3$	262	D	(157)
H	p-ClC_6H_4	p-ClC_6H_4	249	D	(157)
H	p-$CH_3C_6H_4$	p-ClC_6H_4	275	D	(157)
H	p-BrC_6H_4	β-$C_{10}H_7$	278	D	(157)
H	p-$CH_3C_6H_4$	β-$C_{10}H_7$	275	D	(157)
C_6H_5	H	C_6H_5	135	A, 2	(29)
				B, 1	(29)
				2	(24)
C_6H_5	CH_3	C_6H_5	165,5	D	(28)
				1	(28)
CH_3	C_6H_5	C_6H_5	165	A, 2; D	(28)
H	H	NH_2	195—6	A, 1	(110)
H	C_6H_5	NH_2	191—2	B, 1	(25)
H	C_6H_5	C_6H_5NH	184	B, 1	(25)
H	C_6H_5	p-$CH_3C_6H_4NH$	190	B, 1	(25)
H	p-$CH_3C_6H_4$	C_6H_5NH	219	B, 1	(25)

[1] Ringclosure of 1-methyl-2,4-diphenylsemicarbazide-1-thiocarboxylic acid chloride in alkali.

[2] Ringclosure of 1-(N-phenylcarbamoyl)1-phenyl-S-ethyl-dithiocarbazate.

14. Ring closure of thiosemicarbazides with phosgene

The reaction of phosgene with thiosemicarbazides was extensively studied at the beginning of this century by many investigators [MARCKWALD (157, 161), BUSCH (23, 28, 32), NIRDLINGER and ACREE (170)]. As it was the case for many of these cyclization reactions, the obtained heterocyclic compounds have formed the subject of numerous structure discussions. This is easy to understand. A polyfunctional compound as thiosemicarbazide may not only give rise to different heterocyclic ring systems, but the first formed structures may also be converted into other heterocyclic systems, during the purification or the separation of the reaction products. Arguments pro or contra the proposed and the given structure were generally so unconvinced that it seems no more justified to give a more complete study thereof in the scope of our present knowledge of these cyclization reactions. Shortly, it may be assumed that the reaction of phosgene with thiosemicarbazides results mainly in the formation of 2-imino-1,3,4-thiadiazolidin-5-ones (LXIV) which are converted into 1,2,4-triazolidin-5-one-3-thiones (LXII) either by heat (161) or by alkali (method D, Table 10). This conversion is of the conventional type and it may proceed via the intermediary 1-carboxythiosemicarbazide. In some cases, it was possible to isolate these compounds (*32*). Finally, it may be mentioned that the 1,2,4-triazolidin-5-one-3-thiones may be also obtained by a similar exchanged reaction, namely by interaction of thiophosgene and semicarbazide. The 1-methyl-2,4-diphenylsemicarbazido-1-thiocarboxylic acid chloride is cyclized in alkali into 1,4-diphenyl-2-methyl-1,2,4-triazolidin-5-one-3-thione (*28*) (Table 10²). The same occurs with the 3-(phenylcarbamoyl)-3-phenyl-S-ethyl dithiocarbazate, from which 1,4-diphenyl-1,2,4-triazolidin-5-one-3-thione is formed with ethyl mercaptan splitting (*24*) (Table 10²).

B. Formation of tetrazoline-5-thiones

1. Ring closure of thiosemicarbazides with nitrous acid

The structure of the reaction products obtained by reacting nitrous acid with thiosemicarbazides (I) and 4-substituted thiosemicarbazides (Ig) was thoroughly studied in the last years especially by menas of spectrophotometric methods. This examination has confirmed the structure of the 5-amino-1,2,3,4-thiatriazoles (LXXII) as already proposed in 1895.

$$\text{RNH-C-NH-NH}_2 \xrightarrow{\text{HNO}_2} \left[\text{S=C} \begin{array}{c} \text{NHR} \\ \text{N}_3 \end{array} \right] \longrightarrow \text{RNH-C} \begin{array}{c} \text{S} \\ \text{N} \end{array} \text{N} \xrightarrow{\text{NaOH}} \text{S=C} \begin{array}{c} \text{R} \\ \text{N} \\ \text{HN} \end{array} \text{N}$$

(Ig)   (LXXI)   (LXXII)   (LXXIII)

In fact, FREUND and his collaborators have established that the acyclic thiocarbamoyl azide structure (LXXI), proposed by ALIVANI-MANDALA (*173*), was excluded since by hydrolysis in water, only nitrogen and sulfur and no hydrazoic acid are formed (*69, 73, 75*). The I. R. examinations of LIEBER and his collaborators (*146, 147, 149, 150*) and the I. R. examinations together with the nuclear resonance spectroscopic examinations of KUHN and MECKE (*139*) have definitively established that the primary products formed during the reaction of nitrous acid with thiosemicarbazides are 5-amino-1,2,3,4-thiatriazoles (LXXII) and not thiocarbamoyl azides (LXXI). However, these 5-amino-1,2,3,4-thiatriazoles are formed only with thiosemicarbazides having no substituent neither in the 1-position, nor in the 2-position (*54, 139, 148*). The importance of the 5-amino-1,2,3,4-thiatriazoles for the synthesis of heterocyclic nitrogen-containing thioxo compounds is due to the fact that these products may be converted into Δ_2-tetrazoline-5-thiones (LXXIII) in strong alkaline medium (69, 149), so that a new synthesis for these interesting thioxo compounds was found. The usual synthesis for these compounds comprises reacting sodium azide with isothiocyanates or with S-alkyl dithiocarbamates (220d). As a restriction, these conversion reactions are only successful with the 5-arylamino- and the 5-aralkylamino-1,2,3,4-thiatriazoles (see Table 11). The 5-amino- and the 5-alkylamino-1,2,3,4-thiatriazoles (LXXII; R=H or alkyl) are decomposed in sulfur and nitrogen in alkaline solution (69).

Table 11

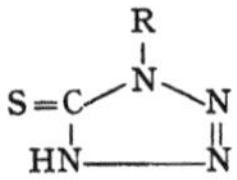

$$S=C \underset{HN}{\overset{R}{\underset{|}{\overset{|}{N}}}} \underset{N}{\overset{N}{\underset{||}{\underset{N}{N}}}}$$

R	Rp °C	References
C_6H_5	148—148,5	(69, 149)
p-$CH_3C_6H_4$	150	(149)
o-$CH_3C_6H_4$	121—3	(149)
p-$CH_3OC_6H_4$	150	(149)
o-$CH_3OC_6H_4$	139—140	(149)
p-ClC_6H_4	156—7	(149)
$C_6H_5CH_2$	138—9	(149)

II. Formation of 6-Ring-heterocyclic nitrogen containing thioxo compounds

A. Ring closure of thiosemicarbazides with α,β-dicarbonyl compounds and formation of 2,3-dihydro-1,2,4-triazine-3-thiones

The reaction of α,β-dicarbonyl compounds (LXXIV) with thiosemicarbazides (Ih) has been the starting point of the chemistry of the 2,3-dihydro-1,2,4-triazine-3-thiones (LXXVI). This ring system was previously substantially unexplored. There was only known the 5-phenyl-2,3-dihydro-1,2,4-triazine-3-thione, prepared via the relatively complicated synthesis of WOLFF-LINDENHAYN (213). According to this synthesis, starting from diazoacetophenone (LXXVIII; $R_2=C_6H_5$; $R_3=H$) and from potassium cyanide, there was prepared α-cyanoazoacetophenone (LXXVII; $R_2=C_6H_5$; $R_3=H$) which was converted into the thioamide (LXXVb; $R_2=C_6H_5$; $R_3=H$) by the addition of hydrogen sulfide. The 5-phenyl-2,3-dihydro-1,2,4-triazine-3-thione (LXXVI; $R_2=C_6H_5$; $R_3=H$) resulted from the ring closure of the thioamide.

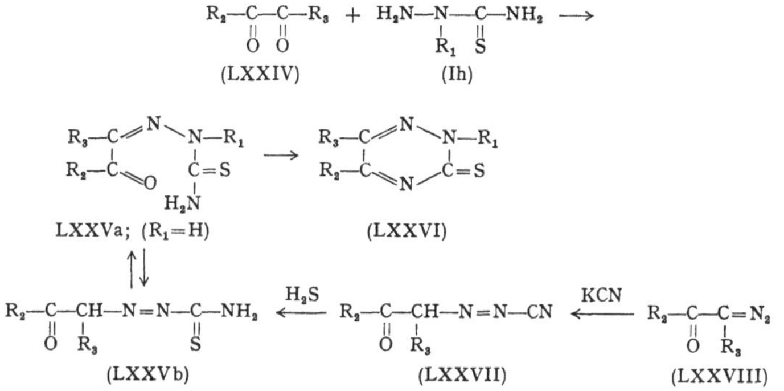

$$R_2-\underset{\underset{O}{\|}}{C}-\underset{\underset{O}{\|}}{C}-R_3 + H_2N-\underset{\underset{R_1}{|}}{N}-\underset{\underset{S}{\|}}{C}-NH_2 \longrightarrow$$

(LXXIV)   (Ih)

LXXVa; (R₁=H)   (LXXVI)

↑↓

(LXXVb) ⟵H_2S— (LXXVII) ⟵KCN— (LXXVIII)

$R_2-\underset{\underset{R_3}{|}}{\underset{\|}{C}}-CH-N=N-C-NH_2$ ... $R_2-\underset{\underset{R_3}{|}}{\underset{\|}{C}}-CH-N=N-CN$ ... $R_2-\underset{\underset{R_3}{|}}{\underset{\|}{C}}-C=N_2$

This method was extended later by ROSSI (*186*) to other diazo ketones (method B, Table 12). It was also established that (LXXVb) exists in the tautomeric thiosemicarbazone structure (LXXVa) rather than in the azo structure. ROSSI found it also apparent to prepare these monothiosemicarbazones from α,β-diketones. It should be noted, however, that condensed 2,3-dihydro-1,2,4-triazine-3-thiones were already previously obtained by reacting condensed α,β-diketones or o-quinones with thiosemicarbazides. The 9,9-dimethyl-5,8-methano-5-methyl-2,3,5, 6,7,8-hexahydro-1,2,4-benzotriazine-3-thione was obtained from camphor quinone and thiosemicarbazide via the alkaline cyclization of the monothiosemicarbazone (*64*). Monothiosemicarbazones of phenanthrenequinones are also cyclized into phenanthro(9,10-e)-2,3-dihydro-1,2,4-triazine-3-thiones (*45*) (see Table 12). The ring closure of the monothiosemicarbazones of alloxan (LXXIX) and of methylalloxan (LXXX) is, however, anomalous. The alloxan ring is split during the cyclization reaction in sodium hydroxide, resulting in the formation of resp. 6-carboxy-2,3,4,5-tetrahydro-1,2,4-triazin-5-one-3-thione (LXXIX) (see Table 14) from alloxan thiosemicarbazone (LXXXIX; R=H), resp. 5-amino-6-methylcarbamoyl-2,3-dihydro-1,2,4-triazine-3-thione (LXXXII) (see Table 12) from methyl alloxan thiosemicarbazone (LXXXIX; R=CH₃) (*123*).

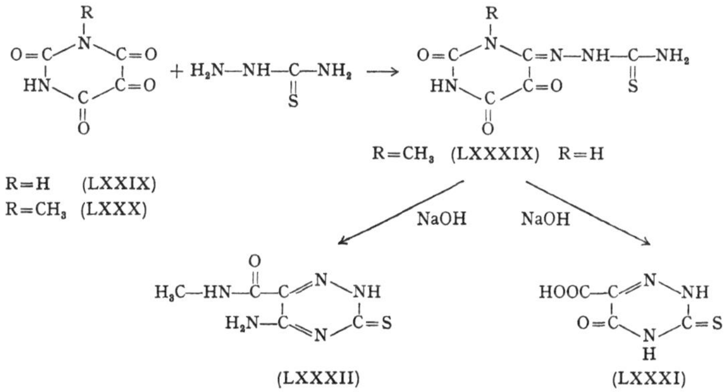

R=H (LXXIX)
R=CH₃ (LXXX)

R=CH₃ (LXXXIX)   R=H

NaOH   NaOH

(LXXXII)   (LXXXI)

For the synthesis of 2,3-dihydro-1,2,4-triazine-3-thiones (LXXVI) from α,β-diketones (LXXIV) or from glyoxals (LXXIV; R_3=H), the monothiosemicarbazones (LXXVa) are generally prepared firstly either in acetic acid or in ethyl alcohol. The use of hydrochloric acid is avoided since it promotes the formation of dithiosemicarbazones *(178)*. The

Table 12

Method A: Starting from α,β-dicarbonyl compounds. B: Starting from diazo ketones.

R_1	R_2	R_3	Mp °C	Method	References
H	C_6H_5	H	197—8	A	*(211)*
				B	*(233)*
H	p-ClC$_6$H$_4$	H	208—9	A	*(211)*
H	p-BrC$_6$H$_4$	H	202—3	A	*(211)*
H	p-OHC$_6$H$_4$	H	243—4	A	*(186)*
H	p-C$_2$H$_5$-C$_6$H$_4$	H	233—4	A	*(186)*
H	β-C$_{10}$H$_7$	H	234—5	A	*(186)*
H	C$_6$H$_5$CH$_2$	H	169—70	B	*(186)*
H	n-C$_5$H$_{11}$	H	97	B	*(186)*
H	Cyclo-C$_6$H$_{11}$	H	225	B	*(186)*
H	(thienyl group)	H	234	A	*(186)*
H	(benzofuryl group)	H		A	*(62)*
H	(isoxazolyl group, H$_3$C—C=N—O—CH)	H	188—9	B	*(186)*
H	C$_6$H$_5$	CH$_3$	172	A	*(186)*
H	C$_6$H$_5$	C$_2$H$_5$	175	A	*(186)*
CH$_3$	C$_6$H$_5$	H	194	A	*(211)*
H	C$_6$H$_5$	C$_6$H$_5$	209—210	A	*(96)*
			240	A	*(178)*
H	p-CH$_3$OC$_6$H$_4$	p-CH$_3$OC$_6$H$_4$	226—7	A	*(96)*
			255	A	*(178)*
H	o-CH$_3$OC$_6$H$_4$	o-CH$_3$OC$_6$H$_4$	227—8	A	*(96)*
H	3,4(OCH$_2$O)C$_6$H$_3$	3,4(OCH$_2$O)C$_6$H$_3$	225—6	A	*(96)*
H	p-OHC$_6$H$_4$	p-OHC$_6$H$_4$	270	A	*(178)*
H	p-CH$_3$CONHC$_6$H$_4$	p-CH$_3$CONHC$_6$H$_4$	315	A	*(178)*
H	CH$_2$COOC$_2$H$_5$	CH$_2$COOC$_2$H$_5$	162	A	*(105)*
H	[9,10]-fenanthro		198	A	*(45)*
H	6(or 11)-nitro-[9,10]-fenanthro		>300	A	*(45)*
H	8(or 9)-nitro-[9,10]-fenanthro		230	A	*(45)*
H	4,6-dinitro-[9,10]-fenanthro		220	A	*(45)*
H	(bicyclic structure with H$_3$C—C, CH$_3$, CH$_3$, CH, H$_2$C—CH$_2$)		207	A	*(64)*
H	NH$_2$	CONHCH$_3$	208—10	1	*(123)*

[1] Cyclisation of methylalloxanthiosemicarbazide.

monothiosemicarbazones are cyclized readily in alkaline medium (method A, Table 12). According to a slightly modfied method, the 2,3-dihydro-1,2,4-triazine-3-thiones may also be obtained directly (the separation of the monothiosemicarbazones is unnecessary) by melting the α,β-diketones with the thiosemicarbazides (96) or by boiling both reagents for a long time in acetic acid (45, 178). The 2-arylthiosemicarbazides are forming only the dithiosemicarbazones (211), but the 2-methylthiosemicarbazones can be cyclized (211). The ring closure of 4-arylthiosemicarbazones is, however, unsuccessful.

1,4-Diethoxycarbonyldiacetyl- (LXXIV; $R_2=R_3=CH_2COOC_2H_5$) dithiosemicarbazone yields the corresponding 2,3-dihydro-1,2,4-triazine-3-thione (LXXVI; $R_1=H$, $R_2=R_3=CH_2COOC_2H_5$) in boiling alcohol (105).

B. Formation of tetrahydro-1,2,4-triazine-3-thiones

1. α,β-keto alcohols and thiosemicarbazides

According to the preparation of 2,3-dihydro-1,2,4-triazine-3-thiones from the monothiosemicarbazones of α,β-diketones the tetrahydro-1,2,4-triazine-3-thiones (LXXXV) are formed by cyclization of the monothiosemicarbazones (LXXXIV) of α,β-keto alcohols (acyloines) (LXXXIII) (96) (method A, Table 13).

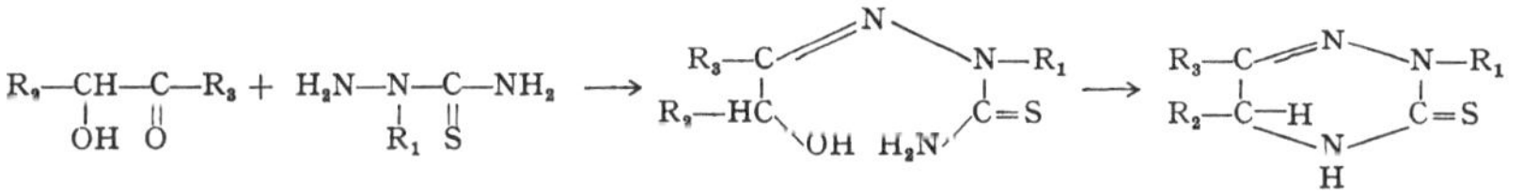

$$R_2-CH-C-R_3 + H_2N-N-C-NH_2 \longrightarrow \underset{\underset{(LXXXIV)}{}}{\overset{\overset{R_3-C\diagdown_{N}\diagdown_{N-R_1}}{}}{R_2-HC\diagup_{OH}\diagup_{H_2N}\diagdown C=S}} \longrightarrow \underset{\underset{(LXXXV)}{}}{\overset{\overset{R_3-C\diagdown_{N}\diagdown_{N-R_1}}{}}{R_2-C-H\diagdown_{N}\diagup C=S}}$$
$$\text{ } \overset{|}{OH} \overset{||}{O} \qquad \overset{|}{R_1} \overset{||}{S}$$
(LXXXIII) (Ih)

The formation of the monothiosemicarbazones as well as the cyclization reaction are carried out in the same conditions as those in which the 2,3-dihydro-1,2,4-triazine-3-thiones (LXXVI) are formed. These last compounds may be otherwise reduced into the tetrahydro derivatives (LXXXV) with zinc and acetic acid (96) (method B).

From α-phthalimidoaldehydethiosemicarbazones (LXXXVI) and hydrazine, not only 3-imino-5-alkyl-2,3,4,5-tetrahydro-1,2,4-triazines (LXXXVII), but also 2,3,4,5-tetrahydro-1,2,4-triazine-3-thiones (LXXXV) ($R_1=R_3=H$) are formed (65) (method C, see Table 13). Condensed tetrahydro-1,2,4-triazine-3-thiones of the norcamphane type are obtained by cyclization of 4-(3-camphyl)-2-R_1-thiosemicarbazides

(*63, 156*) (see Table 13). The unsubstituted tetrahydro-1,2,4-triazine-3-thione may only be obtained via a modified route, consisting in the

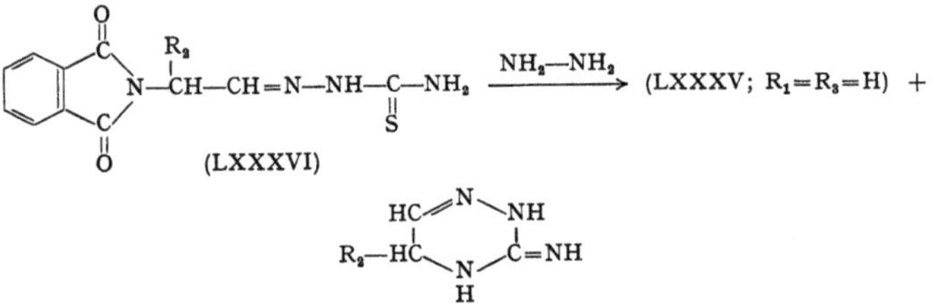

$$\text{(LXXXVI)} \xrightarrow{NH_2-NH_2} \text{(LXXXV; } R_1=R_3=H) +$$

(LXXXVII)

reaction of hydrazine on isothiocyanatoacetaldehyde diethyl acetal (LXXXVIII) (*212*).

$$S=C=N-CH_2-CH(OC_2H_5)_2$$
(LXXXVIII)

Table 13

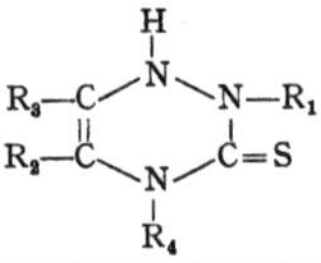

Method A: thiosemicarbazides and α,β-keto alcohols. B: Reduction of 2,3-dihydro-1,2,4-triazino-3-thiones. C: α-phtalimidoaldehydethiosemicarbazones and hydrazine. D: Starting from 1-o-aminofenylthiosemicarbazides.

R_1	R_2	R_3	R_4	Mp °C	Method	References
H	i-C_3H_7	H	H	Hydrate 189—90	C	(*65*)
H	i-C_4H_9	H	H	90—1	C	(*65*)
H	$CH_2C_6H_5$	H	H	Hydrate 208—10	C	(*65*)
H	H	H	H	200—2		(*212*)
H	C_6H_5	C_6H_5	H	222—3	A B	(*96*) (*96*)
H	p-$CH_3OC_6H_4$	p-$CH_3OC_6H_4$	H	160	A	(*96*)
H	o-$CH_3OC_6H_4$	o-$CH_3OC_6H_4$	H	252	A	(*96*)
H	3,4($OCH_2O)C_6H_3$	3,4($OCH_2O)C_6H_3$	H	222	A	(*96*)
H	—CH=CH—CH=CH—		C_6H_5	151	D	(*111*)
H	—CH=CH—CH=CH—		p-$CH_3C_6H_4$	182	D	(*111*)
H	—CH=CH—CH=CH—		$(CH_3)_2C_6H_3$	173—4	D	(*111*)
H	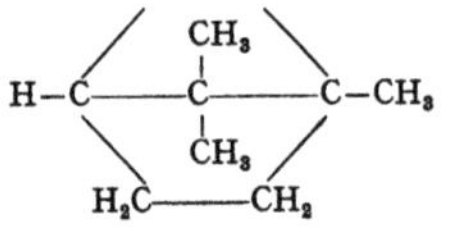 (adamantyl-like structure)		H	39	A	(*156*)
C_6H_5	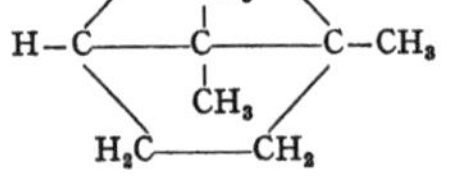 (adamantyl-like structure)		H	235	A	(*63*)

2. *Ring closure of 1-o-nitro(resp. o-amino)phenylthiosemicarbazides*

The 1,2,3,4-tetrahydro-1,2,4-benzotriazine-3-thiones (XC) may be obtained either by reductive cyclization of 1-(o-nitrophenyl)thiosemicarbazides (XCI) with tin chloride in hydrochloric acid either by cyclization of 1-(o-aminophenyl)thiosemicarbazides (XCII) in a mixture of acetic anhydride and hydrochloric acid (111) (see Table 13, method D).

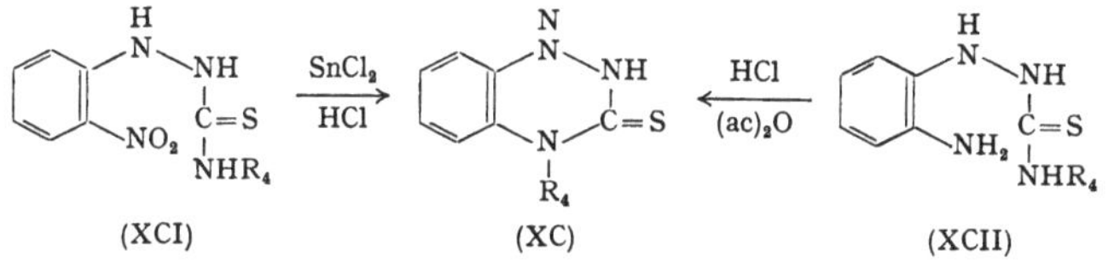

(XCI)   (XC)   (XCII)

In Table 13 are tabulated the tetrahydro-1,2,4-triazine-3-thiones, obtained according to the various methods outlined above. For sake of uniformity, the formula of each product has been written under the tautomeric 1,2,3,4-tetrahydro form.

C. Ring closure of thiosemicarbazides with α-keto carboxylic acid derivatives and formation of 2,3,4,5-tetrahydro-1,2,4-triazin-5-one-3-thiones

From α-keto carboxylic acids (XCIIIa; R_4=H) and thiosemicarbazides (Ia), thiosemicabarzones (XCIV) are formed very readily, preferably in light acid medium. These monothiosemicarbazones are cyclized in alkaline medium into 2,3,4,5-tetrahydro-1,2,4-triazin-5-one-3-thiones (XCV) even at normal temperature, but preferably by heating. Generally, alkali hydroxides or alkali carbonates and sometimes dimethylformamide are recommended. After the cyclization, the reaction medium is acidified, and the 2,3,4,5-tetrahydro-1,2,4-triazin-5-one-3-thiones, insoluble in neutral or acid medium, precipitate. These cyclization reactions occur with nearly quantitative yield. The yields of 2,3,4,5-tetrahydro-1,2,4-triazin-5-one-3-thiones having R_3=H or R_3=CH_3 are a little smaller than those obtained with the higher aliphatic homologues or with the aromatic or heterocyclic substituted compounds (116). Mainly the French school (CATTELAIN, BOUGAULT, GODFRIN, LIEBERMANN) together with research laboratoria in Switzerland (Ciba) and Middle Europe (Gut, Hadecek, Slouka, Tisler) have much contributed to the study of these compounds, some of which have a tuberculostatic action in vivo.

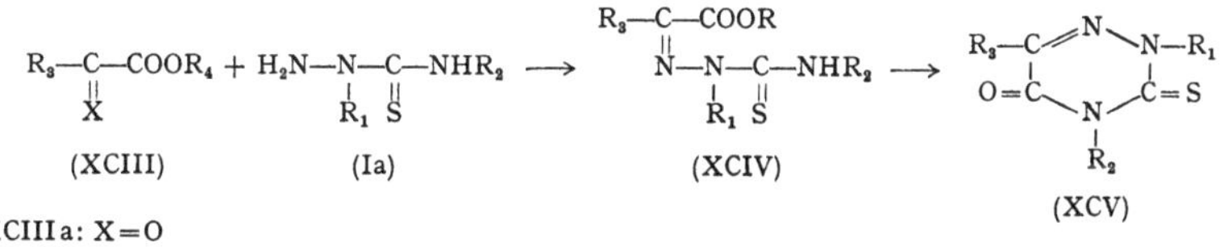

(XCIII)   (Ia)   (XCIV)   (XCV)

XCIIIa: X=O
XCIIIb: X=NOH
XCIIIc: X=S

Instead of α-keto carboxylic acids, α-keto acid esters (XCIIIa; $R_4=$ alkyl) *(43, 59)* or α-keto carboxylic acid anilides *(124)* may also be used *(43, 59)*. An other preparation of 2,3,4,5-tetrahydro-1,2,4-triazin-5-one-3-thiones (XCV) starts from 2-phenyl-4-(substituted alkylidene) oxazolone (XCVI) and thiosemicarbazides. It is unnecessary to isolate the keto acids intermediately formed by hydrolysis of (XCVI) (method D, Table 14) *(199)*.

$$O=C\diagup^{O}\diagdown C-C_6H_5$$
$$R-HC=C\underline{\qquad}N$$
(XCVI)

The interest devoted to these compounds for pharmacological purposes has stimulated the further extension of this ring system. However, this extension was restrained by the difficult availability of some α-keto carboxylic acids. In 1939, GODFRIN *(103)* has prepared some monothiosemicarbazones of aliphatic α-keto carboxylic acids starting from the oximes α-keto carboxylic acids (or esters) (XCIIIb) and thiosemicarbazide. These oximes may be prepared in a relatively simple manner by nitrozation of carboxylic acid esters. This method was further developed by HAGENBACH and his collaborators *(95, 120, 121)*. Owing to this method (method B, Table 14), the range of 2,3,4,5-tetrahydro-1,2,4-triazin-5-one-3-thiones having an aromatic or heterocyclic substituent in the 6-position was substantially extended.

Still another method (method C, Table 14), which is, however, only of theoretical interest, starts from α-mercaptoacrylic acids or the tautomeric α-thioxo carboxylic acids (XCIII) *(99)*. The reaction of thiosemicarbazides with the thioxo analogues of α-keto carboxylic acids proceeds in a substantially similar manner as the reaction with α-keto carboxylic acids themselves.

Thiosemicarbazides can be replaced by 2-substituted and by 2,4-disubstituted thiosemicarbazides in the ring closure reaction with α-keto carboxylic acids or their oximes. 4-Substituted thiosemicarbazides behaves anomalous. The ring closure does not proceed with thienylglyoxylic acid 4-phenylthiosemicarbazone *(121)* and with phenylglyoxylic acid 4-benzylthiosemicarbazone *(38)*. Phenylglyoxylic acid 4-methyl- resp. 4-ethylthiosemicarbazones, however, cyclize *(38)*. In this connection it appears from the studies of TISLER *(213)* that not only the nature of the N-4-substituent of the thiosemicarbazide, but also the nature of the R_3-substituent of the α-keto carboxylic acid have an influence upon the cyclization course. The cyclization of 4-arylthiosemicarbazones of pyruvic acid and of phenylglyoxylic acid proceeds quickly by boiling in aqueous ethyl alcohol. It is even unnecessary to isolate the 4-phenylthiosemicarbazone of phenylglyoxylic acid, since the ring closure proceeds spontaneously on heating for some hours. However,

Table 14

$R_3-C(=N-N-R_1)-...-O=C(-N(R_2)-C=S)$

Method A: α-ketocarboxylic acid derivatives and thiosemicarbazides. B: oximes of α-ketocarboxylic acids and thiosemicarbazides. C: α-thioxocarboxylic acids and thiosemicarbazides. D: 2-phenyl-4-alkylidene oxazolones and thiosemicarbazides.

R_1	R_2	R_3	Mp °C	Method	References
H	H	H	250—2	A	(43, 115, 144)
H	H	CH_3	220	A	(18, 117)
			218—9	A	(43, 115, 144)
H	H	C_2H_5	168; 166—7	A	(116, 144)
			165	B	(103)
H	H	n-C_3H_7	152; 149—150	A	(144, 207)
			148	B	(103)
H	H	i-C_3H_7	215		(116, 144)
H	H	n-C_4H_9	143—4	A	(207)
			143	B	(103)
H	H	i-C_4H_9	182	B	(103)
H	H	t-C_4H_9	303	A	(116)
H	H	n-C_5H_{11}	143	A	(116)
H	H	n-C_6H_{13}	135	A	(207)
H	H	n-C_7H_{15}	135—6	A	(144)
H	H	n-C_8H_{17}	133,5—134,5	A	(207)
H	H	cyclo C_6H_{11}	266—8	D	(199)
H	H	n-$C_{10}H_{21}$	133—4	A	(207)
H	H	n-$C_{12}H_{25}$	135—6	A	(207)
H	H	C_6H_5	257—8	A	(124)
			256	E	(138)
			256	A	(17, 116, 215)
			258—9	A	(144)
H	H	α-$C_{10}H_7$	228—9	A	(121)
H	H	β-$C_{10}H_7$	274		(179)
H	H	$C_6H_5CH_2$	194	A	(17)
			188—9	A	(144)
			194—5	D	(199)
			194—5	A	(215)
H	H	p-$CH_3C_6H_4CH_2$	218—9	A	(215)
H	H	$C_6H_5CH_2CH_2$	210	A	(17)
H	H	$C_6H_5CH=CH$	266	A	(16)
H	H	$C_6H_5CH=CH-CH=CH$		A	(198b)
H	H	p-$C_2H_5C_6H_4$	265	A	(95)
H	H	$C_6H_5CH_2CO$	240	A	(142)
H	H	p-$CH_3OC_6H_4$	265		(97)
			278—80	A	(95, 121)
H	H	o-$CH_3OC_6H_4CH_2$	157—8	D	(199)
H	H	p-$CH_3OC_6H_4CH_2$	177		(99)
			170—1	A	(215)
H	H	p-$C_2H_5OC_6H_4CH_2$	198—9	A	(215)
H	H	p-$C_3H_7OC_6H_4CH_2$	186—7	A	(215)
H	H	p-$CH_3OC_6H_4CH=CH$	286—8	A	(198b)
H	H	p-$CH_3OC_6H_4CH_2CH_2$	171	A	(39)

Table 14 (continued)

R_1	R_2	R_3	Mp °C	Method	References
H	H	p-HOCH$_2$CH$_2$OC$_6$H$_4$	266—8	A	(95, 121)
H	H	3,4(CH$_3$O)$_2$C$_6$H$_3$	276	A	(95, 121)
H	H	3,4(C$_2$H$_5$O)$_2$C$_6$H$_3$CH$_2$	156—7	A	(215)
H	H	3,4(CH$_3$O)$_2$C$_6$H$_3$CH$_2$	207—8	D	(199)
			204—5	A	(215)
H	H	3(CH$_3$O)4CH$_3$C$_6$H$_3$	273	A	(95)
H	H	3(CH$_3$O)4OHC$_6$H$_3$	274—6	A	(95, 121)
H	H	p-OHC$_6$H$_4$	282—3	A	(95, 121)
H	H	p-OHC$_6$H$_4$CH$_2$	221—2	A	(215)
H	H	2,4(OH)$_2$C$_6$H$_3$	312	A	(95, 121)
H	H	3,4(OH)$_2$C$_6$H$_3$	310—20	A	(121)
H	H	CH$_2$SCH$_2$C$_6$H$_5$	168—70	A	(47)
H	H	p-CH$_3$SC$_6$H$_4$	238—40	A	(95, 121)
H	H	p-C$_2$H$_5$SC$_6$H$_4$	266—8	A	(121)
H	H	p-CH$_3$SO$_2$C$_6$H$_4$	307—8	A; B	(95, 121)
H	H	p-C$_2$H$_5$SO$_2$C$_6$H$_4$	302—4	A; B	(95, 121)
H	H	COOH	247	A	(11, 60, 144)
			247	1	(123)
H	H	C$_2$H$_5$COO	206—7	A	(11, 144)
H	H	CH$_2$COOH	181	A	(116)
H	H	CH$_2$COOC$_2$H$_5$	185	A	(116)
H	H	CH$_2$CH$_2$COOH	212—3	A	(197)
H	H	CH$_2$CH$_2$COOC$_2$H$_5$	178—80	A	(197)
H	H	o-HOOCC$_6$H$_4$	263	A	(121)
H	H	p-HOOCC$_6$H$_4$	240	B	(121)
H	H	3 HOOC 4 OH C$_6$H$_3$	292	A	(121)
H	H	m-NO$_2$C$_6$H$_4$	226—7	A	(121)
H	H	p-NO$_2$C$_6$H$_4$	258—9	B	(121)
H	H	CH$_2$—CH$_2$—NH$_2$	256	A	(118)
H	H	CH$_2$—CH$_2$—NH$_2$—HCl	243—5	A	(118)
H	H	p-Cl—C$_6$H$_4$	288—90	A; B	(95, 121)
			284	A	(124)
H	H	p-Cl—C$_6$H$_4$CH$_2$	226—7	A	(215)
H	H	p-BrC$_6$H$_4$	278—80	A; B	(95, 121)
H	H	p-BrC$_6$H$_4$CH$_2$	230—2	A	(215)
H	H	2,4(Cl)$_2$C$_6$H$_3$	219—20	A	(124)
H	H	2,4(Cl)$_2$C$_6$H$_3$CH$_2$	203—4	A	(215)
H	H	3,5(Cl)$_2$C$_6$H$_3$		A	(124)
H	H	2 CH^3 4 Cl-C$_6$H$_3$		A	(124)
H	H	m.NHC$_6$H$_4$ ∥ Z			
H	H	Z=H	227—9	reduction of nitro	(121)
H	H	=CH$_3$CO	245—7		(121)
H	H	=C$_6$H$_5$CO	289—95	from amino	(121)
H	H	=CH$_3$	259—61		(121)
H	H	=C$_2$H$_5$OCO	247—9		(121)
H	H	m-NC$_6$H$_4$ ∥ CHC$_6$H$_5$	206—8		(121)
H	H	p-NHC$_6$H$_4$ ∥ Z			
H	H	Z=H	306	reduction of nitro	(121)
			306	A	(95)

Heterocyclic Nitrogen Containing Thioxo Compounds

Table 14 (continued)

R₁	R₂	R₃	Mp °C	Method	References
H	H	=CH₃CO	350—2	from amino	(121)
H	H	=(CH₃)₂C=CHCO	264—6		(95, 121)
H	H	=C₆H₅CO	311—2		(95, 121)
H	H	=pCH₃OC₆H₄CO	315—7		(121)
H	H	=3,4(CH₃)₂C₆H₃CO	310—15		(95, 121)
H	H	=p-CH₃C₆H₄CO	330		(95)
H	H	=C₂H₅OCO	320—30		(95, 121)
H	H	=CH₃SO₂	298—300		(95, 121)
H	H	=C₂H₅NHCO	334		(95, 121)
H	H	=CH₃NHCS	230—5		(95, 121)
H	H	p-NC₆H₄ CHC₆H₅ (with ‖)	250—5	A	(95, 121)
H	H	CH₂CC₆H₅ ‖ NNHCNH₂ ‖ S	250	A	(41)
H	H	(cyclohexanone derivative with CH₃, H₃C—C—CH₃, C=O, CH—, H)	181—2	A	(209)
H	H	α-pyridyl	324	B	(121)
H	H	β-pyridyl	336	B	(121)
H	H	γ-pyridyl	264—6	B	(121)
			308	B	(120)
H	H	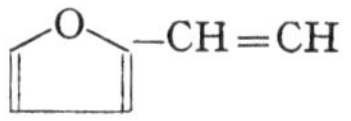 (furyl)—CH=CH	267—9	A	(198b)
H	H	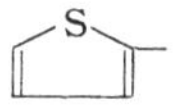 (thienyl)	282—4	A	(121)
H	H	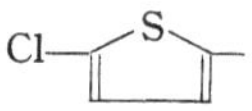 Cl—(thienyl)	266—8	A	(121)
H	H	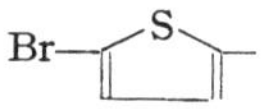 Br—(thienyl)	278	A	(121)
H	H	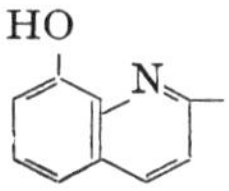 HO-(quinolyl)	300	A	(121)
H	H	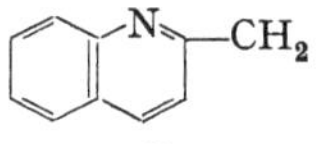 (isoquinolinyl)—CH₂	280—90	A	(121)
H	H	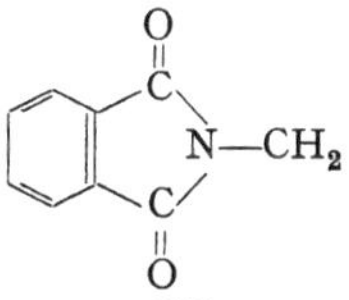 (phthalimido)N—CH₂	286	A	(119)
H	CH₃	CH₃	188—90	A	(214, 229)

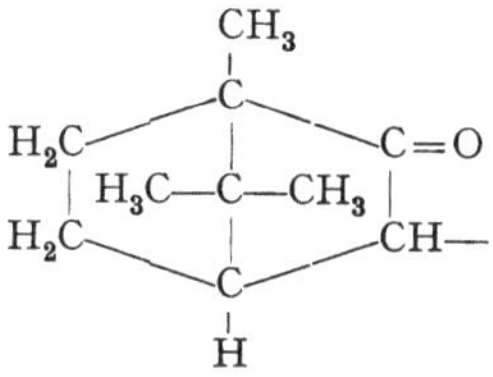

Table 14 (continued)

R_1	R_2	R_3	Mp °C	Method	References
H	C_2H_5	CH_3		A	(214)
H	C_6H_5	CH_3	218,5	A	(213)
H	CH_3	C_2H_5OCO	201—3	A	(229)
H	m-$CH_3C_6H_4$	CH_3	230—1	A	(213)
H	o-$CH_3OC_6H_4$	CH_3	226	A	(213)
H	p-$CH_3OC_6H_4$	CH_3	184,5	A	(213)
H	o-$C_2H_5OC_6H_4$	CH_3	150	A	(213)
H	p-ClC_6H_4	CH_3	224—5	A	(213)
H	CH_3	C_6H_5	223—4	A	(121)
H	C_2H_5	C_6H_5	207—8	A	(121)
H	$CH_2=CHCH_2$	C_6H_5	186—7	A	(121)
H	o-$CH_3C_6H_4$	C_6H_5	235—6	A	(213)
H	m-$CH_3C_6H_4$	C_6H_5	263—4	A	(213)
H	p-$CH_3C_6H_4$	C_6H_5	307—8	A	(213)
H	p-$CH_3OC_6H_4$	C_6H_5	290	A	(213)
H	m-ClC_6H_4	C_6H_5	250—1	A	(213)
H	p-ClC_6H_4	C_6H_5	318—20	A	(213)
H	CH_3	$C_6H_5CH_2$	175,5	A	(38)
H	C_2H_5	$C_6H_5CH_2$	175—6	A	(38)
H	CH_3	$C_6H_5CH=CH$		A	(16)
H	C_6H_5	$C_6H_5CH=CH$	272	A	(16)
H	$CH_2=CHCH_2$	p-$CH_3OC_6H_4$	180—1	A	(95, 121)
H	CH_3	p-$CH_3S\ C_6H_4$	181—2	A	(121)
H	$CH_2=CHCH_2$	p-$CH_3S\ C_6H_4$	215—6	A	(121)
H	C_2H_5	⟨S-thienyl⟩	252—3	A	(121)
H	$CH_2=CHCH_2$	⟨S-thienyl⟩	223—4	A	(121)
H	NH_2	CH_3	180	A	(50)
H	NH_2	C_6H_5	231	A	(50)
CH_3	H	$C_6H_5CH_2$	153—5	A	(37)
$C_6H_5CH_2$	H	$C_6H_5CH_2$	123	A	(37)
$C_6H_5CH_2$	H	⟨S-thienyl⟩	250—1	A	(121)
CH_3	H	C_2H_5OCO	150—1	A	(229)
CH_3	H	COOH	351—3	A	(229)
CH_3	H	$CONH_2$	291—2	A	(229)
CH_3	CH_3	H	163—5	A	(229)
CH_3	CH_3	CH_3	64—5	A	(229)
CH_3	CH_3	$C_6H_5CH_2$	83	A	(40)
C_6H_5	CH_3	CH_3	150	A	(59)
C_6H_5	C_6H_5	$C_6H_5CH=CH$	302	A	(16)
CH_3	CH_3	$COOC_2H_5$	88—9	A	(229)
CH_3	CH_3	COOH	185—7	A	(229)

[1] From alloxanthiosemicarbazone (see II, A).

the 4-arylthiosemicarbazones of glyoxylic acid are not cyclized in aqueous ethanol and the addition of alkali causes only the decomposition of the 4-arylthiosemicarbazone with the formation of arylthiourea.

Mesoxalic acid or ethyl oxomalonate may be substituted for α-keto carboxylic acids and via the monothiosemicarbazones 2,3,4,5-tetrahydro-1,2,4-triazin-5-one-3-thiones (XCV) having a carboxyl group in 6-position (*11, 144, 229*) are formed. The 6-(3-camphoroyl)-2,3,4,5-tetrahydro-1,2,4-triazin-5-one-3-thione is also obtained from camphoroxalic acid and thiosemicarbazide (*209*) (see Table 14).

As a conclusion to this outline of the cyclization reactions of thiosemicarbazides with α-keto carboxylic acid derivatives, we may yet refer to the reaction of (arylimino) benzyl cyanides (XCVII) with thiosemicarbazide (*138*). These (arylimino) benzyl cyanides are reacting in a similar way as the α-keto carboxylic acid derivatives (method E, Table 14). The primary formed 5-imino-6-phenyl-2,3,4,5-tetrahydro-1,2,4-triazine-3-thione (XCVIII) (M.P. 270° C) is very readily hydrolyzed into 6-phenyl-2,3,4,5-tetrahydro-1,2,4-triazin-5-one-3-thione (XCV) ($R_1 = R_2 = H$; $R_3 = C_6H_5$) in alkaline solution.

(XCVII) (XCVIII) (XCV; $R_1 = R_2 = H$; $R_3 = C_6H_5$)

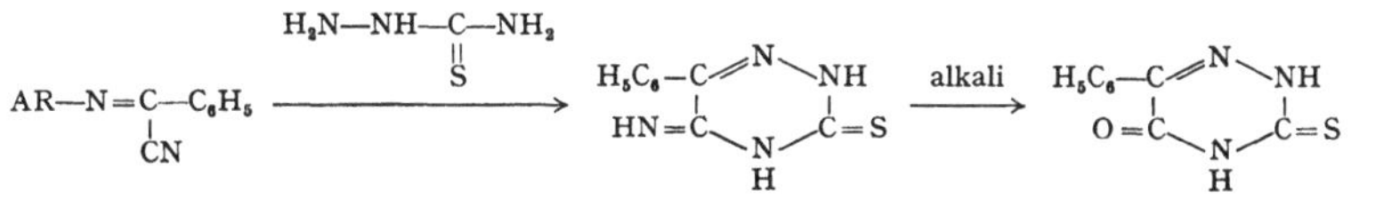

Using thiocarbohydrazide (XXVII) instead of thiosemicarbazide in the cyclization reactions with α-keto carboxylic acids results in the formation of 2,3,4,5-tetrahydro-4-amino-1,2,4-triazin-5-one-3-thiones (XCIX) (*50*).

(XCIIIa) (XXVII) (XCIX)

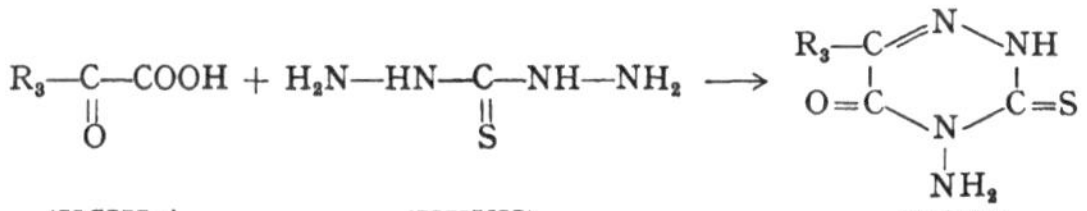

D. Ring closure of 1-α-carboxyalkyl derivatives of thiosemicarbazides and formation of perhydro-1,2,4-triazin-5-one-3-thiones

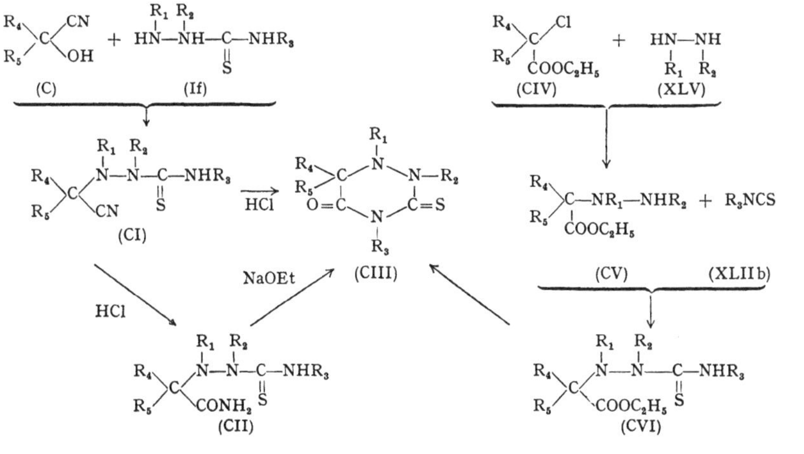

Perhydro-1,2,4-triazin-5-one-3-thiones (CIII) may be obtained by cyclization of various types of 1-α-carboxylic acid derivatives of thiosemicarbazides (CI) (CII) (CVI).

1. 1-(α-cyanoalkyl)thiosemicarbazides

The 1-(α-cyanoalkyl)thiosemicarbazides (CI) are obtained when reacting cyanohydrines (C) with thiosemicarbazides (If). These products are hydrolyzed in hydrochloric acid into 1-(α-carbamoylalkyl)thiosemicarbazides (CII) which in turn are cyclized into perhydro-1,2,4-triazin-5-one-3-thiones (CIII) in sodium ethylate solution (*90*) (method A, 2, Table 15). However, the 1-(α-cyanoalkyl)thiosemicarbazides may be cyclized directly into perhydro-1,2,4-triazin-5-one-3-thiones. For this purpose, it is merely sufficient to extend the reaction time in concentrated hydrochloric acid (*145, 188, 221*) (method A, 1, Table 15). The perhydro-1,2,4-triazin-5-one-3-thiones (CIII) obtained according to this method (method A, Table 15) are all of the 6-dialkyl type, i.e. they are derived from ketocyanohydrines. From aromatic ketones, mixed aliphatic-aromatic ketones, aliphatic aldehydes and aromatic aldehydes, no perhydro-1,2,4-triazin-5-one-3-thiones may be prepared according to the indicated reaction scheme (*221*). The choice of the thiosemicarbazides is also limited. It has been established that only thiosemicarbazide and 4-alkylthiosemicarbazides are suitable for the preparation of perhydro-1,2,4-triazin-5-one-3-thiones (CIII) (*221*).

2. 1-(α-alkoxycarbonylalkyl)thiosemicarbazides

According to the experimental conditions, Busch isolated two compounds, when reacting 1,4-diphenyl-1-(α-ethoxycarbonylmethyl)thiosemicarbazide with alkali. In aqueous medium saponification into the 1,4-diphenyl-1-(α-carboxymethyl)thiosemicarbazide occurs. In alcoholic medium, a cyclic product, to which Busch attributed either the perhydro-1,4-diphenyl-1,2,4-triazin-5-one-3-thione structure or the 2-phenylimino-4-phenylperhydro-1,3,4-thiadiazin-5-one structure was formed (*20*). This last structure was rejected afterwards and the perhydro-1,2,4-triazin-5-one-3-thione structure was attributed to the cyclization products of other 4-substituted 1-phenyl-1(α-ethoxycarbonylmethyl)thiosemicarbazides (*31*) (method B, Table 15). Such cyclization reactions were reinvestigated in 1960 by TISLER (*212*). The influence of the substituents on the 4-phenyl radical on the cyclization course is rather confusing. The *m*- and *p*-tolyl, xylyl and *m*-chloro derivatives are cyclized into the corresponding perhydro-1,2,4-triazin-5-one-3-thione. With the *o*- and *p*-anisyl derivatives as well as with the *p*-Cl- and *p*-Br-derivatives saponification occurs, resulting in the formation of the corresponding carboxylic acids. The 1-(α-ethoxycarbonylalkyl)thiosemicarbazides (CVI) may also very readily be obtained by reacting α-(ethoxycarbonylalkyl)hydrazine (CV) with isothiocyanates (XLIIb). The compounds (CV) themselves are obtained from hydrazine (XLV) and α-halogeno acid esters (CIV). An other method for preparation of the perhydro-1,2,4-triazin-5-one-3-thiones consists in the reduction with sodium amalgam of the corresponding 2,3,4,5-tetrahydro-1,2,4-triazin-5-one-3-thiones (XLV) (Table 15) (method C). However, this reduction is only applicable for obtaining 4-alkyl-substituted perhydro-1,2,4-triazin-5-one-3-thiones. With unsubstituted derivatives ring opening occurs with the formation of 1-(α-carboxyalkyl)thiosemicarbazides. The 2-alkyl derivatives resist the reduction (38). The perhydro-1,2,4-triazin-5-one-3-thiones obtained according to these three methods are summarized in Table 15.

Table 15

Method A 1: Starting from 1-(α-cyanoalkyl)-thiosemicarbazides. A 2: Starting from 1-(α-carboxamido)-thiosemicarbazides. B: Starting from 1-(α-ethoxycarbonylalkyl)-thiosemicarbazides. C: Reduction of 2,3,4,5-tetrahydro-1,2,4-triazin-5-on-3-thiones.

R_1	R_2	R_3	R_4	R_5	Mp °C	Method	References
H	H	H	CH_3	CH_3	245	A 2	(90)
					248—9	A 1	(145)
H	H	H	CH_3	C_2H_5	184	A 2	(90)
					176—7	A 1	(145, 188)
H	H	H	C_2H_5	C_2H_5	187—8	A 1	(145)
H	H	H	—$(CH_2)_5$—		224	A 2	(90)
					223—4	A 1	(145)
H	H	H	—$(CH_2)_4$—		226—8	A 1	(145)
H	H	CH_3	CH_3	CH_3	190	A 1	(221)
H	H	CH_3	—$(CH_2)_5$—		210	A 1	(221)
C_6H_5	H	H	H	H	172—3	B	(31)
C_6H_5	H	C_2H_5	H	H	145	B	(31)
C_6H_5	H	C_6H_5	H	H	201	B	(20)
C_6H_5	H	m-$CH_3C_6H_4$	H	H	173	B	(212)
C_6H_5	H	p-$CH_3C_6H_4$	H	H	196	B	(212)
C_6H_5	H	2,3$(CH_3)_2C_6H_3$	H	H	180	B	(212)
C_6H_5	H	m-ClC_6H_4	H	H	200—1	B	(212)
C_6H_5	H	CH_3	H	H	180—90	B	(221)
CH_3	H	C_2H_5	H	H	129	B	(221)
H	H	CH_3	$C_6H_5CH_2$	H	140—3	C	(38)
H	H	C_2H_5	$C_6H_5CH_2$	H	127—8	C	(38)

E. Ring closure of 4-(α-carboxyalkyl)derivatives of thiosemicarbazides and formation of perhydro-1,2,4-triazin-6-one-3-thiones

An inversed reaction sequence as discussed sub II, D, 2 allows to prepare the 4-(α-ethoxycarbonylalkyl)thiosemicarbazides (CVIII). These products are cyclized in alkaline medium into perhydro-1,2,4-triazin-6-one-3-thiones (CIX).

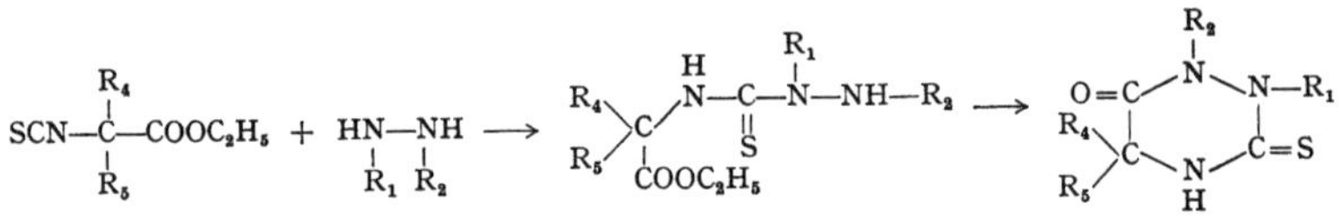

$$\text{SCN}-\underset{R_5}{\overset{R_4}{C}}-\text{COOC}_2\text{H}_5 + \text{HN}-\text{NH} \longrightarrow \underset{R_5}{\overset{R_4}{C}}\underset{\text{COOC}_2\text{H}_5}{\overset{\overset{H}{N}-\overset{R_1}{C}-\overset{}{N}-\text{NH}-R_2}{}} \longrightarrow \underset{R_5}{\overset{R_4}{C}}\underset{\overset{}{N}}{\overset{O=C}{\underset{H}{N}}}\underset{C=S}{\overset{N-R_1}{}}$$

(CVII)　　　(XLV)　　　(CVIII)　　　(CIX)

This cyclization reaction was only very recently developed by GANTE (92, 93) on the reaction products of isothiocyanato ethyl acetate (CVII; $R_4=R_5=H$) with hydrazine resp. phenylhydrazine. This last compound reacts unexpectedly since there is formed 4-(α-ethoxycarbonylmethyl)-2-phenylthiosemicarbazide (CVIII; $R_2=R_4=R_5=H$; $R_1=C_6H_5$) which cyclizes into 2-phenylperhydro-1,2,4-triazin-6-one-5-thione (CX). The

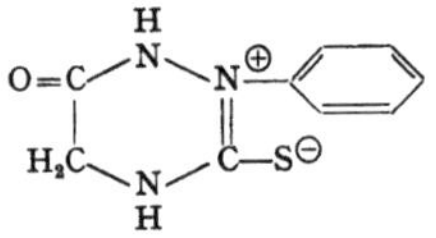

$$\underset{H}{\overset{H}{\underset{N}{\overset{O=C}{\underset{H_2C}{}}}}}\overset{N^{\oplus}}{\underset{C-S^{\ominus}}{}}\underset{}{\bigcirc} \quad \text{(CX)}$$

structure of this compound deviates from the normal thione structure. In the I. R. spectrum, between 2600—3100 cm⁻¹, a wide band is appearing which must be attributed to an ammonium group. In addition, this compound has no melting point, but a decomposition point (220° C), also indicating a betaine structure (CX) (93). The betaine structure is stabilized by conjugation of the double bound of the ammonium group with the substituting 2-phenyl group.

The perhydro-1,2,4-triazin-6-one-3-thione (CIX; $R_1=R_2=R_3=R_4=H$) reacts with *p*-nitro- or *p*-dimethylaminobenzaldehyde under ring contraction: 3-(substituted benzylidenamino) imidazolidin-4-one-2-thiones are formed (CXI) (91).

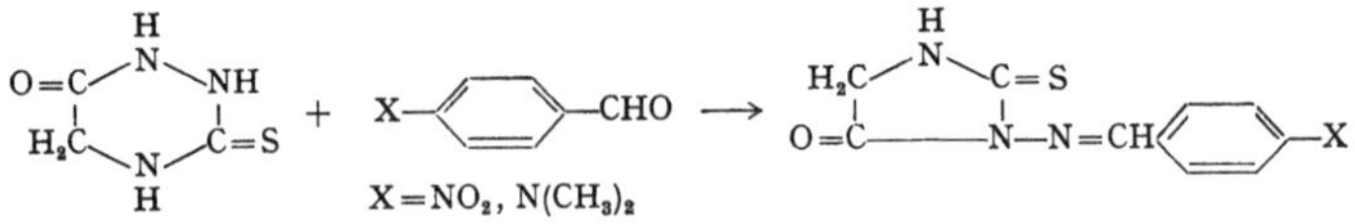

$$\underset{H}{\overset{H}{\underset{N}{\overset{O=C}{\underset{H_2C}{}}}}}\overset{NH}{\underset{C=S}{}} + X-\bigcirc-\text{CHO} \longrightarrow \underset{O=C}{\overset{H_2C}{\underset{}{}}}\overset{\overset{H}{N}}{\underset{N-N=CH}{\overset{C=S}{}}}-\bigcirc-X$$

(CIX; $R_1=R_2=R_3=R_4=H$)　　　$X=NO_2, N(CH_3)_2$　　　(CXI)

The formulation of the N-benzylidene structure is based on the fact that the phenyl derivative (CX) gives neither reaction nor ring contraction, excluding the C-benzylidene structure (probably formed via the reactive methylene function in the 5-position).

III. Formation of 7-Ring heterocyclic nitrogen containing thioxo compounds

A. Ring closure of thiosemicarbazides with β-keto esters and formation of 3,4,5,6-tetrahydro-2H-1,2,4-triazepin-5-one-3-thiones

Like already mentioned for the preparation of the 1,2,4-triazoline-3-thiones (see under I, A, 2, f), the 2-substituted thiosemicarbazides are reacting with β-keto esters, forming 3,4,5,6-tetrahydro-2H-1,2,4-triazepin-5-one-3-thiones (XXIV). It is only possible to isolate these seven rings under strictly controled conditions. The reaction is always carried out in a medium of sodium alcoholate or calcium alcoholate and in such medium, these compounds undergo very readily the usual acid hydrolysis with the formation of 1,2,4-triazoline-3-thiones (152, 153). Table 16 gives the 3,4,5,6-tetrahydro-2H-1,2,4-triazepin-5-one-3-thiones (XXIV) obtained according to this method.

Table 16

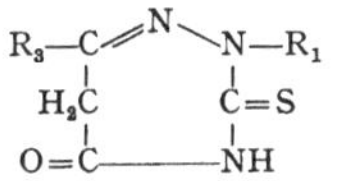

$$R_3-C\overset{N}{\diagdown}N-R_1$$
$$H_2C \quad C=S$$
$$O=C\text{————}NH$$

R_1	R_3	Mp °C	References
CH_3	CH_3	137,5—138,5	(153)
		147—8	(152)
CH_3	C_2H_5	130—1	(152)
$C_6H_5CH_2$	CH_3	176—7	(152)
$C_6H_5CH_2$	C_2H_5	151—2	(152)
CH_3	C_6H_5	180—1	(152)
CH_3	p-$CH_3C_6H_4$	198—9	(152)
C_6H_5	C_6H_5	198—200	(152)
C_6H_5	C_6H_5	181	(153)

B. Ring closure of thiosemicarbazides with malonic acid dichlorides and formation of perhydro-1,2,4-triazepine-5,7-dione-3-thiones

The reaction of alkyl-substituted malonic acid dichlorides (CXII) instead of β-keto esters with 2-substituted thiosemicarbazides (Ia) results in the formation of perhydro-1,2,4-triazepin-5,7-dione-3-thiones (CXIII). This reaction is carried out at a low temperature (0° C) in pyridine. The acid dichlorides are used because the malonic acid diesters are reacting too slowly. This preparation method is, however, restricted and depends on the structure of the malonic acid dichlorides. Only dialkyl malonic acid dichlorides are suitable reaction partners. Malonic acid dichloride itself may not be used in these reactions since it reacts with pyridine with formation of undefined products. Malonic acid dichlorides with low alkyl substitutions form with 2-methylthiosemicarbazide and 2,4-diphenylthiosemicarbazide resinous products (154).

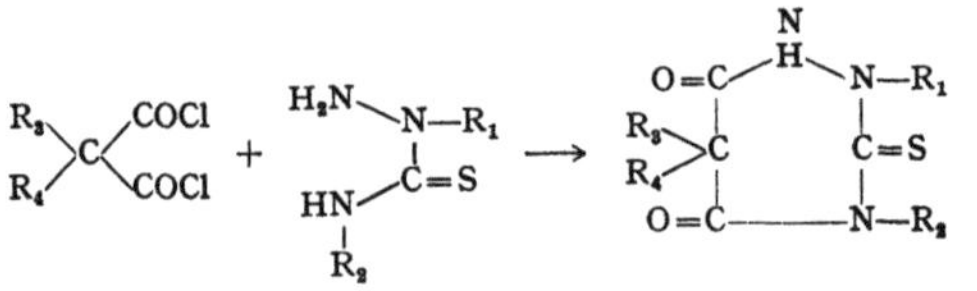

$$R_3R_4C(COCl)_2 \quad + \quad H_2N-N(R_1)-C(=S)-NH-R_2 \quad \rightarrow \quad \text{(CXIII)}$$

(CXII)　　　　　(Ia)　　　　　　　(CXIII)

Generally, the malonic acid dichlorides with a high alkyl substitution or a benzyl substitution are the most suitable reaction partners for the thiosemicarbazides, of which the 2-methyl-4-phenylthiosemicarbazide is the most suitable for the ring closure reaction (155). In Table 17 the obtained perhydro-1,2,4-triazepin-5,7-dione-3-thiones are summarized.

Table 17

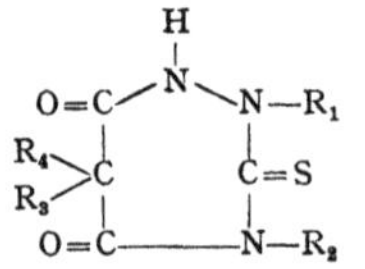

R_1	R_2	R_3	R_4	Mp °C	References
CH_3	H	C_2H_5	$C_6H_5CH_2$	168	(155)
CH_3	H	$C_6H_5CH_2$	$C_6H_5CH_2$	208—11	(155)
C_6H_5	H	CH_3	C_2H_5	172—3	(154)
C_6H_5	H	C_2H_5	C_2H_5	186—7	(154)
C_6H_5	H	n-C_3H_7	n-C_3H_7	159	(154)
C_6H_5	H	C_2H_5	$C_6H_5CH_2$	146—7	(155)
C_6H_5	H	$C_6H_5CH_2$	$C_6H_5CH_2$	183—5	(155)
C_6H_5	H	C_2H_5	C_6H_5	198—201	(155)
$C_6H_5CH_2$	H	$C_6H_5CH_2$	$C_6H_5CH_2$	182—4	(155)
CH_3	C_6H_5	CH_3	CH_3	132	(154)
CH_3	C_6H_5	CH_3	C_2H_5	132—3	(154)
CH_3	C_6H_5	C_2H_5	C_2H_5	165	(154)
CH_3	C_6H_5	n-C_3H_7	n-C_3H_7	123—4	(154)
CH_3	C_6H_5	$C_6H_5CH_2$	$C_6H_5CH_2$	151	(155)

Acknowledgment

I should like to thank Prof. Dr. A. VAN DORMAEL, Director of the Chemical Research Department of Gevaert-Agfa N. V., for his kind interest in this review.

I am also indebted to Mr. R. HEYLEN and Mr. J. JANSSENS for their contribution to the editing of the nomenclature of the quoted chemical compounds and for being kind enough to read and check the manuscript.

References

1. ACREE, S. F.: Über die Constitution des Phenyl-urazols. II. Mitteilung: Reaktionen mit Diazomethan. Ber. dtsch. chem. Ges. **36**, 3139 (1905).
2. — Über die Darstellung von Phenylurazol aus α-Carbäthoxy-phenyl-semicarbazid. Ber. dtsch. chem. Ges. **37**, 618 (1904).

3. AINSWORTH, C., and R. G. JONES: 1,2,4-Triazole analogs of histamine. J. Amer. chem. Soc. **75**, 4915 (1953).
4. — — 3-Aminoalkyl-1,2,4-triazoles. J. Amer. chem. Soc. **76**, 5651 (1954).
5. AINSWORTH, C.: The reaction of thiosemicarbazide with orthoesters. J. Amer. chem. Soc. **78**, 1973 (1956).
6. ALLEN, C. F. H., H. R. BEILFUSS, D. M. BURNESS, G. A. REYNOLDS, J. F. TINKER, and J. A. VAN ALLAN: The structure of certain polyazaindenes. III. 1,2,3a, 7- and 1,3,3a,7-Tetrazaindenes. J. Org. Chemistry **24**, 793 (1959).
7. ARNDT, F.: Über einige Triazole. Ber. dtsch. chem. Ges. **55**, 14 (1922).
8. —, u. F. BIELICH: Ringschlüsse an schwefelhaltigen Dicarbonhydraziden. III. Die Einwirkung von Hydrazin auf Hydrazodicarbonthiamid. Ber. dtsch. chem. Ges. **56**, 809 (1923).
9. —, u. E. MILDE: Ringschlüsse an schwefelhaltigen Dicarbonhydraziden. I. Dithio-urazol und Imino-thiourazol. Ber. dtsch. chem. Ges. **54**, 2089 (1921).
10. — — u. F. TSCHENSCHER: Ringschlüsse an schwefelhaltigen Dicarbonhydraziden. II. Thio-urazol. Ber. dtsch. chem. Ges. **55**, 341 (1922).
11. BARLOW, R. B., and A. D. WELCH: A synthesis of "6-Azauracil" (1,2,4-Triazine-3,5(2H, 4H)-dione), an analog of uracil. J. Amer. chem. Soc. **78**, 1258 (1956).
12. BELZECKI, C., and T. URBANSKI: Thiosemicarbazones of oxo acids. I. α- and β-thiosemicarbazones of ethyl acetoacetate and their transformations. Roczniki Chem. **30**, 781 (1956); C. A. **54**, 9892 (1960).
13. — — Über Thiosemicarbazone von Ketocarbonsäuren. 3. Mitt. Thiosemicarbazone von Aroylessigsäureäthylestern und ihre Umwandlungsprodukte. 38. Mitt. Suche nach neuen tuberculostatischen Mitteln. Roczniki Chem. **32**, 779 (1958); Chem. Zbl. 2600 (1961).
14. BERNSTEIN, J., H. L. YALE, K. LOSEE, M. HOLSING, J. MARTINS, and W. A. LOTT: Chemotherapy of experimental tuberculosis. III. The synthesis of Thiosemicarbazones and Related Compounds. J. Amer. chem. Soc. **73**, 906 (1951).
15. BEYER, H., u. C. F. KRÖGER: Reaktion von Thiocarbohydrazid und Thiosemicarbazid mit aliphatischen Carbonsäuren und ihren Derivaten. Liebigs Ann. Chem. **637**, 135 (1960).
16. BODFORSS, S.: Über 1,2,4-Triazin-Pyridiniumsalze. Liebigs Ann. Chem. **639**, 125 (1961).
17. BOUGAULT, J., et L. DANIEL: Thio-oxytriazines. C. r. **186**, 151 (1928); C. A. **22**, 1360 (1928).
18. — — Thio-oxytriazines. C. r. **186**, 1216 (1928); C. A. **22**, 2751 (1928).
19. BRADSHER, C. K., F. C. BROWN, and S. T. WEBSTER: Some 4-substituted Thiourazoles. J. org. Chemistry **23**, 618 (1958).
20. BUSCH, M.: Zur Kenntnis der beiden Phenylhydrazinoessigsäuren. Ber. dtsch. chem. Ges. **36**, 3887 (1903).
21. — Über heterobicyklische Verbindungen der Thiobiazol- und Triazolreihe. J. prakt. Chem. **67**, 201 (1903).
22. — Über Endimino-triazole. Ber. dtsch. chem. Ges. **38**, 856 (1905).
23. — Über die isomeren Thiourazole. Ber. dtsch. chem. Ges. **42**, 4766 (1909).
24. — Konfigurationsbestimmung bei stereoisomeren Hydrazonen. Ber. dtsch. chem. Ges. **45**, 78 (1912).
25. —, u. A. GROHMANN: Synthesen in der Urazolreihe. Ber. dtsch. chem. Ges. **34**, 2328 (1901).
26. —, u. H. HOLZMANN: Über die isomeren Thiosemicarbazide. Ber. dtsch. chem. Ges. **34**, 324 (1901).

27. BUSCH, M., u. H. HOLZMANN: Über die isomeren Thiosemicarbazide. Ber. dtsch. chem. Ges. **34**, 344 (1901).
28. —, u. O. LIMPACH: Über intramolekulare Umlagerungen. Ber. dtsch. chem. Ges. **44**, 579 (1911).
29. — — Über einige Carbamidderivate des Phenylhydrazins. Ber. dtsch. chem. Ges. **44**, 1580 (1911).
30. —, u. H. LOTZ: Zur Kenntnis der Hydrazindicarbamide. J. prakt. Chem. [2] **90**, 257 (1914).
31. —, u. E. MEUSSDÖRFFER: Über die inneren Anhydride von Thiosemicarbazidessigsäuren. Ber. dtsch. chem. Ges. **40**, 1021 (1907).
32. —, u. E. OPFERMANN: Über Umlagerungen in der Urazolreihe. Ber. dtsch. chem. Ges. **37**, 2333 (1904).
33. —, u. W. RENNER: Acetylderivate der Diphenylthiosemicarbazide. Ber. dtsch. chem. Ges. **67**, 384 (1934).
34. —, u. W. SCHMIDT: Die Produkte der inneren Kondensation des Hydrazindithiocarbonphenylamids. Ber. dtsch. chem. Ges. **46**, 2240 (1913).
35. —, u. C. SCHNEIDER: Zur Kenntnis der Hydrazidine. J. prakt. Chem. [2] **89**, 310 (1914).
36. —, u. T. ULMER: Über die Produkte der Einwirkung von Hydrazin auf Thioharnstoffe II. Ber. dtsch. chem. Ges. **35**, 1711 (1902).
37. CATTELAIN, E.: Dérivés monoalcoylés-2 de la thiocéto-3 céto-5 benzyl-6 triazine-1,2,4. Bull. Soc. Chim. France **11**, 249 (1944).
38. — Dérivés monoalcoylés-4 de la thiocéto-3 céto-5 benzyl-6 triazine-1,2,4. Bull. Soc. Chim. France **11**, 273 (1944).
39. — New derivatives of α-keto-β-(4-methoxyphenyl) butyric acid [(4-methoxyphenyl)methylpyroracemic acid]. C. **212**, 551 (1941); C. A. **37**, 2726 (1943).
40. — Contribution à l'étude des as-triazines: sur les dérivés dialcoylés isomères de position de la thiocéto-3 céto-5 benzyl-6 triazine-1,2,4. Bull. Soc. Chim. France **12**, 39 (1945).
41. —, et P. CHABRIER: Sur l'acide benzoylpyruvique: différence d'activité de la semicarbazide et de la thiosemicarbazide. Bul. Soc. Chim. France **14**, 1098 (1947). C. r. **224**, 1571 (1947).
42. CHÉNG-YAO CHANG, SHU-YII YANG, KE-CH IN CHENG, J. SELMICIU, and HSING-HAN LEI: The synthesis of 2-amino-5-mercapto-1,3,4-thiadiazole and acetazolamide. Yao Hsüeh Hsüeh Pao **6**, 351 (1958); C. A. **54**, 513 (1960).
43. CHUNG-LI, LI-HO CHANG, CHEN-HUAN TUNG, and HSIU WANG: Chemistry of 1,2,4-triazines. I. Alkylation reaction of 3-mercapto-5-hydroxy-1,2,4-triazine. Hua Hsüeh Hsüeh Pao **28**, No. 3, 167 (1962); C. A. **59**, 3925 (1963).
44. CRISTESCU, C., and T. PANAITESCU: Derivatives of 3,5-dihydroxy-1,2,4-triazine(6-azauracil) with apparent cytostatic action III. Pharmazie **18**, 336 (1936); C. A. **59**, 15289 (1963).
45. DE, S. C.: Action of hydrazide III. Condensation of semi- and thiosemicarbazide with phenanthraquinone and its derivatives and the synthesis of triazines. J. Indian. Chem. Soc. **7**, 361 (1930); C. A. **24**, 4781 (1930).
46. —, and T. K. CHAHRAVORTY: Oxidation IV. Action of ferric chloride and hydrogen peroxide on S-alkylthiosemicarbazones. Formation of triazoles. J. Indian. Chem. Soc. **7**, 875 (1930); C. A. **25**, 2119 (1931).
47. —, and N. C. DUTT: Synthesis in the pyrazolone series. Action of thiosemicarbazide and semicarbazide on ketonic esters II. J. Indian. Chem. Soc. **5**, 459 (1928); C. A. **23**, 388 (1929).
48. —, and S. K. ROY-CHOUDHURY: Oxidation I. Action of ferric chloride and hydrogen peroxide on thiosemicarbazones and the synthesis of thiodiazoles and thiazoles. J. Indian. Chem. Soc. **5**, 269 (1928); C. A. **22**, 4123 (1928).

49. DORAN, J.: J. chem. Soc. (London) **69**, 333 (1896).
50. DORNOW, A., H. MENZEL u. P. MARX: Über 1,2,4-Triazine. I. Darstellung einiger neuer s-Triazolo [3,2-c]-as-Triazine. Chem. Ber. **97**, 2273 (1964).
51. DUBENKO, R. G., and P. S. PEL'KIS: Synthesis and study of the properties of derivatives of 1,5-diphenylthiocarbohydrazide. J. Gen. Chem. USSR. **33**, 282 (1963).
52. — — Derivatives of 1,6-Diphenyl hydrazodithiocarbonamide. J. Gen. Chem. USSR. **33**, 2164 (1963).
53. — — Synthesis and study of derivatives of phenylthiocarbohydrazidocarbothiophenylamide. II. Reaction of derivatives of phenylthiocarbohydrazidocarbothiophenylamide with methylating agents and alkali. J. Gen. Chem. USSR. **33**, 2682 (1963); C. A. **60**, 525 (1964).
54. —, I. N. BERZINA, and P. S. PEL'KIS: The synthesis of some Thiodi- and Triazoles. J. Gen. Chem. USSR. **33**, 266 (1963).
55. DUFFIN, G. F., J. D. KENDALL, and H. R. J. WADDINGTON: The Structure and Reactivity of Triazole Quaternary Salts. J. Chem. Soc. (London) **1959**, 3799.
56. DUSCHINSKY, R., and H. GAINER: Oxidation and Reduction of 4-Acetamidobenzaldehyde Thiosemicarbazone. J. Amer. chem. Soc. **73**, 4464 (1951).
57. DYMEK, W.: Synthesis of 5-arylamino-3,4-diaryl-1,2,4-triazines. C. A. **51**, 5095 (1957).
58. —, u. M. DZIEWONSKA: Umwandlungen von Thiosemicarbaziden. I. Mitt. Synthese von 1,2,4-Triazolderivaten. Chem. Zbl. **12020** (1963).
59. ELVIDGE, J. A., and F. S. SPRING: Gliotoxin. Part I. Synthesis of 2-Thio-3-methylindolo-1':2'-1': 5-hydantoin and its Identification as a Degradation Product of Gliotoxin. J. chem. Soc. (London) 1949, S. 135.
60. FALCO, E. A., E. PAPPAS, and G. H. HITCHINGS: 1,2,4-Triazine Analogs of the Natural Pyrimidines. J. Amer. chem. Soc. **78**, 1938 (1956).
61. FANTL, P., u. H. SILBERMANN: Das Verhalten von Triazolen gegen Senföle. Liebigs Ann. Chem. **467**, 283 (1928).
62. FATUTTA, S.: Oxidation of aromatic and heterocyclic ketones with selenium dioxide. C. A. **58**, 526 (1963).
63. FORSTER, M. O., and T. JACKSON: Studies in the Camphane series. Part XXIV. Camphoryldithiocarbamic Acid and Camphorylthiocarbamide. J. chem. Soc. (London) **91**, 1890 (1907).
64. —, and A. ZIMMERLI: Studies in the Camphane series. Part XXIX. A New Phenylhydrazone of Camphorquinone. J. chem. Soc. (London) **99**, 489 (1911).
65. FOYE, WM. O., and W. E. LANGE: Derivatives of α-amino aldehydes III. Cyclization products of thiosemicarbazones. J. Amer. Pharm. Assoc. **46**, 371 (1957); C. A. **51**, 17943 (1957).
66. FREUND, M.: Zur Kenntnis der Biazolone. Ber. dtsch. chem. Ges. **24**, 4192 (1891).
67. — Über Dithiourazol und Derivaten desselben. Ber. dtsch. chem. Ges. **27**, 1774 (1894).
68. —, u. R. L. HEILBRUN: Über die Einwirkung von Salzsäure auf Hydrazo-dikarbonthioallylamid. Ber. dtsch. chem. Ges. **29**, 859 (1896).
69. —, u. H. HEMPEL: Über Abkömmlinge des Tetrazols. Ber. dtsch. chem. Ges. **28**, 76 (1895).
70. —, u. H. IMGART: Über Dithiourazol und einige seiner Derivate. Ber. dtsch. chem. Ges. **28**, 946 (1895).
71. —, u. F. KUH: Über die Constitution der sogenannten Carbizine. Ber. dtsch. chem. Ges. **23**, 2821 (1890).

72. FREUND, M., u. C. MEINECKE: Mercaptotriazol. Ber. dtsch. chem. Ges. **29**, 2486 (1896).
73. —, u. A. SCHANDER: Über das Amidotriazsulfol. Ber. dtsch. chem. Ges. **29**, 2500 (1896).
74. — — Zur Kenntnis des Thiourazols. Ber. dtsch. chem. Ges. **29**, 2506 (1896).
75. —, u. H. P. SCHWARZ: Über Derivate des Triazsulfols. Ber. dtsch. chem. Ges. **29**, 2491 (1896).
76. —, u. S. WISCHEWIANSKY: Über einige Derivate des Triazols. Ber. dtsch. chem. Ges. **26**, 2877 (1893).
77. FROMM, E.: Synthesen von Triazolen und Thiodiazolen. Liebigs Ann. Chem. **426**, 338 (1922).
78. — Abkömmlinge von Thio-semicarbaziden und Hydrazo-dithiodicarbonamiden. Bildung von Triazolen und Thiodiazolen. Liebigs Ann. Chem. **433**, 1 (1923).
79. — Spaltung der Disulfide. Synthese von Triazolen. Liebigs Ann. Chem. **437**, 120 (1924).
80. — Über Harnstoffabkömmlinge. Liebigs Ann. Chem. **447**, 259, 297, 307 (1926).
81. — Ringschlüsse an schwefelhaltigen Dicarbonhydraziden; Dithiourazol und Imino-thio-urazol. Ber. dtsch. chem. Ges. **54**, 2840 (1921).
82. —, u. H. BAUMHAUER: Dibenzal-1-phenyl-3-thio-5-amidophenylamidotriazol. Einwirkung von Phenylhydrazin auf Methylphenyldithiobiuret. Liebigs Ann. Chem. **361**, 336 (1908).
83. —, and P. JOKL: Derivatives of mono- and disubstituted hydrazodithiodicarboxamides. Mh. Chemie **44**, 300 (1924); C. A. **18**, 1983 (1924).
84. —, u. E. NEHRING: Synthesen von 3-Oxy-5-thio-triazolen. Ber. dtsch. chem. Ges. **56**, 1373 (1923).
85. —, u. K. SCHNEIDER: Einwirkung von Phenylhydrazin auf ungesättigte Disulfide. Synthese von Triazolen. Liebigs Ann. Chem. **348**, 174 (1906).
86. — M. SOFFNER u. M. FREY: Die Einwirkung von Säurechloriden auf Semicarbazide. Liebigs Ann. Chem. **434**, 290 (1923).
87. — — Die Einwirkung von Säurechloriden auf Semicarbazide. Liebigs Ann. Chem. **434**, 295 (1923).
88. —, u. A. TRNKA: Die Einwirkung von Benzoylchlorid auf das 4- und 1-Phenyl-thiosemicarbazid. Liebigs Ann. Chem. **442**, 150 (1925).
89. FRY, D. J., and A. J. LAMBIE (Ilford Ltd.): 4-Substituted 3-amino-5-mercapto-4H-1,2,4-triazoles. Brit. Pat. 741,228. C. A. **50**, 9913 (1956); Brit. Pat. 741,280. C. A. **50**, 16842 (1956).
90. FUSCO, R., e S. ROSSI: Ricerche sulle triazine asimmetriche Gazz. Chim. Ital. **89**, 373 (1954).
91. GANTE, J.: Reaktionen von Derivaten des Hexahydro-1,2,4-Triazins. Chem. Ber. **97**, 989 (1964).
92. —, u. W. LAUTSCH: Neuartige Thiosemicarbazino-(4)-essigsäure Derivate. Chem. Ber. **97**, 989 (1964).
93. — — Über Semicarbazino-(4)-essigsäure- und Thiosemicarbazino-(4)-essigsäure-Derivate. Chem. Ber. **97**, 994 (1964).
94. GEHLEN, H., u. F. LEMME: Umsetzung von 2-Aminooxdiazolen mit Semicarbazidhydrochlorid (und Thiosemicarbazidhydrochlorid) zu Diaminoguanidinen und über deren Ringschlußreaktionen. Naturwissenschaften **50**, 645 (1963).
95. Geigy Soc. An.: Herstellung von Derivaten des 1,2,4-Triazins. French Pat. 1, 040, 216.
96. GIANTURCA, M., e A. ROMEO: Su alcune mercaptotriazine. Gazz. Chim. Ital. **82**, 429 (1952).

97. GIRARD, M.: Semicarbazone and thiosemicarbazone of p-methoxyphenylpyruvic acid. Corresponding dioxytriazine and sulfoxytriazine. C. r. **206**, 1303 (1938); C. A. **32**, 5841 (1938).
98. — Nouvelles méthodes d'obtention d'hétérocycles dérivés de la thiosemicarbazide. C. r. **225**, 458 (1947).
99. Semicarbazones and thiosemicarbazones of α-keto acids, oxotriazolines and tautomeric hydroxytriazoles. Ann. Chim. **16**, 326 (1941); C. A. **37**, 3091 (1943).
100. GODFREY, L. B. A., and F. KURZER: Heterocyclic compounds of urea derivatives. Part I. A new synthesis of 3-amino-5-mercapto (and -hydroxy)-1,2,4-triazoles. J. chem. Soc. (London) **1960**, 3437.
101. — — Heterocyclic compounds of urea derivatives. Part II. Synthesis and cyclization of 4-substituted 1-amidinosemicarbazides and -thiosemicarbazides. J. chem. Soc. (London) **1961**, 5137.
102. — — Heterocyclic compounds of urea derivatives. Part IV. Addition products of diphenylcarbodi-imide and aminoguanidine thiosemicarbazide, or semicarbazide, and their cyclization. J. chem. Soc. (London) **1962**, 3561.
103. GODFRIN, A.: Derivatives of ketonic aliphatic acids. J. pharm. Chim. **30**, 321 (1939); C. A. **34**, 5087 (1940).
104. GOERDELER, J., u. J. GALINKE: Zur Umlagerung von 2-Amino-1,3,4-Thiodiazolen in 3-Mercapto-1,2,4-Triazole. Chem. Ber. **90**, 202 (1957).
105. GORSKI, W., M. ZOLNIEROWICZ, and T. LIPIEC: Bisthiosemicarbazones of α-diketones and their complexes with ions of heavy metals. Chem. Anal. (Warsaw) **3**, 647 (1958); C. A. **54**, 17260 (1960).
106. GRUNDMANN, C., and A. KREUTZBERGER: Some reactions of s-Triazine with Hydrazine and its organic Derivatives. J. Amer. chem. Soc. **79**, 2839 (1957).
107. GUHA, P. C.: Ring closure of hydrazodithio- and -monothiodicarbonamides with acetic anhydride. J. Amer. chem. Soc. **45**, 1036 (1923).
108. — Action of urea upon thiosemicarbazides simultaneous formation of thiolketotriazoles, aminoketodiazoles, endoxytriaroles and aminothioldiaroles. Quart. J. Indian Chem. Soc. **4**, 43 (1927); C. A. **21**, 2900 (1927).
109. —, and T. K. CHAHRABORTY: Ring closure of hydrazomonothiodicarboxamides with acetic anhydride. Formation ot iminothiodiazolones and iminothioltriazoles. J. Indian Chem. Soc. **6**, 99 (1929); C. A. **23**, 2974 (1929).
110. —, and S. C. DE: Hetero-ring formations with thiocarbohydrazide. Quart. J. Indian Chem. Soc. **1**, 141 (1924); C. A. **19**, 2206 (1925).
111. —, and T. N. GHOSH: o-Aminophenylhydrazine and some interesting heterocyclic compounds derived from it III. Lengthened-o-derivatives of benzene and their ring closure. Quart. J. Indian Chem. Soc. **4**, 561 (1927); C. A. **22**, 2566 (1928).
112. —, and S. L. JANNIAH: Isomeric changes of some triazoles and thiadiazoles. J. Indian Inst. Sci. A **21**, 60 (1938); C. A. **33**, 599 (1939).
113. —, and D. R. MEHTA: Constitution of the so-called dithiourazole of Martin Freund. Ring closure of hydrazodithiodicarboxamide and its mono- and disubstituted derivatives. VII. Action of heat. J. Indian Inst. Sci. A **21**, 41 (1938); C. A. **33**, 598 (1939).
114. —, and S. K. ROY-CHOUDHURY: Hetero-ring formations with thiocarbohydrazide. IV. Reactions of 1-phenylthiocarbohydrazide. J. Indian Chem. Soc. **5**, 163 (1928); C. A. **23**, 1397 (1929).
115. GUT, J.: Eine einfache Synthese des 6-Azauracils und 6-Azathymins. Czech. Chem. Commun. **23**, 1588 (1958).

116. GUT, J., u. M. PRYSTAS: Komponenten der Nucleinsäuren und ihre Analoge. II. Synthese einiger 5-Substituierter 6-Azauracil-Derivate. Czech. Chem. Commun. **24**, 2986 (1959).
117. HADACEK, J., and E. KISA: Studies in the series of Asymmetric triazines. Publs. fac. sc. univ. Masaryk No. 395, 269 (1958); C. A. **53**, 11399 (1959).
118. —, and J. SLOUKA: The synthesis of 3-thiono-6-(β-aminoethyl)-1,2,4-triazine. [2-thio-5-(β-aminoethyl)-6-azauracil]. Pharmazie **13**, 402 (1958); Chem. Zbl. **1960**, 2181; C. A. **53**, 1369 (1959).
119. — — Synthesis of 3-mercapto-5-hydroxy-6-phtalimidomethyl-1,2,4-triazine. Spisy. pvirodovédecké fak. univ. Brně **1959**, 253; C. A. **54**, 22675 (1960).
120. HAGENBACH, R. E., u. H. GYSIN: Über 6-[Pyridyl-(4')]-3-mercapto-1,2,4-triazinon-(5). Experientia (Basel) **11**, 314 (1958); Chem. Zbl. **1959**, 15047.
121. — E. HODEL u. H. GYSIN: Neue Derivate des 1,2,4-Triazins als Tuberkulostatica. Angew. Chem. **66**, 359 (1954).
122. HÜBNER, O.: (Phenylsulfonamido)-1,3,4-thiadiazole compounds. U.S. Patent 2,447,702. C. A. **42**, 8823 (1948).
123. HEINISCH, L., W. OZEGOWSKI u. M. MÜHLSTADT: Über 2,4-Dioxo-tetrahydro-6-azapteridine (6-Aza-lumazine). Chem. Ber. **97**, 5 (1964).
124. HITCHINGS, G. H., P. B. RUSSELL, and A. D. MAGGIOLO: 1,2,4-Triazine Compounds. Canad. Pat. 554,014.
125. HOGGARTH, E.: Compounds related to Thiosemicarbazide. Part I. 3-Phenyl-1,2,4-triazole Derivatives. J. chem. Soc. (London) **1949**, 1160.
126. — Compounds related to Thiosemicarbazide. Part II. 1-Benzoylthiosemicarbazides. J. chem. Soc. (London) **1949**, 1163.
127. — Compounds related to Thiosemicarbazide. Part V. 4,5-Diamino-3-phenyl-1,2,4-triazole. J. chem. Soc. (London) **1950**, 614.
128. — Compounds related to Thiosemicarbazide. Part VI. Further routes to 4,5-Diamino-3-phenyl-1,2,4-triazole and related compounds. J. chem. Soc. (London) **1950**, 1579.
129. — 2-Benzoyldithiocarbazinic Acid and Related Compounds. J. chem. Soc. (London) **1952**, 4811.
130. — The Reaction between N.N'-Dithiocarbamylhydrazine and Hydrazine. J. chem. Soc. (London) **1952**, 4817.
131. JONES, R. G., and C. AINSWORTH: 1,2,4-Triazole-3-alanine. J. Amer. chem. Soc. **77**, 1538 (1955).
132. JANNIAH, S. L., and P. C. GUHA: Constitution of the so-called dithiourazole of MARTIN FREUND. IV. Isomerism of hydrazodithiocarbonamides, iminothiolthiobiazoles and iminothiobiazolones. J. Amer. chem. Soc. **52**, 4860 (1930); C. A. **25**, 515 (1931).
133. — — Constitution of the so-called dithiourazole of MARTIN FREUND. V. Isomerism of hydrazodithiodicarboxamides iminothiolthiobiazoles and di-R-iminothibiazoles. s. J. Indian Inst. Sci. A**16** (1933); C. A. **27**, 3711 (1933).
134. KANAOKA, M.: Synthesis of related compounds of thiosemicarbazide I. 2-Hydrazino-1,3,4-thiadiazole derivatives. J. Pharm. Soc. Japan **75**, 1149 (1955); C. A. **50**, 5647 (1956).
135. — Synthesis of related compounds of thiosemicarbazide. II. s-Thiazolo[3,4b]-1,3,4-thiadiazole derivatives. J. Pharm. Soc. Japan **76**, 1133 (1956); C. A. **51**, 3579 (1957).
136. KRÖGER, C. F., E. TENOR u. H. BEYER: Die Reaktion methylsubstituierter Thiocarbohydrazide mit Aliphatischen Carbonsäuren. Liebigs Ann. Chem. **643**, 121 (1961).
137. — W. SATTLER u. H. BEYER: Die Umsetzung Methylsubstituierten Thiosemicarbazide mit Aliphatischen Carbonsäuren. Liebigs Ann. Chem. **643**, 128 (1961).

138. KRÖHNKE, F., u. H. LEISTER: Heterocyclen aus Aroylcyanidanilen. Chem. Ber. 91, 1479 (1958).
139. KUHN, M., u. R. MECKE: Zur Existenz des 1,2,3,4-Thiatriazol-Ringgerüsts. Z. anal. Chem. 181, 487 (1961).
140. KURZER, F., and F. CANELLE: Cyclization of 4-substituted 1-Amidinothiosemicarbazides to 1,2,4-Triazole and 1,3,4-Thiadiazole Derivatives. Tetrahedron 19, 1603 (1963).
141. —, u. L. E. A. GODFREY: Synthesen heterocyclischen Verbindungen aus Aminoguanidin. Angew. Chem. 75, 1157 (1963).
142. LA PAROLA, G., and C. JACOBELLI TURI: 6-Phenacyl-3-mercapto-1,2,4-triazin-5(4H)-one from the monothiosemicarbazone of benzoylpyruvic acid. Ann. Chim. (Rome) 51, 283 (1961); C. A. 55, 22327 (1961).
143. LÄSSIG, W., u. E. GUNTHER: Verfahren zur Herstellung von Flachdruckformen auf photographischem Wege. German Pat. 1,058,844.
144. LIBERMANN, D., et R. JACQUIER: Sur quelques nouveaux esters de la triazine asymétrique. Bull. Soc. Chim. France 1961, 383.
145. — Procédé de préparation des mercapto-3 hydroxy-5 dihydro-1,6 triazines 1,2,4-disubstituées en position 6. French Pat. 1,324,399.
146. LIEBER, E., and C. B. LAWYER: Thiatriazoles-azido and thio groups attached to the same carbon atom. U.S. Dept. Com. Office Tech. Serv. P. B. Rept. 1,54,269; C. A. 58, 4543 (1963).
147. — E. OFTEDAHL, C. N. PILLAI, and R. D. HITES: Infrared spectrum of the so-called 5-Amino-1,2,3,4-thiatriazole. J. org. Chemistry 22, 441 (1957).
148. — C. N. PILLAI, E. OFTEDAHL, and R. D. HITES: Diazotization of thiosemicarbazide and 4-alkyl and 4-aryl thiosemicarbazides. Inorganic syntheses 6, 42 (1960); C. A. 55, 2344 (1961).
149. — — and R. D. HITES: Reaction of nitrous acid with 4-substituted thiosemicarbazides. Can. J. Chem. 35, 832 (1957); C. A. 52, 3708 (1958).
150. —, and J. RAMACHANDRAN: Isomeric 5-(substituted-amino)thiatriazoles and 4-substituted tetrazolinethiones. Can. J. Chem. 37, 101 (1959).
151. LOEWE, L., and M. TURGEN: Comparison of the behavior of sulfur containing and sulfur free urazoles. Rev. faculté sci. univ. Istanbul A 14, 227 (1949); C. A. 44, 6415 (1950).
152. LOSSE, G., u. W. FARR: Synthese und Reaktionen der Heptatriazinone. 4. Mitt. über Cyclisierung von Säureamiden. J. prakt. Chem. [4] 8, 298 (1959).
153. — W. HESSLER u. A. BARTH: Ringschlußreaktionen mit Thiosemicarbaziden. Chem. Ber. 91, 150 (1958).
154. —, u. H. UHLIG: Neue siebengliedrige Heterocyclen auf Thiosemicarbazidbasis. Chem. Ber. 90, 257 (1957).
155. — E. WOTTGEN u. H. JUST: Substituierte Heterocyclen mit mehreren Heteroatomen. J. prakt. Chem. [4] 7, 28 (1958).
156. MCRAE, J. A., and W. H. STEVENS: 4-Camphorylthiosemicarbazide and 4-camphorylsemicarbazide. Can. J. Research B 22, No. 2, 45 (1944); C. A. 38, 3271 (1944).
157. MARCKWALD, W.: Über stereoisomere Thiosemicarbazide II. Ber. dtsch. chem. Ges. 32, 1082 (1899).
158. —, u. A. BOTT: Über das 1-Benzoyl-4-phenylthiosemicarbazid. Ber. dtsch. chem. Ges. 29, 2914 (1896).
159. —, u. M. CHAIN: Über das α-Lepidylhydrazin und das γ-Chinaldylhydrazin. Ber. dtsch. chem. Ges. 33, 1895 (1900).
160. —, u. E. MEYER: Über das α-Chinolylhydrazin und seine Derivate. Ber. dtsch. chem. Ges. 33, 1885 (1900).

161. MARCKWARD, W., u. E. SEDLACZEK: Über einige Derivate des Methylhydrazins. Ber. dtsch. chem. Ges. **29**, 2920 (1896).
162. MNDZHOYAN, A. L., V. G. AFRIKYAN i A. A. DOKHIKYAN: 1,2,4-Triazoles I 3-(p-Alkoxyphenyl)-5-mercapto-1,2,4-Triazoles. Izvest. Akad. Nauk. Armyan. S.S.R., Ser. Khim. Nauk **10**, 357 (1957); C. A. **52**, 12851 (1958).
163. MAZOUREWITCH, H.: Etude de l'action des amines aromatiques sur la thiosemicarbazide l'hydrazine dicarbone thiamide et sur leurs sels. Bull. Soc. Chim. France **41**, 637 (1927).
164. — The crystalline products formed in the action of aromatic amines on thiosemicarbazide and its derivatives. Bull. Soc. Chim. France **41**, 1065 (1927); C. A. **21**, 3894 (1927).
165. — La production et l'analyse de quelques 1,2,4-Triazols. Bull. Soc. Chim. France **47**, 1163 (1930).
166. MILLER, G. W., and F. L. ROSE: s-Triazolo[2,3-c]pyrimidine derivatives. Brit. Pat. 897,870; C. A. **58**, 10211 (1963).
167. NAKAI, R., M. SUGII u. H. NAKAO: Die Verwendung von radioaktiven Elementen. 2. Mitt. Die Zersetzung von 1,4-Dibenzoylthiosemicarbazid und 1,4-Dibenzoylthiosemicarbazid mit Alkali. Pharmac. Bull. (Tokyo) **5**, 576 (1957); Chem. Zbl. **1962**, 8579.
168. NELSON, P. J., and K. T. POTTS: 1,2,4-Triazoles. VI. The synthesis of some s-Triazolo[4,3-a] pyrazines. J. org. Chemistry **27**, 3243 (1962).
169. NIRDLINGER, S., and S. F. ACRÉE: The rearrangement of the Tautomeric Salts of 1,4-Diphenyl-5-thionurazole and 1,4-Diphenyl-5-thiolurazole. Amer. Chem. J. **44**, 227 (1910).
170. — — The rearrangement of the Tautomeric Salts of 1,4-Diphenyl-5-thionurazole and 1,4-Diphenyl-5-thiolurazole. Amer. Chem. J. **44**, 219 (1910).
171. OHTA, M., and H. UEDA: The reaction of 1-benzoylthiosemicarbazide with chloroacetic acid or its ethyl ester. Nippon Kagaku Zasshi **82**, 1525 (1961); C. A. **59**, 3930 (1963).
172. — — The reaction of 1-benzoyl-4-substituted thiosemicarbazides or 1,4-disubstituted thiosemicarbazides with ethyl chloroacetate. Nippon Kagaku Zasshi **82**, 1530 (1961); C. A. **59**, 3926 (1963).
173. OLIVARI-MANDALA, E.: Über die Konstitution des Sulfotetrazolins und der Triazsulfole. Gazz. Chim. Ital. **44**, I 670 (1914); Chem. Zbl. **1914**, II, 1153.
174. PEAK, D. A., and F. STANSFIELD: Antituberculous compounds. Part X. Some reactions of quaternary compounds derived from N.N-disubstituted thioamides. J. chem. Soc. (London) **1952**, 4067.
175. PELLIZZARI, G., u. A. A. FERRO: Einwirkung von Phosphorpentasulfid auf Phenyl- und p-Tolylurazol. Gazz. Chim. Ital. **28**, II 552 (1898); Chem. Zbl. **1899**, 2, 617.
176. — Derivate des Hydrazodicarbonamide und des Urazols. Gazz. Chim. Ital. **41**, I 33 (1911); Chem. Zbl. **1911**, 1, 1202.
177. PESSON, M., S. DUPIN et G. POLMANS: Recherches sur les dérivés du triazole-1,2,4. I. Mercapto-3-triazoles-1,2,4. Bull. Soc. Chim. France **1961**, 1581.
178. POLONOVSKI, M., et M. PESSON: Sur la condensation de la thiosemicarbazide et des benziles. C. r. **232**, 1260 (1951).
179. POPOVICI, L.: The reduction of semicarbazones, thiosemicarbazones, diketotriazines and thiodiketotriazines of α-ketonic acids. Ann. Chim. **18**, 183 (1932); C. A. **27**, 1337 (1933).
180. POSTOVSKII, YA, and N. V. VERESHCHAGINA: On heterocyclic compounds obtained from hydrazides. I. 1,3,4-Triazole-5-thiones. J. Gen. Chem. (U.S.S.R.) **26**, 2879 (1956). II. 2,5-Substituted 1,3,4-Thiadiazoles; J. Gen. Chem. (U.S.S.R.) **26**, 2885 (1956).

181. PULVERMACHER, G.: Über einige Abkömmlinge des Thiosemicarbazides und Umsetzungsprodukte derselben. Ber. dtsch. chem. Ges. **27**, 613 (1894).
182. PURGOTTI, A., u. G. VIGANO: Über das *p*-Diketohexahydrotetrazin und über das *p*-Diketothiohexahydrotetrazin. Gazz. Chim. Ital. **31**, II 563 (1901); Chem. Zbl. **1902**, 1, 480.
183. RAISON, C. G.: Preparation and reactions of thiocarbamoyl- and thioureidoamidines. J. chem. Soc. (London) **1957**, 2858.
184. REYNOLDS, G. A., and J. A. VAN ALLAN: The synthesis of Polyazaindenes and Related Compounds. J. org. Chemistry **24**, 1478 (1959).
185. ROLLA, L.: Über den Aminophenylharnstoff und über den Aminophenylsulfoharnstoff. Gazz. Chim. Ital. **38**, 1, 348 (1908); Chem. Zbl. **1908**, 1, 2028.
186. ROSSI, S.: Ricerche sulle triazine asimmetriche. Nota 1. Gazz. Chim. Ital. **83**, 133 (1953).
187. SAHASRABUDHEY, R., and H. KRALL: Phenylthiocarbamides Triad-N.C.S.-X. Action of hydrolytic agents, basic lead acetate and nitrous acid on thiosemicarbazide. J. Indian. Chem. Soc. **18**, 225 (1941); C. A. **36**, 752 (1942).
188. SAFIR, S. R., J. S. HLAVKA, and J. H. WILLIAMS: Synthesis of compounds related to the barbituric acids. J. org. Chemistry **18**, 106 (1953).
189. SAIKACHI, H., and M. KANAOKA: Synthesis of related compounds of thiosemicarbazides V. 2-Nitramino-5-alkyl-1,3,4-thiadiazole. Yakugaku Zasshi **81**, 1333 (1961); C. A. **56**, 7304h (1962).
190. — — Synthesis of related compounds of thiosemicarbazides. VII. Reaction of hydrazinehydrate with 1,3,4-thiadiazoles. Yakugaku Zasshi **82**, 683 (1962); C. A. 4543 (1963).
191. SANDSTRÖM, J.: Cyclizations of Thiocarbohydrazide and its Mono-hydrazones. Part I. Reactions with Orthoesters. Acta Chem. Scand. **14**, 1037 (1960).
192. — Cyclizations of Thiocarbohydrazide and its Mono-hydrazones. Part II. Reactions with Dialkyl Trithiocarbonates. Acta Chem. Scand. **14**, 1939 (1960).
193. — Cyclizations of Thiocarbohydrazide and its Mono-hydrazones. Part IV. Reactions with Carboxymethyl Dithiobenzoate. Acta Chem. Scand. **17**, 1595 (1963).
194. SHAH, M. H., V. M. PATKI, and M. Y. MHASALKAR: 1,2,4-Triazole derivatives as possible diuretic agents. J. Sci. Ind. Res. (India) C **21**, No 3, 76 (1962); C. A. **57**, 16601 (1962).
195. SHIRAKAWA, K.: Pyrimidine derivatives IX. Mercapto-*s*-triazolopyrimidines. Yakugahi Zasshi **80**, 1542 (1960); C. A. **1961**, 10450.
196. SILBERG, AL., J. SIMITI, N. COSMA, and I. PROINOV: Additions to isothiocyanates. I. Addition of thiosemicarbazides to isothiocyanates. Acad. rep. populare Romine Filiale Chy. Studu cercetari chim. **8**, 315 (1957); C. A. **1961**, 17626.
197. SLOUKA, J.: Synthese der β-[6-Azauracilyl-(5)]-propionsäure und einige ihrer Derivate. Pharmazie **15**, 317 (1960); Chem. Zbl. **1963**, 8550.
198a. —, and K. NALEPA: Synthesis of 5-(p-methoxystyril)-6-azauracil and some of its derivatives. Acta. Univ. Palackianae Olonuic Fac Rerum Nat **1963** (12) 145—150 [in Czechoslovakian]; C. A. **61**, 3111 (1964).
198b. — Die Synthesen einiger ungesättigten Derivate von 6-Azauracil. J. prakt. Chem. [4] **16**, 220 (1962); Chem. Zbl. **1962**, 15602.
199. —, u. K. NALEPA: Verwendung von Azlactonen zu Synthesen der heterocyclischen Verbindungen. 1. Mitt. Synthese von 6-Azauracilen. J. prakt. Chem. [4] **18**, 184 (1962); Chem. Zbl. **1963**, 1284.

200. STOLLÉ, R.: Über die Überführung von Hydrazinabkömmlingen in heterocyclische Verbindungen. J. prakt. Chem. [2] 75, 423 (1907).
201. —, u. P. E. BOWLES: Über Thiocarbohydrazid. Ber. dtsch. chem. Ges. 41, 1099 (1908).
202. SUGII, A.: Untersuchungen über Thiosemicarbazidderivate. 2. Mitt. Benzoylierung von N-Phenylthiosemicarbaziden und Diphenylthiosemicarbaziden. J. pharm. Soc. Japan 78, 283 (1958); Chem. Zbl. 1959, 2415.
203. — Untersuchungen über Thiosemicarbazidderivate. 3. Mitt. 1-Acyl-2,5-dithioharnstoff. J. pharm. Soc. Japan 78, 306 (1958).
204. — Thiosemicarbazide derivatives. Nippon Daigaku Yakugaku Kenkyu Hokoku 2, 10 (1958); C. A. 53, 8032 (1959).
205. — Thiosemicarbazide derivatives. IV. 1-Carbamoyl-4-acylthiosemicarbazide. J. pharm. Soc. Japan 79, 100 (1959); C. A. 53, 10033 (1959).
206. TAKAGI, S., u. A. SUGII: Untersuchungen über Thiosemicarbazidderivate. 1. Mitt. Acylierung von Thiosemicarbazid. J. pharm. Soc. Japan 78, 280 (1958); Chem. Zbl. 1959, 2414.
207. TAKEO UEDA, SADATAKE KATO, KIMI NAKADA, and SHIGERU TOYOSHIMA: Derivatives of 5-hydroxy-3-mercapto-6-alkyl-as-triazine. Japanese Patent 16,628 (61); C. A. 57, 3460 (1962).
208. TESTA, E., G. G. GALLO, F. FAVA e G. WEBER: 1,3,4-thiadiazoli. Nota II. Sintesi e proprieta chimicofisiche degli N-etilderivati del 2-amino-5-fenil-1,3,4-tiadiazoli e della 5-fenil-2-imino-Δ^4-1,3,4-tiadiazolina. Gazz. Chim. Ital. 88, 812 (1958).
209. TINGLE, J., and S. J. BATES: Derivatives of Camphoroxalic acid XIII. J. Amer. chem. Soc. 32, 1499 (1910).
210. TISLER, M.: Chemistry of thiosemicarbazides and thioureas. VI. 4-Substituted 1-carbethoxythiosemicarbazides and their conversion into 4-substituted thiourazoles. Arch. Pharm. 292, 90 (1959); C. A. 53, 18013 (1959);
211. — Syntheses and structure of some 5-substituted 2,3-dihydro-1,2,4-triazine-3-thiones. Croat. Chem. Acta 32, 123 (1960); C. A. 55, 14477 (1961).
212. — Synthesis and structure of some 1,4-disubstituted 3-thioxo-5-oxohexahydro-1,2,4-triazines. Vestnik. Sloven. Kemi Drustva 7, 69 (1960); C. A. 56, 5965 (1962).
213.—, and Z. VRBASKI: Reaction of 4-Arylthiosemicarbazides with some α-Keto Acids and Synthesis of some substituted 3-thioxo-5-oxo-2,3,4,5-tetrahydro-1,2,4-triazines. J. org. Chemistry 25, 770 (1960).
214. VON RINTELEN, H., u. M. HEILMANN: Verfahren zur Erzeugung von schwarzen Bildtönen mit Hilfe von Mercaptoverbindungen bei der Herstellung direkter Positive nach dem Silbersalzdiffusionsverfahren. German Pat. 1,108563.
215. WATANABE, S., and U. TAKEO: Syntheses and antiviral activity of 3-thioxo-6-aryl-3,4-dihydro-as-triazin-5(2H)-ones and 6-aryl-as-triazine-3,5 (2H, 4H)-diones. Chem. Pharm. Bull. (Tokyo) 11 (12) 1551—6 (1963); C. A. 60, 8032 (1964).
216. WEYDE, E., H. VON RINTELEN u. A. VON KÖNIG: Herstellung von Direktpositiven nach dem Silbersalzdiffusionsverfahren. German Pat. 1,153,247.
217. WHEELER, H. L., u. A. P. BEARDSLEY: Über die Einwirkung von Phenylhydrazin auf Acylthiocarbaminsäure und Acylimidothiocarbonsäureester: Pyrro-α,β-dizoderivate. Amer. Chem. J. 27, 257 (1902); Chem. Zbl. 1902, 1, 129.
218. WHITEHEAD, C. W. and J. J. TRAVERSO: Reactions of orthoesters with. ureas II. J. Amer. chem. Soc, 77, 5872 (1955).
219. WILDE, W.: Heterocyclic compounds. Brit. Pat. 776118; C. A. 52, 1273 (1958)

220. WILLEMS, J. F.: The Chemistry of the Formation of Heterocyclic Nitrogen-containing Thioxo Compounds with Carbon Disulfide. Fortschr. Chem. Forsch. **4**, a 632; b 569; c 591; d 623 (1963).
221. WILLEMS, J. F., and F. HEUGEBAERT: Unpublished results.
222. WOJAHN, H.: Products of the reaction of acid anhydrides and thiosemicarbazides. Arch. Pharm. **285**, 122 (1952); C. A. **47**, 3853 (1953).
223. WOLFF, L., u. H. LINDENHAYN: Über Triazine. Ber. dtsch. chem. Ges. **36**, 4126 (1903).
224. YAO-TSU CH'EN, and TZU-I CHANG: Acylthiosemicarbazides and related compounds. K'o Hsueh T'ung Pao **1962**, No. 8, 37; C. A. **60**, 13937 (1963).
225. — — Acylthiosemicarbazides and related compounds. C. A. **61**, 3064 (1964).
226. YOSHIDA, S., and M. ASAI: Chemotherapeutics. III. Interaction of isonicotinic acid hydrazide and thiocyanic acid. J. Pharm. Soc. Japan **74**, 946 (1954); C. A. **49**, 10937 (1955).
227. YOUNG, G., u. W. EYRE: Oxydation des Benzalthiosemicarbazons. J. chem. Soc. (London) **79**, 54 (1901); Chem. Zbl. **1901**, 1, 260.
228. —, u. W. H. OATES: Beitrag zur Chemie der Triazole 1-Methyl-5-Hydroxytriazole. J. chem. Soc. (London) **79**, 659 (1901); Chem. Zbl. **1901**, 2, 126.
229. ZEE-CHENG, K. Y., and C. C. CHENG: Pyrimidines. VI. N-Methyl-as-triazine Analogs of the natural Pyrimidines J. org. Chemistry **27**, 976 (1962).
230. ZOTTA, V., and A. GASMET: 1,2,4-Triazoles. I. Synthesis of some triazolethio-acetic hydrazides. Farmacia **11** (12), 731 (1963); C. A. **61**, 4337 (1964).

ISBN 978-3-662-23220-0   ISBN 978-3-662-25231-4 (eBook)
DOI 10.1007/978-3-662-25231-4

© by Springer-Verlag Berlin Heidelberg 1965
Ursprünglich erschienen bei Springer-Verlag Berlin Heidelberg New York 1965

Library of Congress Catalog Card Number 51—5497

SPRINGER-VERLAG
BERLIN·HEIDELBERG·NEW YORK

Physikalische Chemie

Ein Vorlesungskurs

Von Dr. **Klaus Schäfer**
o. Professor für
Physikalische Chemie an der
Universität Heidelberg

Zweite, verbesserte
und erweiterte Auflage
Mit 81 Abbildungen
XII, 432 Seiten Gr.-8°. 1964
Ganzleinen DM 36,—

Inhaltsübersicht

Einleitung. — Aggregationen und ihre Zustandsgleichung: Reine Gase. Gasmischungen. Verdünnte Lösungen. Reale Gase und der Übergang zur Flüssigkeit. Der kondensierte Zustand der Materie, insbesondere Festkörper. — Energieinhalt der Materie: Allgemeines zum Äquivalenzprinzip und ersten Hauptsatz. Die innere Energie und Enthalpie homogener Systeme als Zustandsfunktionen. Die Molwärme. Absolutwerte der inneren Energie und Enthalpie; Wärmetönungen. Oberflächenenergien. Kinetische Theorie der Molwärme. — Chemische und thermodynamische Gleichgewichte: Dampfdruck- und Schmelzgleichgewichte reiner Stoffe vom phänomenologischen Standpunkt. Homogene chemische Gleichgewichte. Heterogene Gleichgewichte. Das Gibbssche Phasengesetz. Zweiter Hauptsatz und die Thermodynamik der Gleichgewichte. Die eigentlichen chemischen Gleichgewichte und das Nernstsche Theorem. Weitere für den zweiten Hauptsatz charakteristischen Funktionen. Die Thermodynamik der Mischungen und Lösungen. Die atomistische Behandlung der Gleichgewichte. — Elektrochemie: Gleichgewichte in Elektrolytlösungen. Elektrolytische Leitfähigkeit. Galvanische Ketten. Galvanische Polarisation. — Chemische Kinetik: Homogenkinetik. Heterogene chemische Kinetik. — Struktur der Materie: Die alte Quantentheorie der Atome. Übergang zur Wellenmechanik. Weitere Anwendungen auf Atomzustände. Näherungsverfahren. Molekülbildung. Kristallgitter, Aggregate, Dipole. Ausblick auf den Kernbau und die Kernchemie. — Anhang: Tabellen. — Sachverzeichnis.

■ **Bitte Prospekt anfordern!**

If you have any concerns about our products,
you can contact us on
ProductSafety@springernature.com

In case Publisher is established outside the EU,
the EU authorized representative is:
Springer Nature Customer Service Center GmbH
Europaplatz 3, 69115 Heidelberg, Germany

Printed by Libri Plureos GmbH
in Hamburg, Germany